台湾小吃永远的人气王

小本卤味赚大钱

柚子◎著

中原农民出版社
·郑州·

Preface

作者自序

为何我会从日本料理领域一头栽入卤味的馨香世界里，这说来话长。起因是我想把现代饮食理念和传统风味结合起来，开创卤味的新味道。我做卤味的坚持是，除采用最原始材料和烹调方式以确保传统风味之外，以不添加人工化学药剂为最高原则来制作卤汁，希望创造出一套完整、道地的台湾小吃卤味“SOP”（标准作业流程）来传授、惠及更多人。

我在卤味的制作过程中一贯保持严谨的态度，不满意就倒掉重新再来，绝不将不完美的产品卖给消费者。而已经销毁的食材，价值已约 50 万元。对我来说，华丽的店面或一时声名大噪是不重要的，大家一品尝就会知道好坏。在我心中只要是美食都会想去研究，追根究底找出原因，撷取前人优点，改善自己，以求更上一层楼。

此外，自己凭借着一股对美食的使命感，基于专业结合实际经营的理念，决定做一名传道授业者。因此，我在各地开班授课提供经验与大家分享，希望大家都能习得一技之长，重塑信心，肯定自己。

多年来我著了数本专业食谱，出书可以激发新的创作，让我不断挑战自我，也把我 AB 型双子座的“百变”特质，发挥得淋漓尽致。未来，我将更积极寻找各式各样的新题材。对于每一本食谱我都要求对自己负责，也对读者负责。

这几年来，物料价格也有大幅波动，根据市场需求，我将本书内容做了一次调整修改，希望借此书，让想开店的人知道，卤味也可以有健康、美味、创新的不凡滋味。我知道这是一条漫长的道路，但希望与我有共识的你们，在学习后一起昂首阔步向前行，也愿你们从中获得许多益处！

最后，我要特别感谢我的启蒙恩师柯宪文老师，以及指导老师何金城（稻江科技暨管理学院技术助理教授）、林明璋（中餐烹调评审）、郎月英（台北监狱附设技能训练中心烘焙研习班专业教师）。

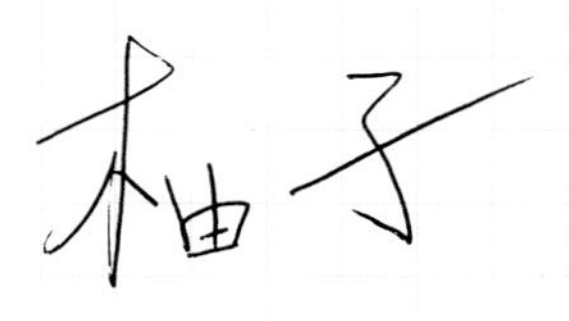

Contents

目录

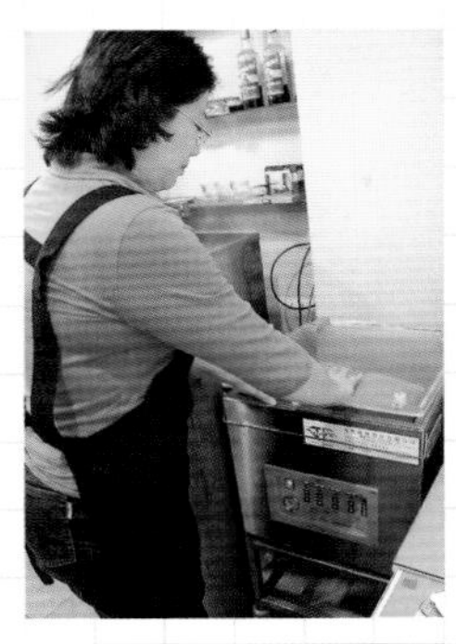

Contents

Part 3 冷卤味篇

Part 4 加热卤味篇

Part 5 冰酿、烟熏、腌泡卤味篇

Part 6 真空宅配产品篇

本书食谱使用说明

分量说明

■ 本书使用烹调计量单位换算法如下：

1 杯 =240 mL =16 大匙

1 大匙（T）=15 mL =3 小匙

1 小匙（t）=5 mL

1 L =1000 mL

1 kg =1000 g

■ 本书食谱是为开店售卖而设计的，若一般家庭要制作，请将配方分量统一除以 4 即可。部分材料如味素、食用色素等，是因考虑到品相而酌加的，家庭烹调时可不添加。

食谱设计说明

1 **食谱名称**：本道卤味的中文名称。

2 **卤味特色**：说明这道卤味的风味、口感及重要特色。

3 **保存简表**：依售卖方式说明本道卤味最佳的保存温度及期限。

4 **开店秘技**：本道卤味的相关诀窍，包括原料挑选、制作时需注意的事项、售卖技巧、如何节省成本等。

5 **卤汁材料**：说明熬制本道卤味的卤汁所需要的材料及其分量。

6 **卤汁调味料**：说明熬制本道卤味的卤汁所需要的调味料及其分量。

7 **卤汁作法**：特别将卤汁完整做法（即母锅）与卤制过程分开讲述，以便单独制备或补充卤汁。

8 **卤制食材**：列出这道卤味适合卤制的各种食材。

9 **卤制方法**：说明这道卤味的详细卤制方法。

J **卤制简表**：将本道卤味所有成品的名称、火候、卤制时间等详细列出，方便大家在实际卤制时对照使用。简表是根据最符合经济效益且节省时间的卤制流程整理成的，若想分锅卤，也可参考简表中的火候及卤制时间，将各食材分开卤制。

K　**售卖方式：**说明这道卤味的推荐销售方式，包括陈列方法、相关配料和调味酱汁。

L　**单品销售法：**分成现场售卖及真空宅配两部分，详细列出本道卤味所有成品的计价分量、建议售价、材料成本、销售毛利、保存时间（以冷藏4℃以下为准）。并以图文对照方式告诉大家各单品的售卖状态及点用后处理法（以现场售卖处理法为准，真空处理法请参考本书p52）。

■注：

◎表格中的材料成本会因地区、季节、品质及数量多寡而有差异，书中所列仅供参考，参考售价也可依据成本略微增减。

◎单品销售表格内的保存时间一律以冷藏于4℃以下为准（冰酿卤味除外）。

◎点用后处理法是以现场售卖的处理法为主。横向或纵向是指食物摆放的方式。切时手肘与刀身一律呈一直线。

卤味制作注意事项

◆全书酱油均推荐使用不添加防腐剂的鬼女神金醇酱油。

◆棉布袋有多种尺寸，由于本书配方为营业用，建议选择较大的棉布袋。若一袋装不下，可自行分装成数袋。

◆处理熟食时请另备白色干净的熟食砧板，绝不可与生食共用砧板，以确保食物的新鲜美味。

◆每锅卤的品类愈单纯，味道愈香醇，而一次卤很多同类的东西则能大大节省时间和相关成本。所有卤味均附有卤制简表，方便大家将各食材分门别类并同时卤（也可以分开卤，不过本书提供的流程是最符合经济效益的）。

◆本书的冷卤味系列都可以直接食用，不用添加任何调味料，味道就已经足够。为了提升每一道卤味的香味，所以会特地针对每道卤味来调制酱汁。

◆卤大量食材时，熬制时间要缩短，因锅散热慢，煮太久食材会软化。反之，当卤的食材分量减少时，因锅散热快，食材不易熟，熬制时间就要增加，每种卤味约需增加总卤制时间的20%。

◆售卖时无论是在路边还是在店面，建议都要买冷藏保鲜柜及冷藏展售柜，这样能确保食材新鲜度。

Part 1

开家赚钱卤味店

从卤味创业的前期开始，商圈地点特性 、客层分析、营业方式选择到开业后的营业规划安排等，本书都将一步一步为你做精辟的分析。而更重要的是，除了创业的学问，也让你学到制作卤味的技术。什么是冰镇卤味？现在热门的焦糖卤味与道口烧鸡，秘方究竟是什么？东山鸭头怎样能卤到晶莹透亮？万峦猪脚又是怎样卤出好味道的？拥有技术后，在赚钱之前，你又可能会经历怎样的创业心路历程？一切答案都在本书中详加揭露，就等你迈入卤味创业的大门啦！

台湾卤味的创业奇迹

◎ 你知道几万元即可创业的小本卤味，可以做到月收入数十万吗？
◎ 你知道卤味不只是路边小吃，还可以卖进便利商店甚至高级百货公司吗？
◎ 你知道热门的网络购物平台，已经有上百个卤味店家进驻，24 小时不打烊，且消费顾客群体遍布各地吗？
◎ 你知道著名的黑猫宅急便公司曾统计，台湾最热门的 10 大网络商店，第 1 名就是卤味店，而前 5 名店家中有 3 家是卤味专卖店吗？
◎ 你知道台南府城有家卤味店，每天从上午 10 点营业到凌晨 4 点，创造出年收入达百万元的佳绩吗？

无远弗届的卤味版图

“老板，帮我切份豆干跟海带！”“老板娘，凤爪和脆肠各包 10 份！”相信大家对这样的对话都不陌生。不论早晚，不管是在传统市集还是热闹大街，在一盘盘泛着动人油光、飘着诱人香气的卤味前，总是会有成群的顾客耐心地等候着埋头切卤味的老板，这就是与市井小民的生活脉动相互结合、密不可分的台湾卤味。

台湾卤味，不管是摊车还是店面，不管是冷卤味还是加热卤味，我们总是可以很轻易地在周边的生活环境中觅其踪迹。也是因为卤味庶民小吃的特质，所以很容易融入一般人每天的餐饮习惯。卤味只需很少的花费，可以当零嘴解解馋，还可以当小菜下下饭。平易近人的价位与佐餐弹性，让卤味生意拥有广大的消费群体。同时，卤味投资门槛低。最简单如路边卤味摊车，二手摊车设备加上卤制等简单锅灶器具，不过几千元即可齐全。这让想从事餐饮、小本创业的人们怦然心动。靠卤味致富，并不只是个梦想。无远弗届的网络宅配，也开启了小小卤味无远弗届的赚钱版图。

冷热卤味各拥其众

目前市面上，卤味的类型大致可划分两大类——冷卤味与热卤味。

所谓的冷卤味，顾名思义就是用卤汁将各种食材卤得入味透亮，经由自然凉置后再上架售卖。诸如一般所熟知的用蜜汁、冰酿、焦糖、烟熏、盐水、红糟等方法制成的卤味，均属于冷卤味。卤制方法，分粗卤与细卤两种，以肉类的卤制为主。肉类海鲜先行烫过去腥，称为粗卤，之后再放入卤锅为细卤。分两道手续，最主要是避免食材的厚度或腥膻味污染、损耗卤汁。另外，不同类食材要分锅卤制，也是能卤出好风味的诀窍之一。

而卤汁的调配通常各有秘方，一般来说卤汁中包含各式辛香料及当归、川芎等数种中药材，还加入了高汤，最后加入食材卤制。通常卤汁经过长久的卤制，会吸收各种食材的鲜美滋味，越卤越香，称为老卤。对一家店来说，陈年老卤是非常珍贵的，卤汁不能清洗倒掉。老卤经年累月卤制各式食材，一开锅就可香飘万里，可当作一家卤味老店的传家宝。

另一种则是加热卤味，也很受欢迎。加热卤味近十年才于台湾兴起，主要也以各式中药材搭配辛香料，经由炒制后，加高汤炖煮出热卤汁的汤头，而后将新鲜食材用卤汁汤头汆烫后立即上桌。

如果说冷卤味以卤汁的醇厚和入味三分、口齿留香的技术为卖点，加热卤味则以热卤的香气与热腾腾的暖意为吸引力，两者各有支持者且互不冲突。

开店前的经营规划

吃巧吃好 创业大关键

俗话说："吃巧赢过吃饱。"卤味即典型的吃巧生意。但跨过了创业投资门槛，不代表你就畅通无阻地跨进成功创业的那扇门。创业门槛低，人人皆可跨。街头巷尾从摊车到店面，卤味生意一排数家摆开，总是有的人气鼎旺，有的门可罗雀。为何都是卖卤味，有人就是可以卖到月收入过万，而有人却无奈收摊。这中间的差别在哪里？"吃巧"就是关键。当你看到这里，就是已经进入了卤味的巧吃创业。

第一步 → 地点的选择与客层分析

创业最重要的三大条件是什么？答案是：地点、地点、地点！

一般商圈范围以学区、住宅区、商业大楼区、城市交通枢纽区、夜市为主。其中也有包括以上数种的复合式商圈。商圈位置的选择、地点的好坏，与创业能否成功息息相关。选择人潮多的地方就可以了吗？事实未必如此。不是人多就代表消费者多。而就算消费者多也不代表你的顾客就多。追根究底，身为创业者，首先必须非常明白自己的产品特色与消费客层，才可进行理想地点的评估选择。评估的重点有：

（1）商圈客层、流动特性与人口数：观察统计在这片地区的消费者分布年龄层、消费喜好、行走流动的方向、人数最多与最少的时段，哪些店家生意最好、哪些店家生意差以及日后有无重大公共或交通建设等。

（2）交通的便捷性：如是否有公交车站牌或地铁口在附近，或者是否有停车场，交通是否拥堵等。

（3）租金考量：如果商圈条件佳，那么普遍租金也高。一般在创业成本规划中，租金最好不要超过总资本的三成，否则高租金再加上数个月的押金，资金压力过大。就算营收好，除非资金充足，否则要审慎考虑周转期的问题。

仔细观察评估商圈特性，才能了解该区的消费特性，进而评估是否适合自己的店面。而根据自己营业商圈的客层消费属性，调整营销策略与服务，也更能建立自己的口碑与特色，吸引顾客。

第二步 → 经营方式的选择与分析

●摊车方式

摊车是较简单的创业模式，也是目前台湾最多人选择的卖卤味的经营方式。因为投资门槛最低，所需要投资的花费主要就是添购卤制的炉灶、锅盆和一台活动型摊车。以冷卤味来说，一台简单的二手活动摊车，没有加热或冷藏等配备，通常数千元即可购得。若所有卤制作业都可在他处完成，那么做生意时只要将一箱箱卤制好的食材上架，即可开张营业。加热卤味的摊车需配备现场加热器具，所以成本略高。

摊车经营方式的优点是简单方便、活动性强，不需担负太大的创业成本。决心入行但有资金压力的创业者，可以优先考虑。但摊车的缺点是易受限于天气与环境，且比较辛苦。如夜市每日须亲自推摊车到定点营业，天气不佳即可能无法做生意。而在街边等没有定点摊位的摊车，更要面临很多不确定性因素。传统市场摊位稳定，但营业时段与客群都较为受限，发展空间不大。这些都是做摊车生意时可能会遇到的状况，创业者须慎思。

【摊车创业小整理】

○ 创业资金：5 千元 ~ 2 万元。

○ 优点：创业资金负担小，机动性强。

○ 缺点：辛苦，易受外在天气与环境影响。

○ 建议：适宜小本创业者或初次创业者。

※ 卤味商圈客层分析表

商 圈	客观分析	消费特性
住宅区	以返家住户、家庭主妇、年纪大的长辈为主	（1）适合产品：冷热卤味均可 （2）消费时段：稳定，时间长（早、中、晚均可） （3）优点：易建立固定消费群 （4）缺点：消费有限，不易突破营业现状
	建议：营业地点尽量选择社区出入口，或社区附近公交站牌、菜市场附近的路边	
学区	以年轻学子为主	（1）适合产品：冷热卤味均可 （2）消费时段：中午或傍晚放学人潮 （3）优点：口碑容易流传，人气容易聚集 （4）缺点：寒暑假为营业淡季
	建议：逢淡季时须设法另辟客源（周边大楼或住宅区），或开辟宅配外送服务与网络订购服务	
商业大楼区	以上班族群为主	（1）适合产品：冷热卤味均可 （2）消费时段：中午休息与傍晚下班人潮 （3）优点：购买能力强，大宗订单多 （4）缺点：周末、假期无消费群，会缩短营业时间
	建议：加强外送能力与服务	
城市交通枢纽区	以多方流动人潮为主	（1）适合产品：冷卤味 （2）消费时段：不限 （3）优点：人潮汹涌、客源广泛 （4）缺点：停留时间短
	建议：提供快速周到的服务。可预先将卤味切好并包装，缩短顾客外带等候的时间	
夜市	以逛街人潮为主	（1）适合产品：冷热卤味均可 （2）消费时段：傍晚后的逛街人潮 （3）优点：消费群集中，商机旺盛 （4）缺点：竞争者多
	建议：多以不同的创意特色来吸引顾客，如新口味、创意号码牌或特别的陈列摆设等	

●店面方式

【店面创业小整理】

○ 创业资金：10 万元 ~ 80 万元（依店面地点、坪数、押金与装潢不等）。

○ 优点：经营环境稳定，产品线弹性大、陈列空间完整，顾客消费印象深。

○ 缺点：成本负担大、装潢成本与押金支出均需另行计算。

○ 建议：较适宜资金充裕，已有创业经验或有稳定产品与顾客群的创业者。

不同于摊车经营，从某方面来说，店面运营是较稳固而长久的经营方式。拥有一个店面，意味着生意运营不易受天气影响，也有较大的空间可做产品台面的陈列或扩充。不管冷热卤味，食材的数量或种类都有较大的弹性，可以随时增加或变换。有空间陈设现场用餐座位给顾客，顾客也因此较容易对店家或产品产生深刻且固定的消费印象。但从另一方面来说，店面的租金往往也会占到营业额的一到两成，负担可谓不小。另外考虑空间增加，装潢费用、人事成本都有可能水涨船高。卤味因需事前卤制，所以若营业空间与厨房划分开来，可节省不少店面空间。如“南门卤味”仅有 2 平方米大小的店面。若想提供桌椅等较舒适的服务，那么至少需要 30~50 平方米的空间。建议参考“大台北平价卤味”店面合租的方式，与饮料店合作，除了可提供消费者更多选择外，也分担部分店面费用。

另外，在开店前还有一项重要的工作，就是要办理餐饮经营许可证、税务登记证等相关手续，让你的店面取得合法经营的资格。办理各项手续的流程可咨询各地的政府部门。

●网络方式

这几年网络购物是一种新兴的消费模式。各大购物网站林林总总，有二三百家不等。乍看之下，网络开店的成本低(只需注册账号和实名认证，部分网站会收取交易手续费)、容易进入、自行运作的销售模式颇吸引人。但卤味创业适合网络售卖吗?

就实际情况来看，一方面无须负担实体的店面租金，另一方面低温运送技术发达，加上市场真空包装技术纯熟，客户网络一下单即可在家卤制并出货。方便简单，是容易让人上手的经营方式，但是网络销售也有几个消费特性需要考量。

提供：卤香世家（下载日期：1997年3月7日）

A. 被动式网络行销

首先是消费的被动性。网络销售通常是消费者已有明确的消费动机，进而主动做消费动作。若网络商品属于普及规格型，也就是不管在任何网站，商品规格不会改变，那么消费者只需比价即可决定消费与否，这样的商品就容易进入网络市场。但卤味是一个注重个人体验的产品，除非店家本身已有一定的知名度与号召力（如老天禄、府城卤味等），消费者才有信心购买。要不然以台湾目前的消费经验来看，消费者在决定购买前，往往还是希望能看到实物或试吃后，才会进行购买。

B. 运费成本不可小觑

另外，虽没有店面成本，但产品的运送，会产生货运费用。目前低温运送费用多以体积计算，以货品长、宽、高三者相加后的总数值为一个计算单位。以台湾统一速达宅急便公司为例，货品长、宽、高距离相加后在60cm以下运送费30元，61～90cm运送费40元，91～120cm运送费50元(以上运费为隔日送达，且仅限台湾地区)。除非店家愿意分担运费或设立免运费服务，否则消费者有可能因需负担额外货运费而多加观望。

鉴于以上几点，要在网络上进行卤味创业，建议要有几项准备：

（1）多运用行销策略：主动且积极地提供各式卤味试吃包，让消费者来电或e-mail索取。

（2）多方鼓励团购：设立满额免运费或买卖双方比例分摊运费的方式，以鼓励网络消费者提高购买意愿，降低运费的成本结构比例。

（3）建立完整的产品品牌形象：网络购物没有实体店面，顾客对产品印象薄弱，也比较难以建立消费忠诚度。网络消费者的第一印象来自产品包装，所以若想从事网络卤味销售，建议要好好设计自己的产品包装，务求干净、美观。例如印制自家卤味的商标资讯贴纸，贴在真空包装膜上，除了使说明完整清晰外，也加强消费者的品牌印象。

网络消费仍有诸多的不确定性，加强与网络顾客的联系和网络订购单的完整性，也是店家从事网络销售必须注意的地方。面对较长期开拓期，要有完整的心理准备。网络销售门槛低，所以加入者众多，卤味名店大多都已挟其鼎盛的知名度在网络上开疆辟土。所以想从事网络销售的卤味创业者，需要有更大耐心与信心，以慢慢建立自己产品的口碑。

【网络创业小整理】

○ 创业资金：很少。

○ 优点：门槛低，自由度与隐秘性高，轻松创业。

○ 缺点：被动式行销，顾客开拓期长，营业额不稳定。

○ 建议：适合没有创业和无经济压力的人，以及产品已有一定知名度且客源长期稳定、慢慢经营的业者。

●加盟方式

【加盟创业小整理】

○ 加盟资金：1 万 ~10 万元。

○ 自备资金：10 万 ~ 30 万元。

○ 优点：套装设备与技术转移，容易上手；具有品牌优势，易吸引客人。

○ 缺点：不了解产品与市场状况，无法建立产品特色，利润相对较小。

○ 建议：多方比较加盟品牌，审慎考虑。

加盟系统在台湾已行之多年，在卤味业界中，也不乏各式冷热卤味的加盟体系，如状元香、丐帮、三顾茅庐等加盟厂商。加盟的优点在于品牌知名度已建立，消费者对产品已有一定的认知，不需加盟者从测试市场开始。另外营业技术化繁为简，只要付加盟费给总公司，就可取得生财设备、卤汁与食材，加盟厂商也会通过培训使加盟者掌握整套营业流程，简单说，加盟就是花钱请人教你当老板。但需要注意的是，加盟费不代表投资者创业全部所需花费的资金，卤味创业加盟费的多寡，依各家厂商提供的标准不同，从一万到几万元不等。往往加盟费只包括基本设备与技术转移，另外正式营运所需要的各种物料和配备，仍需要投资。各厂商加盟费所包含的项目清单不一，有的仅提供生财器具，卤汁与食材都要另行向加盟厂商采购，有的合同中甚至载明加盟者只能向加盟厂商采购所有物料，不得自己对外采买，而卤汁也是加盟厂商煮制好后再销售给加盟主，一般不会将卤汁的制法提供出去，因此创业者要了解加盟的资金不是一次性的，还有可能包括后续采购各种物料、卤汁与食材，且采购的议价空间几乎没有，而装修、租金也都是要自行负担，所以利润发展空间不大，这些成本与细节都要计算进去。

对于急着想创业的消费者，加盟是一个可直接花钱买经验的途径。但是，通常成功的创业例子都会告诉你，如果不想花时间和精神研究自己的商品与市场，只是急着想创业，想要当个成功的创业者，或许你最好再等一等。

第三步 → 创业前的资金募集渠道

你想创业却资金不足吗?

以往创业资金的渠道来源分三种：自筹资金、融资（标会或贷款）、外部投资（股权分配）。原则上，若自有资金愈高，则经营压力愈小；融资比例愈高，则回收期的压力就愈大。营业收入扣除种种成本与费用外，还需每月摊还融资借贷，这些后续压力都是创业人在面对筹募资金时所要考量的。

第四步 → 创业前成本管控与规划

当你拥有资金来源，确定了合适的商圈与营业地点，似乎已万事俱备，毅然而然地就想跨入创业的大门时，请等一下！请问，你做好创业前成本规划了吗?

许多加盟厂商在创业计划书上，常常打出“平均毛利五成到六成”等号召。乍看之下似乎利润可观，但经不起仔细深入的研究。总收入扣掉食材物料成本即为毛利，所谓毛利是尚未扣除种种店租、人事与水电等杂项费用的收入。光看毛利是无法判断的，必须整体了解该项生意的各种固定支出与浮动费用比例，而扣除林林总总的固定费用与支出后，剩下来的才是真正属于老板赚到的，也就是所谓净利（纯收入）。

卤味生意净利的高或低，主要取决于食材物料、用品杂支、人事费用与店租的管控。食材物料成本方面视营业项目而定，包括采购各类肉品(如鸡、鸭、猪肉等各部位)、豆类加工品(豆干、百页豆腐等)、蔬菜类、丸饺类、酱料、配菜、中药卤包等。用品杂支则涵盖水电、燃气、台面设备、锅灶等厨房器具。人事费用则为厨师和服务人员的薪资和培训费等。

财务管理上，简单的如管控店租、人事、水电燃气费用，较复杂的还要计算进存货成本、设备折旧费用等。以卤味生意来说，不管经营方式如何，食材成本通常所占比例最大。若能好好管控食材成本，定期记录淡旺周期营业额的变化，精算进货采购成本，则可减少很多不必要的浪费；或者积极向最上游的大盘商采购，签订批货合约，则能以较优惠的价格取得食材。店面的经营方式要注意店租与水电杂支等费用的增长，建议可与其他餐饮(如饮料店等)类型进行合租，分担店租成本。加盟的经营方式因食材、物料都统一向总公司采购，成本管控空间不大，节约方式为尽可能不要增加多余的人事成本和用品支出。网络销售虽省去店租费用，但运费成本也须考量，建议鼓励消费者团购，或设立满额免运费门槛来减少运费。若要兼顾食材品质且稳定经营，通常卤味的食材成本在四成左右都属合理的。而店租部分，一般建议不要超过营业额的两成，人事费用与水、电、燃气等杂项支出，合并在营业额的一成上下，才有老板满意的利润空间。

※ 卤味店的营业额分析

名　称	内　容	建议比例（以营业总额计）
食材成本	各式食材、杂货等采购	3 ~ 4 成
租金成本	店面或摊位租金	1 ~ 2 成
人事费用	员工薪资	1 成左右
杂项支出	水、电、燃气等	0.5 成左右

第五步 → 分门别类的菜单设计

不管是任何经营方式，清楚呈现产品的分量与定价，是绝对必要的。卤味种类众多，动辄数十种。菜单的设计重点就是讲求简单大方，一目了然。如何让顾客轻易找到自己想买的产品，不会眼花缭乱？最好要有系统性的分门别类。

●菜单的种类

纸张型的菜单需列出全部的售卖品名，且要说明分量及售价，可以依价格高低一字排开，或者依据食材种类分出不同的区域，消费者才能很轻易地在你的菜单上找到想买的商品。

就算没有使用纸张型的菜单，陈列卤味的台面其实就是一个实体菜单。通常可将利润好、受欢迎的食材，摆放在显眼易夹的位置上，前面可用小立牌标注数量与价位，一样清楚明了。另外除菜单外，若店家要印制自己的名片，建议同时在名片背面也印上菜单资讯，这样广发名片的同时也达到宣传产品的效果，一举两得。

网络销售因没有实体可提供，所以更须提供详细清楚的商品订购单资讯。而店家拍摄的卤味照片是否清晰好看且具有吸引力，也是决定网络销售的关键。所以要花更多精力在各种卤味照片的拍摄上，同时要附上精彩的文案，说明产品的风味、特色，这些都是走网络销售必须下的功夫。

●商品的包装

真空宅配时要设计好包装及贴纸，不仅要标明品名、保存日期、建议售价、分量或容量，还要标明主要成分、保存方式、订购电话、供应厂商商号、地址、食品生产许可证编号、营养成分（可商请营养师计算），这些规格标识是完整的商品所必需的，亦是消费者有权知道的！

开店后的营运管理

营业工作流程范例

一般卤味生意为讲求食材新鲜度，每天都会进行1～2小时的采购作业，采购回来也要花1～2小时整理清洗，所有食材至少都需要4～5小时的卤制时间，开张前的所有作业，就要花上半天左右的时光。根据自己商圈的营业时段，抓好作业所需时间，善用分配，并做好营业准备，格外重要。若以深夜休息，早晨开始进行采购、卤制的摊位经营方式，营业时间下午3点至晚上10点为例，一天的营业工作流程大致如下表。若营业时段至深夜2～3点才结束，则采购、清洗与卤制流程通常全部往前提，也就是营业结束后就接续进行产品准备作业，老板休息的时间就只能在中午卤制完成后至晚上开张营业前。

时　间	工作项目	备　注
06:00～08:00	→市场采购各种生鲜食材，补充卤方等中药材料与酱油、糖、蒜、辣椒、酸菜等酱料耗材，还有竹签、外带塑料袋、餐巾纸等营业用品	◎以一般传统市场时间为采购时间。若进行大量采购，可至批发市场，但采购时间需提前至凌晨4点 ◎必须注意市场休息时间，提前准备采购货量
08:00～10:00	→清洗、整理各种食材并分门别类	◎将食材分门别类地清洗和卤制，可确保口味的单纯、干净
10:00～14:00	→熬制卤汤进行卤制 →调制酱料与酸菜 →准备摊位的清洁与摆设 →准备外带酱料包	◎卤制作业进行中，可同时进行酱料制作与摊位的整理，节省时间
14:00～15:00	→将卤好的食材一一分类装箱 →至摊位陈列卤味 →开张营业	◎做好产品分类包装，确保口味不会混杂
15:00～22:00	→整理摊位卤味的摆设 →补充架上快卖完的产品 →检视补充酱料瓶罐与配料包	◎随时补充短缺的产品，确保架上产品的完整性与丰富性
22:00～24:00	→结束营业 →进行摊位清洁 →清点台面产品、耗材与配料 →计算营业所得 →列出明早采购事项表	◎将酱料与剩下的产品冷藏或冷冻保存 ◎清洗所有台面与器具 ◎清点营业所得，了解食材销售数量，拟订翌日的采购清单

兼具特色的行销策略

有创意的行销策略，可以快速凝聚消费者的注意力与购买欲。有特色的产品搭配合适的宣传，能更快将消费市场扩大，拓展你的知名度与口碑。但行销策略各有不同，最主要是必须根据自己所在商圈的消费者习性及经营方式，做适当的行销宣传，才可事半功倍。基本一般店家开业之前，最典型的宣传诸如在店址附近设立广告牌或印传单在人潮来往的地带做定点发送。但对卤味小吃店来说，除了上述的宣传方式，再搭配让消费者现场试吃或开业前三天优惠试卖等折扣活动，会更具说服力与宣传效果。

开业后，依自己所在的商圈特性，可考虑以下的行销策略：

【行销方案一】

每日特惠商品或打烊前折扣放送

每天轮流推出一种卤味产品做优惠折扣。可根据当天采购的食材成本做选择，成本较低的食材折扣空间也大。或者打出宣传，每日打烊前一小时或半小时，卤味降价出清。优惠折扣活动最主要是打出自己的知名度，让附近消费者对店家有物美价廉的印象。打烊前半小时或 15 分钟用组合餐的方式折扣出清，不但可让自己的食材充分销售，不致因剩余而浪费，优惠的组合也可刺激潜在性消费者提升消费意愿，间接拓展顾客群。

○ 适合商圈：住宅区、夜市
○ 经营方式：摊车、店面

【行销方案二】

满额大放送——满百送十、满额送饮料

要刺激购买欲，时下流行的满额送也可用于包装卤味生意。可设定消费门槛，例如满100元送红茶、满200加送10元卤味等。而针对卤味口味较重的特性，摊子上也可兼卖去油解腻的低价饮品，增加摊位特色。如天香麻辣烫自制酸甜解辣的乌梅汁，或者清爽解腻的柠檬水、绿茶类，运用成本低廉的副产品做搭配，让顾客有捡到便宜的感觉，又可刺激购买欲，买卖双方都满意。

○ 适合商圈：学区、工商大楼园区、住宅区、夜市、城市交通枢纽区
○ 经营方式：摊车、店面、外送

【行销方案三】

突破传统框架的创意新点子——传统的小吃如何穿上新奇的外衣？

一般卤味都是搭配酸菜与酱汁，也可做些不同的创意变化。例如卤味撒上芥末粉、麻辣粉，可自创新口味；或者在陈列架上做不同的变化，用明星或卡通人物设计号码牌等，都可以突破传统的框架，建立独具一格的特色，吸引年轻消费者。

○ 适合商圈：学区、夜市
○ 经营方式：摊车、店面

【行销方案四】

综合型试吃包 推行卤味套餐

多准备综合型试吃包，搭配产品目录与订购单送给顾客试吃。这样的试吃最适合有群体效应的办公大楼或科学园区。平日多拜访各大楼的办公室，免费赠送试吃包与订购单，可搞好与顾客的关系并做到行销宣传。另外可针对办公大楼会议多的特性，开发团体会议型卤味餐盒，让公司会议主办人不用多费心思即可订购品尝，适合时间较紧凑的消费群体。

○ 适合商圈：办公大楼与园区、交通枢纽区
○ 经营方式：摊车、店面、外送、网络

【行销方案五】

发展副线产品 推出搭配性餐点

如果营业空间与人力许可，可根据线上的产品变化出一些副线产品。例如“陈妈妈卤味”兼卖素卤肉饭，“天香麻辣烫”推出组合式套餐，既能满足顾客多元性的选择，又可开辟副产品财源通道。但发展副线产品的原则是不能增加太多既有的食材成本，如用原本卤汁可做卤肉臊子，淋在饭面上即可。另外也要以不扩增额外设备及人事费用为考量。

○ 适合商圈：住宅区、办公大楼与园区

○ 经营方式：店面、外送

【行销方案六】

团体节庆 多形式高价位组合餐

可根据节庆推出多形式的年菜组合。运用卤味方便宅配、无须加温、简单处理即可食用的特性，推出节日性的套餐，如“金宾卤味”的新春年菜拼盘（精选卤牛腱或卤猪腱、卤猪脚、卤花枝、醉土鸡腿、一品佛跳墙）或卤啦啦年节套餐等。这种年菜组合均采取预约的方式，可事前作业，组合的食材价位也较高，有不错的利润空间。另外也可搭配订购即送赠品等优惠活动，赠品可包括饮品或豆干、海带等小菜，以吸引消费者。

○ 适合商圈：住宅区、办公大楼与园区

○ 经营方式：店面、外送、网络

提供：卤香世家（下载日期：1997年3月7日）

成功的心理建设与支持

餐饮业市场消费性大，但大街小巷，两三个月就偃旗息鼓、改头换面的店家总是不少。开一家店并不简单，从开张第一天起，开门七件事：成本、人事、费用、利润、时间、产品与顾客，样样都要张罗费心。尤其从事小本餐饮创业，也就是意味着凡事要“亲力亲为”。以做一家单纯的卤味摊老板来说，从一早食材的采买开始，清洗与卤制，就要花去半天时光，而下午整装完毕准备出摊，生意一做又是到深夜，收完摊回家，已是凌晨时分。一天 24 小时，除休息时间外，其他光阴都贡献在自己的卤味事业上，因此而月收入过万甚至数万元的例子有很多。但不论寒暑，牺牲所有休闲时间，能坚持下去、努力不懈，并不容易。不管多赚钱的生意，做不长也没用。在开店前，是否先停下来多想想，你对餐饮真有兴趣吗？有产品的种类与价位规划吗？做过产品口味的市场调查吗？了解所在地商圈的特性吗？你的资金预算是否包括了装潢？有准备足够的周转金度过 3 ~ 6 个月的回本期吗？对进销货的成本管理是否有概念？

除了以上的经营方面的考量外，你是否有更进一步评估自己的创业心态？做个卤味摊的老板，必须懂得其中的艰辛。你愿意 8 小时长时间待在厨房处理与卤制食材吗？肯花上 3 个月以上的时光一再尝试研究各种食材的烹制方法吗？喜欢与各种顾客近距离接触吗？家人是否能体谅与支持你的长时间的工作时间呢？

除去赚钱的动机外，一个成功的创业者背后，往往有许多的牺牲与亲情支持。

积极转化生活的压力为前进的动力，多方审慎评估、用心准备，勇敢跨出创业的第一步，你也有机会成为下一个分享成功创业经验的卤味老板！

创业经验分享

「辣卤哇加热卤味」

巷弄里的神奇蔬菜森林

卤味店到处都有，但要做到像花店一样清新漂亮，全台湾就非“辣卤哇”莫属了。有别于一般人对卤味的印象，辣卤哇对蔬菜情有独钟。无心插柳的坚持，让创业的夫妻俩从绿色潮流中看到商机，其独特的陈列美学更让媒体争相报道，辣卤哇也成为百吃不腻的加热卤味店！

同中求异 蔬菜保鲜延伸出好创意

并非餐饮出身的黄国敏，学习服装设计长达30年。1994年他就曾开了一家服装厂，全盛时期要管理多达400名员工。但因投资失利，工厂倒闭。这时的黄国敏已50岁，尽管青春不再，也失去了资本，但韧性很强的他并没有被命运打倒，为了养家，他做过各种工作，最后终于尘埃落定，决定在昆明街的骑楼下做加热卤味的生意。

为了省钱，几乎所有的开业道具都是自己做，虽然经费有限，但黄国敏却有自己的坚持。创业前他曾走访各地，尝遍了每家店的卤汁，也观察到一般店家在处理食材时，多半是将蔬菜随意放在塑料桶中，待需要时再直接拿来切煮，这大大影响了食材的品质。而眼光独到的黄国敏，不断思索这个问题，终于找出以“类多量少”的办法来兼顾卖相和口感，做出了自己的优势。

为了避免蔬菜在运送的途中因碰撞而耗损，黄国敏和太太每天兵分两路，坚持自己到果菜批发市场和一般的传统市场进行采购。“我提特殊的菜盒去挑选蔬菜，可以掌控到蔬菜的卖相，但如果请人运送过来，就几乎会有一半以上的菜都不能使用了。另外，我也喜欢向一些自己种蔬菜的阿婆购买，有时候看到叫不出名字的蔬菜，我也会买回去，然后想办法买种子，再请人帮我栽种这些市面上买不到的特殊菜。”黄国敏得意地说。

有时会因为天气炎热，很多蔬菜接触空气后没多久就会蔫了。曾在花店帮忙过的黄国敏灵机一动，想到可以运用插花原理，将整理好的蔬菜一束束地插在水中。另外，针对苋菜、茴香等一些没有支撑力的蔬菜，利用新娘蓬蓬裙的六角网

店家介绍

a.店龄：近4年
b.员工人数：6名
c.营业时间：11:30～14:00
　　　　　　17:00～23:00
d.公休时间：周日
e.招牌特色：活力菜、人参菜、玉米笋、草菇、猪肉片
f.地址：台北市万华区昆明街137号
g.电话：(02) 2371-7762

营业分析

＊客层分析

主要以附近住户、学生和上班族为主，因为汤头没有加盐，纯粹以特制卤汁和蔬菜来煮，清淡却有特色的口味让不少人一周会到访两次以上。

＊淡旺季生意量

平日和假日的来客数相差不多。但夏天天气热，算是年度的淡季。

营运分析简表

项　目	金额 or 比例	备　注
开业资金	20 万元	生财器具、店面租金、备料成本
固定开销	6 万元	人事费用、水电、燃气及杂项、租金、物料成本
平均利润	两成五	—
投资成本回收期	4 个月	—

项　目	金额	占总收入比例
总收入	16 万元	100%
原物料支出	5 万元	30%
蔬菜损耗	1 万元	6%
人力开销	4 万元	25%
杂支	1 万元	7%
租金水电	1 万元	6%
利润	4 万元	26%

材料，包覆固定不同种类的叶菜，让蔬菜就像新娘捧花一样，鲜活翠绿成为亮点。

从摊车走入店面 特色蔬菜顾客回头率超高

由于“辣卤哇”摊位的进驻，原本黑漆漆的骑楼变得明亮有朝气。很多路人经过时都会忍不住停下来一探究竟，常常第一句话都是“怎么那么漂亮啦”，而他们的目光也总聚焦停留在鲜活翠绿的蔬菜上，这给路人带来了很好的印象。再加上从食材到酱料都坚持选用最好的，辣而不咸的清爽卤汁也贴心调配为不同的辣度，就连烹煮的炉网也讲究地分门别类，这样安心、美味又美丽的加热卤味摊，渐渐在住户和上班族间做出口碑。

在历经 10 个多月的摆摊经营后，黄国敏看中骑楼隔壁的店面并且租了下来。“地方变大了，如果只摆几样蔬菜根本没有场面，所以我想在店里打造出一面蔬菜墙，也在顶端加装洒水设备。”曾有多年管理经验的黄国敏说。在确立目标后，不仅自己画装修施工图、制作烹调各种食材的标准对照表，还给墙面也做了特殊防水处理，就连店内介绍各蔬菜功效的文宣也是他亲自找图撰文。不过层架上的蔬菜要用什么容器盛装？这也让黄国敏伤透脑筋，为了找到符合各种口径的容器，头脑灵活的他也突发奇想，利用桌垫可以随意塑形的特性，订制了 7 种口径的塑料软垫杯，一面壮观的蔬菜墙风景就这样完成了！

很多人看店面经营的方式似乎很光鲜亮丽，但其实经营是很辛苦的。食材处理一般不会有人工成本，也不会有耗损的问题，但因为“辣卤哇”的诉求不同，平均一天供应蔬菜分量就要几百份，因此特别请了两个人手，每天 8 小时专门处理蔬菜。而如果今天剩余的蔬菜卖相已经变得不好看，就必须淘汰，不能留到明天再继续售卖，但一般卤味摊，即使蔬菜有些微破损或污点，去除掉还会继续售卖。

创业建言——坚持品质，把工作变成兴趣，经营才能持久

“辣卤哇”独特的经营方式，被媒体争相报道，吸引了许多慕名而来的顾客，更有人肯定蔬菜墙的点子而愿意加盟。黄国敏曾砸下重本设立中央厨房供应蔬菜，但因担心特殊菜卖不掉，架上的陈列也一次次地节省成本而变动走样，最后以失败收场。黄国敏在谈到“辣卤哇”的经营时说：“我们和一般经营模式不太一样，同样都讲究口味，但场面也很重要。有些菜即使不好卖也得要摆出来，因为一定要先吸住客人的目光，只要他愿意停下脚步，你就有机会留住他。”

“不要一开业就想着要赚钱，虽然我自己也是被生活所逼，但我已经把这份事业当作兴趣了，所以总是能迸发出一些小点子，在逆境中靠意志力坚持下去。有时候太太也会唠叨我，卷心菜买普通的就好啦，何必一定要买高山栽种的？但我就是比较固执，希望能把产品品质做到最好。尽管一份蔬菜有时是小赔不赚地在售卖，但当看到客人吃到最后，盘子中连一滴卤汁都不剩的时候，此时就是我最有成就感的时刻！”黄国敏骄傲地说。创业并持续经营的动力，就是把工作变成兴趣，用热情与专注维持梦想的实现。

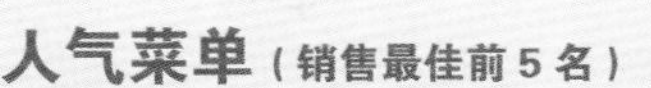

人气菜单（销售最佳前 5 名）

1. 玉米笋
2. 卷心菜
3. 草菇
4. 猪肉片
5. 龙须菜

创业经验分享

「天香麻辣烫」

求新求变 加热卤味大革新

要创业，就要做出和别人不一样的东西。1994年夏天开业于师大夜市这个综合型商圈的加热卤味专卖店——“天香麻辣烫”，看准了年轻族群喜好尝鲜、求新求变的心态，推出了市场上全新的麻辣加热卤味。平价的销售定位符合了学区消费大众的需求，在兵家必争、热冷卤味名店汇聚的师大闹区，不到1年的时间就赢得了网络上年轻学子的良好口碑，且多家美食报刊纷纷报道。

因应商圈消费习惯 苦心钻研产品特性

4年前叶信泛在上海尝到了麻辣小火锅的特殊风味，对比台湾麻辣火锅的中高价位，当地平价的吃法给了叶信泛一个全新创业的构想。“台湾吃麻辣火锅的风气盛行，但价位很高，如果能以低廉的价格让消费者尝到香辣火锅的味道，就能创造出新的风味小吃。”类似麻辣小火锅般的加热卤味，在叶信泛的脑海中逐渐成形。

确定了自己的创业构想，叶信泛特地前往上海餐馆拜师学艺。从各式麻辣中药材的选配、炒制学起，花了3个多月的时间，终于学会了地道的麻辣汤汁的做法。甘草、砂仁、八角、草果、白豆蔻、花椒、大小茴香、陈皮、孜然等20多种中药材，从辨识、购买到炒制，他都亲自去做。

为增添麻辣锅底的香气，叶信泛炒制麻辣的中药材前，都先用葱、姜、蒜、洋葱让油入味，捞掉后再加入干辣椒拌炒1小时，最后才加入各式麻辣中药材翻炒。他重视细节，一次炒制就需费时4～5小时。

而为了搭配麻辣汤汁的重口味，叶信泛舍弃一般小火锅的沙茶蘸酱，特地研制日式口味蘸酱。日式蘸酱口感偏甜，也比较清爽，不会抢过麻辣汤汁的味道，也能让顾客口感有变化，不会都因重口味而麻痹味蕾。而解辣的最佳搭配饮料，他选择了家传配方的桂花酸梅汤。用乌梅、洛神花、甘草、桂花酱熬制2小时的酸梅汤，清爽解腻，成了店内最受欢迎的饮品。

店家介绍

a. 店龄：近3年
b. 员工人数：5名
c. 营业时间：11:30～14:00，16:00～23:00
d. 公休时间：无
e. 招牌特色：麻辣加热卤汁
f. 地址：台北市泰顺街40巷29号
g. 电话：(02)3365-1826

营业分析

＊客层分析
以师大学区年轻学子客群与中午周边办公大楼的上班族群为主。

＊淡旺季生意量
寒暑假学生客群减少约两成。增加中午营业时段，并推出平价快速套餐，以招揽附近上班族群，增加营收。

营运分析简表

项　目	金额 or 比例	备　注
开业资金	16万元	装潢费用、生财器具、租金、4个月押金
固定开销	6万元	租金、物料成本、人事费用、水电杂支
平均利润	三成六	—
投资成本回收期	6个月	—

项　目	金额	占总收入比例
总收入	9万元	100%
原物料支出	3万元	29%
人力开销	1.5万元	18%
杂支	5000元	4%
租金	1万元	13%
利润	3万元	36%

除了特制的麻辣汤汁，为了让自己的卤味更有特色，叶信泛也花心思寻找一般店家不会想到的食材，例如土豆、冬瓜、南瓜、丝瓜等。土豆口感松软，冬瓜易入味，南瓜与丝瓜口味香甜，这些都是一般市面上不会想到的好味道。而店内的招牌鸭血，他更是用心处理。鸭血在清洗时一定要用盐水氽烫过才可去腥，然后再放入冷水中用手拍打按摩，这样卤制时才会有爽脆的口感。就是这样用心处理与研发各种产品，顾客吃得满意，自然愿意再上门。

慎选营业商圈 预留创业调整期

如何呼应自己的新产品定位，叶信泛在寻找创业地点时，考虑了诸多条件。因此他一开始就决定要找学区和商业兼具的商圈，因为新的产品需要有勇于尝新的年轻顾客群。师大夜市邻近台师大，附近又有固定的上班族群会来此用餐，是很合适的创业地点。

合适的创业地点，店租未必低廉。70 平方米的店面月租就高达 1 万，还要交 4 个月的押金，并付给前店主 6 万元转让金。但叶信泛仍坚持用心服务的原则，为了营造出有别于一般加热卤味简单朴素的用餐环境，特地重新装修一番，订制雅致的全木桌椅，打造出精致舒服的用餐环境。

而为了测试自己新产品的市场反应度，与预留调整开店流程的创业适应期，叶信泛的“天香麻辣烫”的开业时间没有选择在麻辣火锅类生意旺盛的秋冬时节，反而选择了火热的夏季。开业前 1 周，除了在附近街头广发宣传单外，特别又举行开业前 3 天半价特惠试卖活动，果然成功吸引了大量消费者的注意力。

适应期的心理准备，加上老顾客的支持，叶老板度过前 6 个月入不敷出的调整期后，店面的口碑慢慢打开，年轻学子们的口耳相传以及网络的力量，让叶老板的小店知名度提高不少。而在寒暑假淡季时段，为迎合中午用餐时间短的上班顾客族群，叶信泛增加了中午营业时段，并推出平均消费 10 元钱的麻辣套餐，颇受上班族的欢迎。开业第 6 个月后，终于转亏为盈，人气与业绩稳定上升。现在店内每日平均约有 200 人次的消费，每月约 42 万营业额。第一次创业的叶信泛，终于进入了创业的稳定阶段。

创业建言——坚持信念、一步一脚印

辛苦吗？想创业的人总是会问的一句话。“辛苦。”叶老板总笑着回答。每天早上 8 点就要到滨江批发市场采买各式新鲜的蔬果与肉品。亲力而为是叶老板的创业信念。各种卤料与食材新不新鲜，一定要亲自购买，看了才放心。麻辣卤料每次炒制需 4 ～ 5 个小时，每日熬制汤汁需 4 ～ 5 个小时，早上 8 点到晚上 9 点一直在忙，叶老板一天的时光都花在了创业上。

从创业到现在，对当初刚创业的自己会有什么不一样的建言？“创业调整期可以缩短到 12 个月即可。差不多 2 个月即可调整大部分的营业流程，所以调整期不需要太长。”叶信泛笑着说，“很多东西是可以讲的，转让金可以不用那样多。前店主留下的设备很多根本用不着，也可以转让，这些都是可以在议价的条件内。这些是我学到的经验。”

要对自己的产品有信心，一步一脚印，不要急，也不要轻易后悔。年轻的叶信泛在店内来往穿梭招呼。创业旅程中，叶信泛坚持用耐心和信心与顾客沟通，才建立起“天香麻辣烫”在顾客们心中的口碑与亲和力。

人气菜单（销售最佳前 5 名）

1. 鸭血
2. 土豆
3. 卤大肠
4. 猪脚筋
5. 酸梅汤

创业经验分享

「大台北平价卤味」

师大夜市的传奇地标

在年轻客群聚集的师大夜市里，有一家不论寒暑人气都很旺的加热卤味摊——“大台北平价卤味”。当年年仅21岁的谢明潭，意识到师大商圈的潜力，并考量了此商圈学区与商业区结合的特性，以区区5万元创业，开了一个小小的加热卤味摊，但却缔造了每天近千人次消费、每月约20万元流水的营业佳绩。

细心、同心、齐心做服务

当年，加热式卤味还未盛行。谢明潭看准发展商机，运用自己厨师的背景，用几种主要的传统中药材——桂皮、八角、熟地、当归、川芎、花椒调制出了口味适宜、温补气血的中药卤汁。“不会有健康上的负担。”谢明潭以消费者的心态，检视自己的卤汁，并坚持不放任何味素等化学调味料。

“要让顾客因味道重而喜欢吃很容易，但想要让客人吃得健康才是我的经营之道。”为了搭配口感温和的中药卤汁，谢明潭特别选用具有天然香料甜味的肉桂粉调制蘸酱。辣椒酱是选用体积小但辣度浓的鸡心椒，搭配香气高的大红椒、辣椒粉、油葱酥，加水用果汁机打碎而制成，不另加任何油料，香辣度佳又不会对嗜辣的客人造成健康上的负担，因此，颇受顾客好评。

每日坚持用68种新鲜食材供客人选择，又是谢明潭与顾客同心的想法。提供多样化的选择吸引顾客，让消费者可以吃到别处吃不到的新鲜食材，是做卤味生意的要诀。在谢老板的摊子上，一些其他摊位不会出现的高成本食材，如日本进口的袖珍菇类、卷心菜菜心等，都以平价提供给客人。

全店5名员工通力合作，一人摊前招呼、一人算钱、一人切料、一人补料、一人卤制。为了服务众多顾客，谢明潭采用三层炉铁制成的专业快速炉，炉心火力旺，卤锅热度才高，食材入锅易熟，而且隔热内层又可让炉灶旁的温度不会太高。另外，谢明潭善于用各类食材的烹调时间做分类，精准计算下锅卤制时间。可久卤的肉品与豆腐制品最先下锅，卤约45秒；蔬菜类与粉肝等在第二批下锅，卤约30秒；最易熟的芦笋与生菜等不经烫的叶菜在最后下锅，10秒后即可全部起锅。一位客人的卤味从下锅到起锅平均只有一分半钟，这样精准的节奏让卤出

店家介绍

a. 店龄：11年
b. 员工人数：5名
c. 营业时间：16:30～02:00
d. 招牌商品：卷心菜菜心
e. 地址：台北市龙泉街54号
f. 电话：(02) 2364-8047

营业分析

* 客层分析

以台师大学区的年轻学子群、周边办公大楼的上班族群、附近社区住户为主。

* 淡旺季生意量

冬季天寒，客数减少但单次消费额上升；夏季客数上升但单次消费额下降，因此平均冷热季节营业额仍可相互持平，无明显淡旺季之分。

（采访日期：1997年4月）

营运分析简表

项　目	金额 or 比例	备　注
开业资金	5万元	生财器具、店面租金、备料成本
固定开销	15万元	租金、人事费用、物料支出、水电杂项
平均利润	四成	—
投资成本回收期	2个月	—

项　目	金额	占总收入比例
总收入	24万元	100%
原物料支出	9万元	38.3%
人力开销	2.5万元	11.3%
杂支	1万元	3.3%
租金	1.5万元	6.7%
利润	10万元	10.4%

的食物鲜美且不失原味，客人也不会因久候而失去耐心。生意要做长久，不是做一时。谢老板的种种考量，都是以长久服务为目标。

如何兼顾众多食材成本与市场平价策略

因食材种类要多，品质又要好，使得成本偏高。谢明潭于是积极在固定供应商间寻求成本空间。像油盐杂货、丸饺类、各式特制冻豆腐等，他都有固定的供应商配合。他估算需求量给供应商，并要求他们以优惠价格供货，而他就能以优惠的售价回馈消费者。三方都达到共赢的境界，才是长久的生意合作方式。

合作共享的店租模式 扩大顾客市场

大家共赢，是谢明潭的合作方法，也是他的成功之道。当初谢老板在考虑店面时，若独自租一间有座位的店面，租金的成本难免偏高。那么怎样可以共赢？如何让用餐的消费者有位置坐，店租成本不会过高，而房东又可以有合理的租金收入？谢明潭想着，于是有了共同分租店面的构想。

市场不是分割开的，是可以共享的。而且若操作得宜，还可以共同创造出更大的市场。谢明潭正是基于这样的理念，与中式豆浆店共同分租一间店面。来吃东西的客人，除了加热卤味，还可以享受其他不同的餐点，配点豆浆、烧饼等。彼此不会竞争同一市场，反而能够互相促进，吸引顾客。

学会怎样合作，而不是怎样竞争。这样的出发点，为谢明潭节省了约三成的租金，也让他有更多的成本空间可应用在平价策略上。共赢的出发点，打造了“大台北平价卤味”的稳固基础。

亲情支持 压力转化经营动力

加热卤味摊能缔造每月超 10 万元的销售佳绩，几乎就是小本创业的传奇典范。谢老板对此有何想法呢？“传奇吗？我没有这样的感觉！”谢老板笑着说，“因为每天都是那样真实。”

每日凌晨 4 点 30 分，谢明潭就会现身在北市的中央果菜市场或万大路的环南市场。他认为，亲自采购新鲜的食材，是身为老板的责任。固定保持 68 种食材，意味着每天要花费三四个小时进行采购、拣选与还价。当所有食材卸货完毕，已接近中午时分。接着开始食材的切洗、分类以及卤制，一转眼，下午 4 点 30 分又准备出摊。这一开摊就到半夜 2 点才收摊，清洁整理完又是凌晨三四点，该是准备出发到菜市场进行每日的采购工作。这样算了算，你到底有没有睡觉？“当然有，我也不是铁人。”他笑着说。别人眼中的传奇营业佳绩，在他的生活中，却是一步一脚印走出来的，只有他清楚他经营脚步的轻重。一天 24 小时，谢明潭除了 5 ～ 6 个小时的必需睡眠，其他都贡献给了加热卤味。“若只有我，而没有我的家人的支持，我是绝对没办法做到这样的！”谢明潭肯定地说。谢太太每日不辞辛苦，与先生一起在摊位上打拼。两人分工合作，一有空闲，便轮流照应小孩与中风的父亲。家人的需要与支持，是他往前冲的动力。现实中一般人也许认为这是莫大压力，谢明潭却将其转化为经营卤味摊的正面动力。

创业建言——坚持用心，找寻内在赚钱动力

谢明潭的创业建言，出乎意料的，不是销售技巧也不是服务理念，但两者又都融合在这句话里，这是谢明潭十年如一日身体力行的座右铭。快速的卤制节奏，不时的亲切问候，让“大台北平价卤味”摊子上就算排队成群时，也丝毫嗅不到顾客们的不耐气息。传奇的小本创业成功之道，在谢明潭的身上，表现出的其实就是用心。

人气菜单（销售最佳前 5 名）

1. 豆皮
2. 百页豆腐
3. 卷心菜菜心
4. 意面
5. 猪耳朵

创业经验分享

「卤香家」从厂长到路边摊老板

在永和顶溪地铁站的传统市场旁，傍晚有着熙来攘往的下班人潮和邻近学区的学生群。稍拐个弯，不时地会看到三五成群的顾客们，有年轻的学子、上班一族，以及买菜的主妇等，均驻足在一个简单干净的冷卤味摊前，等候着低头切制卤味的老板。一旁的老板娘，殷勤地招呼着下一个选购的客人。创业两年多，“卤香家”的老板面对着人生第一次小本创业，犹如倒吃甘蔗的滋味，点滴在心。

开业首卖 难忘的60元营收

“我不会忘记开业摆摊的第一天，那天从下午卖到半夜一点多，只卖出60多块钱。”65岁的李老板说。

他曾管理一间大的工厂，但在长期与老板理念无法切合的情况下，决定开始自己的创业人生。刚好亲戚中有人懂得如何卤制卤味，李老板经过评估考量后，毅然投入卤味的创业中。他花费数月时间学习卤制配方，期间更是不断尝试各种卤制方法，到处进行试吃，来调整自己的卤汁风味。在看到了傍晚下班时地铁站旁的汹涌人潮后，李老板毅然决定开张营业。难忘的9月2日，李老板推着投入2000多元创业资金买的二手摊车和设备，面对开业第一天60多元的营业额，感受到了压力。

冲量平价策略 生意做长不做短

“第一天就感受到了很大的创业压力。”李老板笑着说。路边摊的卤味就是要比店面的便宜。人家卖1元一只的卤鸭翅，他只卖0.8元，便宜实惠的销售方式是李老板的策略。虽然利润不高，但可以吸引顾客来购买，靠的就是平价、新鲜和好口味。而且李老板不因为是路边摊就售卖成本低廉的劣质食材，他每天7点都会去环南市场购买新鲜的各种食材，中药卤方也是到迪化街大盘商那里亲自选购的。冷卤味中常搭配的酸菜酱汁，也是李老板亲自炒制的，且搭配卤味酸甜不腻，也是摊位受欢迎的一个原因。

店家介绍

a. 店龄：3年
b. 员工人数：2人
c. 营业时间：16:30～23:00
d. 公休时间：周六、周日
e. 招牌特色：猪血糕、百页豆腐、卤鸭翅
f. 地址：顶溪地铁站旁
g. 电话：0952-380326

营业分析

*客层分析

地铁站往来的人潮、附近中学下课后年轻学子群、菜市场的主妇消费客群。

*淡旺季生意量

周一与周五生意较佳。周三营业额较低，降约两成。

寒暑假为年度淡季，因邻近的学校放假，学生客群减少，营业额降约一成至一成半。

（采访日期：1997年4月）

营运分析简表

项　目	金额 or 比例	备　注
开业资金	4000元	生财器具、店面租金、备料成本
固定开销	1.5万元	租金、人事费用、物料支出、水电杂项
平均利润	五成五	—
投资成本回收期	1个月	—

项　目	金额	占总收入比例
总收入	4万元	100%
原物料支出	1.5万元	40%
杂支	2000元	5%
租金	无	0%
利润	2.3万元	55%

中药卤方配料不外乎八角、茴香、草果、豆蔻等，但去多家店试吃后，李老板发觉台湾顾客喜欢香甜味道的人占多数，因此特别加重配方中桂皮的比例，增添卤汁中的甘甜香气。而他对各种食材的卤制窍门也进行了一番摸索。他从采购开始就小心选择品质，购买新鲜的本地肉品，并分类、分锅、分批卤制，他认为这是制作出好味道的重点。李老板曾购买冷冻的猪耳朵进行卤制，但发现其不经久卤且易烂。测试证明新鲜的本地肉品才经得起卤制且能维持爽脆口感，所以虽然冷冻肉品成本便宜，但李老板还是坚持购买本地新鲜的肉品。

对于所有肉品，李老板都会用盐水先行清洗，下锅汆烫后再用清水洗一次，除去肉腥气。而为了不混杂卤汁的风味，他按食材类别细心区分出六大卤锅，六种都有独特的风味，分别是鸡类、鸭类、内脏类、猪血糕、海味类（海带与甜不辣等）和豆干类。以此细分卤锅，才不会让食材失去原本的美味。他关于卤制时间也有自己的看法。如招牌猪血糕不久卤，但浸泡却长达 2 ～ 3 小时，为的是可以入味；百页豆腐以小火慢卤让其不会膨胀变形；鸭胗易烂不经卤，因此卤短短 15 分钟即可熄火浸制。李老板在尝试制作各种卤味时，也很注意酸菜与酱汁的搭配。他认为，酸菜的酸甜口感可以平衡卤味的浓重口味，所以特别选择酸菜厚茎的部分来炒制酸菜，滋味会比酸菜叶的部分更加酸甜且有嚼劲。而为了满足嗜辣的顾客，李老板也选用辣度强的朝天小辣椒自制辣酱，一勺下去便辣味十足，还可以再加上自制的蒜泥酱。如此用心搭配的配料，常常让老顾客们欲罢不能，往往营业未终，配料罐却已空空如也。

“不单是卖给客人吃，我的家人也是天天吃。所以食材与卤制的品质，是我最重视的。”李老板说。生意成功之道在于做长不做短。李老板看待自己卤味的用心与坚持，顾客也给予了正面回应。营业额从第一天难忘的 60 多元增长到第二天的 160 多元，第三天、第四天逐渐稳定增长。顾客买过一次，会来第二次、第三次……到现在平均每日约 120 人次消费，平均消费额 2 ～ 4 元。看见老顾客渐渐增多，他也越来越有信心了。

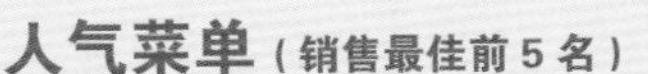

人气菜单（销售最佳前 5 名）

1. 猪血糕
2. 百页豆腐
3. 鸭翅
4. 猪腱肉
5. 大溪豆干

管控成本、亲切服务——路边摊的企业精神

为了能够稳定成本与供货量，李老板也运用之前在企业工作时的管理精神，运用自做的销售日报表，追踪记录每日的营业额、成本支出与购买食材的开销、日期等。这样清晰的书面化管理方式，能有效地控制好成本和开销，也能清楚地察觉生意状况受季节或他因的影响程度，从而能快速地调整、适应。

“卤香家”从小小的路边摊建立起了自己的口碑，甚至网络上也有了热烈的回响。无心插柳的李老板谈到网络上客人们的宣传，笑了起来说：“我相信除了卤味的实惠、好吃，周全亲切的服务也是顾客们愿意帮我推广的主要原因。”每份卤味都是装在密封盒里，触碰卤味的手必戴手套，且与切制、找钱绝不同手。就算是路边摊，但摊位的干净整洁，每位顾客也都看在眼里。用心记忆老顾客的喜好，用企业的精神去经营事业，才能长久经营，李老板这样坚信着。

创业建言——坚持，就是自己的

“亭仔脚，站久就是你的。”李老板以一句台湾的俗谚讲出自己的创业心得。创业的确是很辛苦的，特别是天气不佳时，直接影响顾客量和营业额，但是，坚持，胜利就是自己的。没有因为第一天的 60 多元而放弃，没有因为创业之初的辛苦而放弃，“卤香家”的成功犹如倒吃甘蔗，先苦后甜。从下午到深夜 11 点，不管疲累，李老板始终秉持着一贯开朗的笑容招呼着客人，坚持用心地经营与服务，因此，顾客也日渐增多。

创业经验分享

「南门卤味」
家庭主妇的卤味事业

南门市场，是一家历史悠久的老字号商场，各式南北杂货与食材汇聚，其中不乏数十年的老字号名店商家。而在市场旁有一个小小的冷卤味摊，虽是家庭主妇的老板娘所卤的简单清爽的家常冷卤味，但却创造出一天平均 200 人次的消费，逢年过节更是一天卖出 100 多只盐水鸡、一天营业额达 2 万元的佳绩。“这是我妈妈卤出的好味道。”周末总会到摊位上帮母亲招呼应接不暇客人的李小姐，自信地说道。

创业动机——要做就做自己拿手的

人生第一次，也是唯一一次创业，经营南门卤味 17 年的老板娘，谈到当初创业的动机，“因为自己喜欢吧！”李妈妈腼腆地笑道，“也是因为生活所需，想做点生意赚点钱帮助家计。当家庭主妇这么多年，自己常喜欢卤点东西，而且卤的食物很受亲朋好友的欢迎。所以当自己想做点小生意时，就想到了自己最拿手的家常卤味。”带着对自己拿手卤味的信心与不怕劳苦的勇气，原本在家里当主妇的李妈妈，在南门市场前的骑楼下，做起冷卤味的小生意。

“一开始时很简单的，就是所谓的路边摊啦！”李妈妈笑着说，“也没多少资金可以投资，就是在家中添购几个卤制的大锅、盘盆和炉灶，还有采购各种新鲜卤制用的中药材、食材、卤料等，开业前后花去的钱不到 2 万元！”

分锅、分灶烹调十多年的老卤风味

道地家常口味，是南门卤味打出的招牌。请中药店配出以甘草为主的卤方，温和养胃且具有天然的甘草香。每天卤制任何食材前，就先以冰糖、酱油熬制卤包半个小时，将卤包内的材料香气完全释放在卤汤中。另外，李妈妈舍弃桂皮，采用成本较高的肉桂粉，让卤汁增加自然的甘甜风味。

店家介绍

a. 店龄：17 年
b. 员工人数：3 名
c. 营业时间：10：30 ～ 18：00
d. 公休时间：周一
e. 招牌特色：盐水鸡、盐水猪肚、豆干、鸭翅
f. 地址：台北市罗斯福路一段 12 号
g. 电话：(02) 2368-1305，0987-096869

营业分析

＊客层分析
以南门传统市场的消费族群为主。以上班族群居多。也接受团体大宗外送订单。
＊淡旺季生意量
平日传统市场客群稳定。周末家庭采买量增多，营业额多两成左右。逢年过节前夕为销售旺季。
（采访日期：1997 年 4 月）

营运分析简表

项　目	金额 or 比例	备　注
开业资金	2 万元	生财器具、备料成本
固定开销	4 万元	租金、人事费用、物料支出、水电杂项
平均利润	五成	—
投资成本回收期	1 个月	—

项　目	金额	占总收入比例
总收入	8 万元	100%
原物料支出	3 万元	35%
人力开销	4000 元	4.8%
杂支	4000 元	4.8%
租金	2000 元	3.6%
利润	4 万元	51.8%

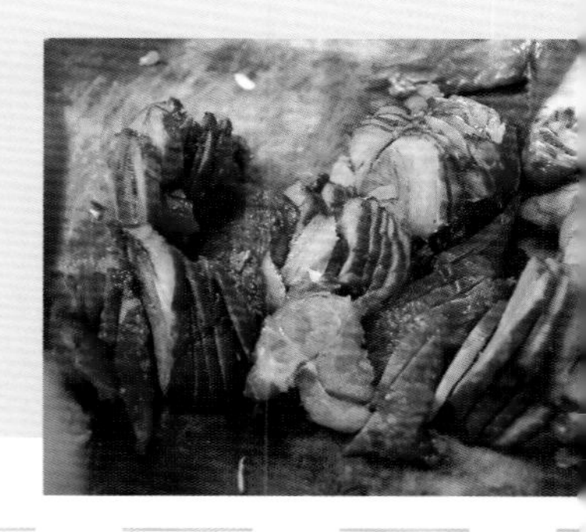

卤味最重要的，是食材的新鲜与干净！带着多年家常卤制的经验，李妈妈购买各式食材，不论是挑选标准，还是对新鲜度的要求，都依然带着一种烹调给家人吃的细心与坚持。选用成本高的本土新鲜肉品，是李妈妈采购的标准。本土新鲜肉品虽然贵，但是品质与鲜美度都比冷冻肉品要好，这是可以吃得出来的。选用高品质的食材，就算只是单纯的卤制，味道仍是鲜美。这样的理念，让“南门卤味”的招牌猪肚，敢只用单纯的盐水卤制。为了不让猪肚缩水硬化，李妈妈用盐水滚煮 20 分钟后，立即熄火焖 2 个小时，焖卤出的猪肚细嫩且保留鲜美原味，不但可直接吃，也可以搭配不同的料理，因此成了招牌菜之一。而最简单的卤味，如豆干的卤制，也丝毫不马虎，在偌大的环南市场里，只有一家店售卖的豆干品质符合李妈妈的标准。豆干要卤得多汁，本身的厚度与黄豆的香气就要足。为了让豆干卤得饱满出汁，不可大意，每日必须以慢火细卤 40 分钟，卤至豆干皮膨厚嫩，再置凉风干。处理食材到卤制、烹焖都是耗时费力，但每个步骤都省略不得，这样才能卤出不失原味的好味道。每天看着母亲工作的李小姐回忆：“自小就看我妈妈每天从早忙到晚，累到眼睛都快睁不开了，仍然眯着眼一根一根地拔除、整理鸭翅上的毛囊。”

除了讲求食材新鲜度与烹卤方法外，李妈妈对食材事前的整理与清洁，更是毫不马虎。为了让不同食材味道不会互相沾染，李妈妈绝不同锅洗烫不同的肉品。而分锅、分灶卤制不同种类肉品更是铁定的规则。就算是鸡翅与鸡脚，也会分锅清洗和卤制。为保留每种食材单纯的风味，李妈妈坚持每种肉品分锅熬卤，经年累月的用心，让她养出了好几锅风味纯净的老卤汤。“养老卤”最重要的就是每天要滚制且食材要单一、干净。就算同类肉品，但每个部位的风味都不同，味道互相沾染，还是会失去鲜美的原味。李妈妈十多年的用心与细心，让每锅不同肉品的老卤风味单纯、醇厚，卤出的肉类滋味鲜美且外色亮丽美观，广受顾客的好评。

也许有人会认为卤味很简单，没什么学问，但其实任何工作都是一门很深的学问。卤味的学问看似不深，但做起来却很难。卤味成功的关键在于仔细且耐心地做，做得新鲜、干净，不贪求快，才能得到消费者的认可。

创业建言——细心与耐心兼顾

每晚耐心地把所有待卤制的大小肠类与猪肚等用盐水洗净，把鸡鸭毛囊清除干净。清晨 5 点起床，调好卤汁分锅进行烹制。十多年的生活节奏一直延续至今。

“要做就要做得细心，还要耐心去做。”李妈妈稳稳地说着。在卤制的基础细节上讲求用心与细心，这让“南门卤味”的产品大受好评，很快地建立起稳定的忠实客户群。经营 11 年后，李妈妈有感路边摊方式的诸多不便，决心转成店面形式。她租下南门市场旁巷内的一个小店面，虽增加 2000 多元的月租成本，但更稳定的经营时段与更多样化的卤味台面，也吸引了更多的消费者前来。口耳相传，干净清爽的家常美味，吸引了外地客人前来购买，更创下过年过节前单日就销售 100 多只土鸡的佳绩，创下一日近 2 万元的营业额。

“从小到大，我们家过年的活动，永远是全家总动员，卤制大批卤味，赶工出货，没日没夜的。”李小姐笑着回忆每年过年前的情景，母亲与聘雇的助手两人卤制、父亲送货、自己帮忙清洗食材。细心与耐心兼顾，才能培育出创业花朵，这是身为家庭主妇的李妈妈带给创业人最好的深思典范。

人气菜单（销售最佳前 5 名）

1. 盐水鸡
2. 土鸡腿
3. 鸡脚
4. 猪肚
5. 豆干

创业经验分享

大起大落的创业历程
「健康点·陈妈妈素卤味」

有起有落的创业历程，会是所有创业者的好教材。陈妈妈，本名魏新兰，她在创业道路上很艰辛，有一箩筐的经验可分享。

在创造“健康点·陈妈妈素卤味”奇迹之前，魏新兰经历过大起大落的创业人生。魏新兰曾经在内湖开了一家素食养生餐厅，但营业不到一年，就以负债近千万收场。第一次创业，只一心想推广健康素食餐饮的理念，却忽略了商圈的重要性和大众的口味，因此丧失商机。

负债千万的惨痛经历，让魏新兰深刻了解创业法则——在理想与实际中找到平衡点。痛定思痛，决定从当初开店时最受欢迎的招牌——素食冷卤味，开始再创业。1994 年 10 月从在万华龙山寺旁的骑楼摆路边摊开始，魏新兰白天工作、晚上摆摊，从一天几十元的营收中重新慢慢站起来。

不怕失败，一再尝试，卤出蔬果新滋味

“素食卤味，并没有一般人想象中那么好做。”魏新兰说。为了调配口味适中又不含葱蒜的素食卤汁，魏新兰试了又试，期间更请教过有名大厨，最后终于在无数次失败的经验中，找出了能兼顾消费者的口味，但却不失素食清爽的蔬果卤汁。市面上的卤汁，多是以各式香辛料卤制出浓烈风味，但是素食卤味不能使用葱蒜。如何在不加刺激性卤料的情况下卤出消费者也喜欢的浓厚香甜的风味？用当季蔬果的甜度入味，就是她创造出的素卤新风味。

除了一般的姜、香菜、九层塔与辣椒外，加入林林总总的 16 种当季的新鲜蔬果，如苹果、凤梨、红薯、南瓜、卷心菜、红萝卜、芹菜、甘蔗、龙眼干等，这就是魏新兰尝试出的特殊卤方。新鲜的香甜蔬果味，让原本味道单薄的素食卤味，增添了丰富厚实的新滋味。魏新兰重视品质，经试验多次后特别选用非转基因的豆品类制造商，让豆腐、豆干等豆制品即使久卤豆香依旧浓厚且饱满多汁，宅配解冻后也不会丧失原口感。如此品质与口味兼具，进而吸引了许多原本非素食者的消费族群。

店家介绍

a. 创业龄：3 年
b. 员工人数：1 人
c. 营业时间：18:00 ～ 01:00
d. 公休时间：无
e. 招牌特色：卤百页豆腐、卤魔芋、综合热卤味
f. 地址：台北市临江街 110-2 号（通化夜市）
g. 销售网址：http://www.tofu.tw/
h. 电话：(02) 2733-0975

营业分析

＊客层分析

夜市的逛街人群、附近上班族与学生、夜市的店家。另有网络购物的消费族群。

＊淡旺季生意量

天气不佳时逛夜市的人少，此时为淡季，淡季时要控制台面上食材数量，避免成本耗损。同时推出冷、热两种卤味以适应冷暖季节。

（采访日期：1997 年 4 月）

营运分析简表

项　目	金额 or 比例	备　注
开业资金	4 万元	生财器具、店租、物料成本
固定开销	2.5 万元	物料支出、店租、水电杂支
平均利润	三成七	—
投资成本回收期	3 个月	—

项　目	金额	占总收入比例
总收入	4 万元	100%
原物料支出	1 万元	30%
人力开销	无	0%
杂支	2000 元	6%
租金	1 万元	27.5%
利润	1.8 万元	36.5%

善用营销策略 不怕试吃 只怕不吃

魏新兰抓住机会，在龙山寺年货大街中摆了一个路边摊，第一天只有数十元的营业额，而两个月后，她的卤味摊却在年货大街中创下了每日 2000 元的营业额！有营销背景的魏新兰，善用营销手法是一大助力。“不怕试吃，只怕不吃！”在热闹的年货人潮中，魏新兰的卤味摊毫不吝惜地供应各式试吃品，吸引众多消费者光顾，名号就这样不胫而走。在年货广场摊位结束后，魏新兰重新寻找开业地点。吸取上次创业失败的教训，魏新兰对店面地点的选择非常谨慎。

“创业一定要多方考虑地点与客层条件。例如素食卤味，最好在夜市、医院、学校或办公大楼旁。一方面有人潮，能发展固定的素食消费群；另一方面是价格便宜，上班族与学生都可以负担得起。”魏新兰说。她曾觅得一店面，周边汇聚医院、办公大楼与学区，但因店址偏离人潮道路位于巷弄内，营业额仍是有限。历经一年的寻找，魏新兰终于在通化夜市中选定一个理想店面。

实体店铺冲人气 网络营销冲名气

著名的通化夜市，平日流动的人潮有四五千人，到假日逛街的人更直冲万人。位于人潮流动大的好地点，只要抓到一成的客数，就有非常可观的营业额。从晚上 6 点到凌晨 1 点的营业时间里，平日虽只有平均 50 人的消费人次，但到假日却可近万，月营业额也可达 5 万元。黄金店面当然房租也不低，面对 1 万元的月租，魏新兰采用合租的方式，将一半店面分租出去，这就分摊掉一半的房租压力。在寻找实体店面的同时，“陈妈妈素卤味”在网络中也辟了战场。魏新兰的先生从事 IT 行业，他看准网络商机，以一年 500 元的租金申请了一个域名，制作了“陈妈妈素卤味”的专属网页，并负责网页的开发与维护。除了分享一路创业的种种艰辛外，也陆续将店面产品的照片传到网页上，供网络上的消费者下单订购。

人气菜单（销售最佳前 5 名）

1. 卤百页豆腐
2. 卤魔芋
3. 综合卤味
4. 卤花椰菜
5. 卤花干

现在宅配快递很发达，冷藏与冷冻的运送方式都可以办到。所以收到网络订单，可以用真空包装的方式委托寄送，距离再远的消费者都可以享用到。网络知名度是需要慢慢建立的，“陈妈妈素卤味”的网页一天浏览人次与订单数目虽不多，却是可以稳定经营的另一途径。

为了开发网络上的人气，除了店面固定经营时间外，魏新兰也积极以摊位方式入驻各种节日活动场地。“先了解各处活动场地的主办单位，留下联系方式与产品简介，对方下次办活动时就会有机会入驻。这种活动的时间不固定，但是可以增加店铺的名气，为宅配与网络销售提供更多机会。”魏新兰说。

网络销售可以免去实体店店租的庞大压力，但也有需要注意的地方。网络销售时最好入驻一些比较大的电商平台，可信的平台能够取得顾客更多的信任，让顾客能够放心购买。虽然网络销售成本较低，但魏新兰还是肯定实体店铺的价值。她说：“如果产品具有特色且有长久当作自己事业经营的打算，还是要开实体店铺比较实在。一方面有产品可以让顾客看到，在名气未打响前，顾客还是习惯于实体店的消费。另一方面店铺的固定性，会让消费者印象深刻且提高信任度。”这都是想要从事创业的新手们需要考量的实际市场状况。

创业建言——一人创业，积极开拓市场

“当自己一人有能力应付与不扩增成本的情况下，多几样产品线可满足不同消费者的用餐需求。”坚持节省人事成本，以一人创业为考量的魏新兰说着，“以小本生意来说，人事费用是很大一部分成本，因为就算淡季，人事成本也无法节省。所以，通过训练让自己一个人可以打点店面，是小本创业赚大钱的重要原则。冷卤味可事前卤制，热卤味尽量简化现场调味的程序，一人打理店面并非不可能的事。”

创业经验分享

「卤香世家」从实体店面到虚拟通路

“是 SARS 让我们确定做卤味专卖生意的。”老板娘陈佩雯谈起自己卤味事业的历程，却是从多年前重创餐饮业的 SARS 说起。

难道横扫一切的 SRAS 疫情，没有波及“卤香世家”？“当然不是。”陈佩雯笑道，“当年我开咖啡快餐店，在 SARS 期间，没有半个客人上门用餐。但有趣的是，竟然有客人上门单单指名要外带卤味。”就这样，在 SARS 期间她开始售卖卤味，绝佳的销售业绩让陈佩雯见识到小兵立大功的奇迹，也奠定她转型从事卤味专卖生意的信心。

原本只是搭配快餐的卤味小菜，却成为店里售卖的主力，单是宅配与网络的销售，一个月就创下 4 万多元的营业额。“卤香世家”的无店面销售诀窍，究竟在哪里呢？

试吃包大方送 打开外送与网络市场

当年在开复合式快餐店时，因为店面的人事与水电费用一直很高，她对于专卖卤味，并没有很大信心。可是经过陈佩雯与她先生两人长期观察，发现爱吃卤味的老顾客们再上门时，几乎都是以外带的方式为主。如果转型成卤味专卖店的话，也许并不需要实体的店面，可以省下服务人员的人事费用与繁杂的快餐食材成本，反而有更大的毛利空间。

顾客群本来就以办公大楼的上班族居多，以卤味方便外送与外带的特点，更适合业绩的拓展。于是陈佩雯与先生两人决定以无店面销售方式为主，采取了大方送试吃的营销策略。他们准备了许多综合型的卤味试吃包，并附上自己的订购单，一家家办公大楼分送。在网络上他们也注册了免费的博客网页。除了刊登自己精心拍摄的卤味产品与订购单，也特别注明“欢迎来电索取卤味试吃包”。就这样，“卤香世家”的口碑渐渐传了出去。

“如果想用外送或网络宅配的方式经营，那么愿意让人试吃，我认为是很重要的。”陈佩雯慎重地说，“其实做小吃，顾客还是习惯试过了才购买。很少有人只看照片就会买的。提供试吃，是刺激消费者购买的诀窍。”

店家介绍

a. 创业龄：8 年
b. 员工人数：2 人
c. 营业时间：11:00 ～ 19:00
d. 公休时间：周六、周日
e. 招牌特色：卤鸭翅
f. 地址：台北市长沙街 2 段 71-1 号
g. 销售网址：http://www.wretch.cc/blog/kitchenstew
h. 电话：(02)2311-5050

营业分析

*客层分析
以办公大楼的上班族群和网络消费者为主。
*淡旺季生意量
周一与节假日后一周内生意较淡，营业额降约一成。年节前为订单旺季，营业额可升三成。
（采访日期：1997 年 4 月）

营运分析简表

项　目	金额 or 比例	备　注
开业资金	4 万元	生财器具、物料成本
固定开销	2 万元	人事费用、水电杂支、物料支出
平均利润	五成五	—
投资成本回收期	3 个月	—

项　目	金额	占总收入比例
总收入	5 万元	100%
原物料支出	2 万元	40%
人力开销	无	0%
杂支	2000 元	8%
租金	无	0%
利润	2.8 万元	52%

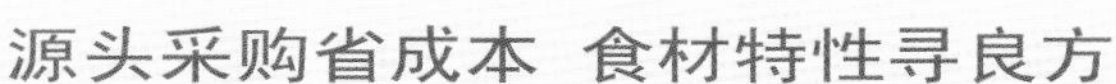

源头采购省成本 食材特性寻良方

“卤香世家”不特别强调一般卤方中常用的中药配方，也不加麻油、葱、蒜，纯粹就以冰糖、姜、酱油为主味，再用专门的大锅细细卤制。依据各种食材的烹调特性去调味，是决定口味的关键。

为了节省采购成本，陈佩雯去环南市场采买肉品时，总是会特别注意市场边的送货卡车或箱子上的厂商名称，循线找到源头的大盘批发商进货，直接节省下一成至二成的进货成本。而每种食材至少都经过她 2 ～ 3 个月时间的试卤与研发，在无数次的失败中不断寻找色香味俱全的卤制良方。

“刚开始卤鸭翅时老是卤破皮，后来我多方比较，舍弃成本较低的蛋鸭，采用肉质结实、体型大的肉鸭翅，才卤出完整且漂亮的鸭翅。鸭翅结实，可大火煮滚后中火慢炖。但卤鸡翅不同，火力一猛，鸡翅就会破皮。因此必须以小火煮熟，再熄火久浸 2 个小时，才能卤出色泽亮丽又多汁入味的鸡翅膀。鸭肉坚韧，会吸收卤汁中的咸味，必须先行卤制。用卤完鸭翅的卤汁再卤浸鸡翅，味道就会适中且色泽亮丽。不易入味的花生与鸡胗卤熟后需焖一夜，而特别选用味道浓厚且胶质丰富的凤爪卤汁去卤易出水的海带结与豆干，味道才会浓醇香稠。”陈佩雯讲起各食材的烹调特色，津津乐道。这都是经过无数次尝试后才找到的美味秘诀。“卤香世家”正是以用心的好味道，才建立起自己忠实的老顾客群。

真空包装常保鲜 品牌商标形象化

既然以宅配外送的生意为主，那么如何让自己的卤味快速送达消费者手中又能确保鲜美？“完整且良好的包装与即时的宅配服务。”陈佩雯肯定地回答，“现在宅配低温运送的服务很发达，就算是外地，两日内也都可以送到。低温送达消费者手上，一打开无须解冻即可食用，方便又保鲜。”

但宅配运费也是一项成本，店家要如何进行管控呢？“通常我会鼓励消费者一次多购买一些，也就是消费满一定额度可免运费。这样不但消费者省了运费，店家也可有较大的业绩空间可以吸收运费成本。”陈佩雯提醒说，“不过就算是低温宅配，运送过程中也难免有温度的起落，因此，真空保鲜包装是很重要的。”

为了保持自家卤味的新鲜，“卤香世家”花了几千元买了一台充氮型真空包装机。氮气是惰性气体，可以抑制细菌繁殖，加长保鲜时间。又为了包装的完整美观，“卤香世家”在真空包装前都先将卤味放置于透明塑料盒内，再真空包装，最后贴上自家设计的 Logo 贴纸。虽然多了一道手续与透明塑胶盒的成本，但是花一点时间和费用，却可以让顾客一打开箱子，就对我们的卤味有了干净美观的第一印象，加深消费者对于我们品牌的好感与信任。陈佩雯很肯定用心包装的效果。

创业建言——卤味品牌化，研发好口味

“就是因为做无店面型的宅配销售，所以更要注意形象的建立与产品的品质，才能稳定地经营。把卤味生意当品牌用心经营，再加上自己耐心研发的好口味，才能形成顾客的向心力吧！我每天早上 8 点去购买食材，回来又花 2 ～ 3 小时的时间进行清洗与整理。卤好的材料为求口感，不贪快，采用自然风干法，最后进行密封包装。一日工作下来到晚上八九点也是常事。”陈佩雯说。不求快，有耐心，是陈佩雯经营卤味事业的原则。她也曾为了研发卤制豆干的新方法，而导致口味变差，宁可马上亲自跟当日顾客赔礼道歉，也不愿轻易出货。就算是小小卤味，用心经营，也可以小兵立大功，做出不错的佳绩。“卤香世家”的创业历程，让我们学到了不一样的经验。

人气菜单（销售最佳前 5 名）

1. 卤鸭翅
2. 豆干
3. 百页豆腐
4. 卤凤爪
5. 米血糕

厨房设备选购资讯

购买对的生财器具，绝对是创业时重要的一环。生财器具是创业过程中非常大的投资，只要稍不留意，做了不适当的选择，一开业可能就弹尽援绝，将原来准备用于营运的周转金花光。所以如何挑对聪明的机器，让它帮你做牛做马，让你把东西煮到最好吃、操作起来最简单、机器耗损率最低等，实在是创业者应花点时间坐下来好好思索的问题。

通常来说，要知道自己到底有哪些营运所需物品是必须添置的，列张清单后考量自己的资金状况，是最简单容易的方式。但对刚创业的人来说，万事起头难，事事要花钱，所以专家多会建议，若该生财器具对于企业运营非常重要，且使用频率相当高，选购全新品为佳，如果买二手设备，万一故障率高，会有不易维护、损失食材的困扰。其他小型或使用率不高的设备，则能使用二手用品，或先以租赁方式承租，是最能减轻营运初期负担的办法。除此之外，每日使用后须彻底清洗干净，时常保养，才能使食物的卫生获得品质保障。大量购置设备都有议价空间，可多做询问和比价，器具材质与耐用程度都须评估进来。选购时除了掌握经济实惠为原则，还要考虑到维修与事后保修等问题，所以最好能找信誉可靠的厂商，千万别因为贪一时的便宜而因小失大。另外，付款方式也必须注意，保修期内分期付款，或是使用延后付款，都可以使资金的运用更灵活。其他一些制作或售卖时所必须使用的器具，如加热卤味用的汤勺、夹子等，因为使用频繁，建议到专门贩卖餐饮器具的店家选购，不要在一般五金店买。

台北市环河北路和汉口街、台南的西门路与金华路、高雄的三多路和九如路，便有非常多的餐饮五金专卖店，包括机器设备、摊车改装、五金器具等。二手器具则聚集在台北市重庆南路与汀州路交接处的中正桥下，台中市大雅路和建成路上，以及高雄三多路等地区。

生财器具大致上包括大型设备，如排油烟机、燃气炉、快速炉、冷冻柜、冷藏设备、真空包装机等；烹调工具包括卤锅、熏锅、计时器、捞勺、夹子等。餐具用品则是指包装盒、包装袋、竹签、筷子等。以下主要是厨房内部设备器具的介绍，价格仅供参考。

→冷冻冷藏柜

◇ 外形尺寸：宽 180cm× 深 71cm× 高 190cm。

◇ 用途说明：白铁材质，气冷式（内部可独立控制冷冻室及冷藏室）。上层冷冻，下层冷藏，冷藏温度 2 ~ 6℃；冷冻温度 -16 ~ -20℃，可自由调整。

◇ 参考售价：4000 元。

↑真空包装机

◇ 外形尺寸：长 38cm× 宽 46cm× 高 68cm。

◇ 用途说明：宅配销售时包装卤味使用，包装机按钮功能有真空、封口、冷却。

◇ 参考售价：2000 元。

→上掀式冷冻柜

◇ 外形尺寸：长 122cm× 宽 56cm× 高 88cm。

◇ 用途说明：用来冷冻家禽类等食材。

◇ 参考售价：1800 元。

↑ 直立式展示柜

◇ 外形尺寸：长 120cm× 深 71cm× 高 190cm。

◇ 用途说明：冷卤味展示柜，温度 25℃。

◇ 参考售价：3000 元。

↑ 平口高汤炉

◇ 外形尺寸：长 70cm× 深 60cm× 高 85cm。

◇ 用途说明：安全性较高，搬运方便。一般无电子点火，但可改装为电子点火。

◇ 参考售价：1000 元。

↑ 上火式烤箱（明炉）

◇ 外形尺寸：长 102cm× 深 46cm× 高 61cm。

◇ 用途说明：上方具有 6 个火力，液化低压及天然气皆可使用。

◇ 参考售价：2000 元。

↑ 熏制专用锅&锅盖

◇ 外形尺寸：直径约 70cm。

◇ 用途说明：烟熏卤味专用。

◇ 参考售价：一般铁锅约 100 元，厚铁锅约 200 元（含熏架和锅）。

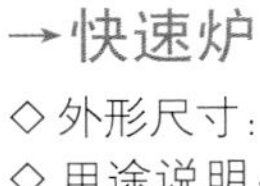

→快速炉

◇ 外形尺寸：直径约 35cm。

◇ 用途说明：煮制用，会和平口高汤炉搭配使用。

◇ 参考售价：视厂牌、火芯、配送、安装、附件等差异，有所差价，约 250 元。

←单水槽工作台橱柜

◇ 外形尺寸：长 180cm× 深 75cm× 高 100cm。

◇ 用途说明：洗涤专用及储放物品。

◇ 参考售价：2000 元。

↑ 蒸笼

◇ 外形尺寸：直径约 70cm。

◇ 用途说明：不锈钢材质，用于蒸制食材。

◇ 参考售价：5 层型约 400 元。

←自行定制提把卤锅

◇ 外形尺寸：外锅高 25cm，直径 45cm，内层双层漏网高 20cm，直径 40cm。

◇ 用途说明：卤制卤味用，双层漏网防止食材破损（可定制成 4 个放入成一组），有提把方便使用。

◇ 参考售价：外锅 300 元，双层漏网 350 元。

↑ 细滤油网（包边／可滴油）（前）

◇ 外形尺寸：柄长 30cm，直径 24cm。
◇ 用途说明：捞浮油。
◇ 参考售价：30 元。

↑ 港制铁丝沥油网（中）

◇ 外形尺寸：木柄长 38cm，直径 30cm。
◇ 用途说明：捞较重的食材。
◇ 参考售价：90 元。

↑ 港制 s/s 漏勺（后）

◇ 外形尺寸：木柄长 30cm，直径 29cm。
◇ 用途说明：捞油炸不易破食材。
◇ 参考售价：100 元。

↑ 水瓢

◇ 外形尺寸：铁制或塑料制。
◇ 用途说明：舀卤汁用。
◇ 参考售价：15 元。

↑ 塑料箩筐

◇ 外形尺寸：长 49cm× 宽 38cm× 高 12cm。
◇ 用途说明：洗菜篮。
◇ 参考售价：15 元。

↑ 不锈钢配菜盘

◇ 外形尺寸：直径 20~30cm 不等。
◇ 用途说明：配菜用。
◇ 参考售价：20~60 元。（依尺寸不等）

↑ 砧围（月牙盆）、铁木圆砧板（硬质）、片刀、剁刀

◇ 外形尺寸：依需求大小购买。
◇ 用途说明：切食材。
◇ 参考售价：砧围 30 元、砧板 300 元、片刀 100 元、剁刀 100 元。

↑ 单料双耳铁锅、港制锅铲、港制不锈钢炒勺、竹锅刷

◇ 外形尺寸：铁锅直径 32~42cm 不等。
◇ 用途说明：料理食材专用器皿。
◇ 参考售价：铁锅 150 元、锅铲 30 元、炒勺 30 元、竹锅刷 10 元。

←装调味料用瓶、不锈钢调味杯、装油锅

◇ 外形尺寸：依需求大小购买。
◇ 用途说明：置于炉边，方便使用，通常用于盛装油、盐、酱、醋、酒等调味料。
◇ 参考售价：10~50 元。（依尺寸不等）

↑ 双层托盘

◇ 外形尺寸：从超大（长 52cm × 宽 35.5cm）至特小（长 28.8cm × 宽 22.8cm），有 6 种尺寸。
◇ 用途说明：滴干汤汁，等卤味冷却。
◇ 参考售价：100 元（组）。

↑ 不锈钢深方盘

◇ 外形尺寸：从超大（长 52cm × 宽 35.5cm）至特小（长 24cm × 宽 20cm），有 7 种尺寸。

↑ 夹子

◇ 外形尺寸：有各种长度，依店家需求选择。
◇ 用途说明：夹取售卖卤味用。
◇ 参考售价：10 元。

↑ 耐热塑料袋

◇ 外形尺寸：依重量不同有多种尺寸，如 250g、500g 等，越重袋子越大。
◇ 用途说明：盛装售卖产品。
◇ 参考售价：5 元 / 包。

↑ 磅秤、电子秤

◇ 外形尺寸：磅秤（25kg）、电子秤(2kg)。
◇ 用途说明：称辛香料、药材、食材。
◇ 参考售价：100~300 元。

↑ 竹签

◇ 用途说明：附给客人插取卤味食用。
◇参考售价：5 元 / 包。

※ 内场设备基本需求数量表

◎以厨房工作人员 4 位，日产值 1 万元估算。

1	工作台（170cm）	2 台
2	冷气机	1 台
3	抽油烟机	1 台
4	上掀式冷冻柜	1 台
5	冷冻冷藏柜	1 台
6	真空包装机	1 台
7	直立式展示柜	1 台
8	快速炉	2 台
9	平口高汤炉	6 台
10	自行定制卤锅	6~10 个
11	熏制专用锅及锅盖	2 个
12	蒸笼	2 套
13	上火式烤箱（明炉）	1 台
14	单水槽工作台橱柜	2 个
15	塑料箩筐	12 个
16	不锈钢配菜盘	20 个
17	单料双耳铁锅	2~3 个
18	港制锅铲	3 支
19	港制不锈钢炒勺	3 个
20	竹锅刷	3 个
21	水瓢	2 支
22	大汤勺	4 支
23	铁夹	10 支
24	双层托盘	20 组
25	细滤油网（包边 / 可滴油）	2 支
26	港制铁丝沥油网	2 支
27	港制 s/s 漏勺	2 支
28	砧围（月牙盆）	1 个
29	铁木圆砧板（硬质）	2 个
30	剪刀（处理食材）	5 把
31	片刀	2 把
32	剁刀	2 把
33	电子秤	1 台
34	磅秤（25kg）	1 台
35	装调味料用瓶	10~20 个
36	不锈钢调味杯	10~20 个
37	装油锅	2 个

Part 2

卤味先修班

这一篇是营业者必须熟知的基础知识。除了认识各种卤味适用中药材之外，更要了解可通用的酱料、配料、辛香料以及专用的调酱。如白斩鸡搭配何种酱汁才不会太咸？或哪道酱汁不宜放到第二天，应当天使用完才行呢？聪明的你如何谱出它们与卤味的最佳协奏曲，都在此篇有详细的说明介绍。买回的新鲜食材要如何做好处理工作呢？这也是不得马虎的一个重要环节，若等到营业前才临时发现，就免不了要手忙脚乱、辛苦一番了！

熬出好卤汁的辛香材料

卤汁常用的配合材料多为辛香料，它最主要的功能在于提香、去腥、增加甘甜味，可提供令人愉快的味道和感受。香料、药材在一般中药行或市场均可见，传统杂货店亦有售。建议寻找一家正规的店家购买，品质能够有保障。香料、药材的基本选购、保存原则如下：

- 若无法判断药材种类或无法确定分量，建议在选定食谱后，将药材名称及分量书写在小纸条上，拿到有信誉的中药材店，代为配置。使用前记得用清水（冷开水更好）冲洗干净，去除灰尘、杂质，卫生安全。
- 干性药材（如甘草、肉桂等）若有受潮发霉现象或湿性药材（如红枣、枸杞等）有黏手现象，就不要购买。
- 部分中药材虽为干燥后成品，可长期保存，但必须在购买时询问药材行正确的保存期限，以免过期或丧失香味。
- 中药材请放在通风处保存。若有湿性药材，因较容易发霉，建议封好后放在冰箱冷藏库侧门保存。

丁香→

原名丁子香，外观像是圆头钉子，香味浓郁强烈，具有辛辣味与些微苦味，但经过烹调则味道会转为温和甘甜。可以整粒或磨成粉末使用，作为消除肉类腥味的辛香料，是五香粉、印度咖喱粉成分之一。

人参须↓

味清香，性温，适合与其他补气血的中药材一起卤制内脏类食材。

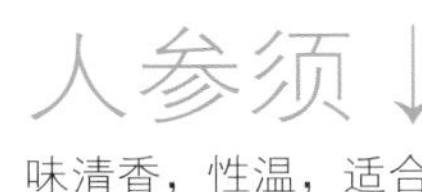

八角→

又称大茴香，具甜味且香味浓郁，是配制五香粉的原料之一。具有开胃效用，在熬煮牛肉汤时具有突显出肉香的功能。选择上以形状完整、各角均裂开并露出淡褐色种子者为佳。密封得好，约可保存2年。

三奈→

也称山柰，又名沙姜，味道清香、性温，具有樟木香气，可平衡其他辛香料的味道，少有单独使用，是西式调味料常用的香料。片状的多用于炖煮与红烧，磨粉的则用于烧烤。选购时以外观白色为佳。

小豆蔻→

带有姜与柠檬的香气，具辛辣与苦味。青色的小豆蔻瓣适合炖肉，加入卤鸡鸭的卤汁中能增加香气。小豆蔻粉则多用于烘焙面包和糕点。

小茴香→

香味强烈，有健胃效果，对于牛肉、羊肉及内脏类食材，具有去除异味、解腻的功效，并有防腐作用。选购时以呈黄褐色、颗粒娇小的为佳。

川芎→

味道辛辣，稍有麻麻的感觉，可消除食材的腥味，并增加其他材料的香气。 以表皮呈黑褐色、内部呈白色佳。

月桂叶↓

又称甜桂叶，具有淡淡清香的独特风味，具有去腥防腐的作用。是炖牛肉、炖鱼、煮番茄时的必备品。叶子质地硬，略带苦涩，烹煮后并不适合食用，料理完成之后取出丢弃。

山楂→

又名山里果，具有帮助消化、消脂的功能。卤肉类食材时加几个山楂，可以使肉容易卤熟烂，让肉的口感不会太硬，同时降低油腻感。

甘草→

香气温和、味道甘甜，具有调和与提味的作用。提供卤包最天然的甜味来源，可减少肉的膻腥味。药材选择以皮薄带红色、笔直且味甘甜为佳。

黄芪→

口感略甘甜，是最常使用的补气药材，能提升免疫力。因黄芪含油质，容易因温度冷热交叉变化而使表面或边缘处开始发霉，所以购买时需注意若为冷藏品，买回后必须密封冷藏保存。选购时以外皮为土黄色者为佳。

白芷→

别名香白芷、川白芷，是常用的美容药材。也属于烹调用香料，味道微苦中带甜，可去腥增香，亦具有抑菌功能。用量不可太多，以免高汤变苦。药材选择以外表土黄、皮细、坚硬、光滑、香气浓者为佳。

花椒→

具有强烈的芳香气味，味麻且辣，香味持久。用于烹调时，有增香、解腻及去腥的功效。由于味道明显，多与其他辛香料混合以平衡味道。是烹调牛肉、牛杂时经常使用的去味辛香料。

枸杞↓

甘甜但不具香味，是烹调上常用的药材，具有提味的效果。由于较甜所以不适合放太多，以免抢了食物的原味。

砂仁→

砂仁为温补中药材，是月桃的种子，芳香健胃，具有挥发油，是制作仁丹的重要原料。加入卤汁中同煮，可以去肉的膻味，还可让卤味具有独特的风味。

红枣→

味甘甜，是众所皆知的保肝药材。烹调上常用于增加甜味，可以增加食物的美味，但勿添加过多，以免影响食物的原味。

肉桂 / 桂皮↓

为肉桂树树皮制成的香料（桂皮取自树皮外部、肉桂则取自内部），甘甜中夹带着稍许苦涩味。在烹调上对增甜、调味与保存有明显作用，也是做五香粉的基本素材。适合烹调腥味较重的料理，可去腥解腻，其浓郁香气在卤包中扮演相当重要的角色。以皮细肉厚、外表呈灰褐色者为佳。

桂枝→

辛中带甘，能增加食物香味，选购时以幼嫩、红棕色为佳。

乌梅→

为青梅加工品，可消除食物油腻感。以色泽乌黑、个大、肉厚、核小、没有破裂的品质为佳。

桂子→

是肉桂的幼果（未成熟果实），药理作用与肉桂相似。

草果→

为姜科植物的果实，味带辛辣、微苦，可减少肉类的腥味，增进香味，是烹调牛羊肉不可少的香料。属搭配型香料，用量通常不多。挑选时以个大、饱满、气辛香者为佳。

陈皮←

橘皮晒干后即为陈皮，苦中带甘、微辛辣，能增加食物的甘甜，烹煮出味后经肉类吸收，可减少肉腥味，是料理牛肉、内脏类很棒的去味香料。以颜色呈褐色、易折断的为佳，且储放愈久的愈好。买回后需密封干燥保存。

当归→

为温补药材，适合与肉类炖煮。甘辛中带点苦味，所以不能放太多，具有温润口感与增香的效果。药材选择以肥大、须根多如马毛状、外皮呈褐紫色、内部呈黄白色者佳。

熟地↓

熟地（熟地黄）是补血药，用于卤味中，可以增加卤汤的颜色，让色泽浓厚。选购时以断面乌黑油亮的为佳。

罗汉果→

经烹煮后汁液甘甜，卤汁中加罗汉果是取其色、香、甜，可使味道甘醇、香浓，并使肉质不至于过老。要使用时才将它捏破。

紫草→

常应用于制作外用药，最知名的药方为“紫云膏”。其颜色为鲜艳的紫红色，是极佳的天然色素。本书于麻辣酱中使用，具有增加香气及色泽的效果。

胡椒粒→

气味芳香，有刺激性与强烈辛辣味。依成熟及烘焙程度不同而有绿色、黑色、红色及白色等外观上的差别，也因此味道上略有差异。白胡椒的辣度与香气皆较淡，黑胡椒最浓。一般于炖煮肉类、鱼类、腌渍食品的调味和防腐中，会使用整粒胡椒。密封约可保存 1 年。

姜黄片→

香气独特，是天然染料，可使食物染上美丽的金黄色泽。最常被使用于咖喱上，是黄色咖喱的主要颜色来源。

咖喱粉→

由多种辛香料组合而成，辛辣程度完全取决于所使用的辛香料种类。烹调上具有增色效果，需炒香后使用才能完全散发出香气。食用后能刺激食欲、加速血液循环。

绿茶粉（抹茶粉）↑

提供卤汁清新淡雅的茶香，本书使用于溏心蛋与酱油猪肝专用卤汁中。

干辣椒 / 干朝天椒↑

干辣椒可以提供卤汁香气与辣味，有强化食物味道的功能，辣度依所添加分量而定，为卤味辛香材料中的必备品。

匈牙利辣椒粉↓

又称红椒粉(Paprika)，味道香甜而不辣，香气浓郁，并有着鲜艳的红色，同时具有观赏及味觉的双重效果，可用于调色、装饰和调味。请放于冰箱中低温保存，以保持香味与漂亮的鲜红色。

鸡心辣椒粉→

是干辣椒磨成粉的产品，味道不会太辛呛，常和其他辛香料制成综合调味品。细辣椒粉可运用来制作辣椒酱， 辣椒粉则多入菜烹调。

香蒜粉→

为新鲜蒜头切碎再干燥制成，味道芳香浓郁、略具辣味，应用于肉类有去腥、增香的作用。

百草粉→

独有香气、味道温和，由灵香、八角、油桂等种类数量不定的香料混合制成，每种品牌皆不相同，适合应用于烹调肉类与调制腌料，如制作腊味、炖肉，可提味增香。与料理一起入锅炖煮，味道较隐藏，若起锅前加入则较突显。推荐飞马牌或老公仔牌。

葱→

葱具有去腥膻味、增香的作用，与蛋白质的食物一起烹煮，能增加人体对蛋白质的吸收利用率。吃面时加点葱花，也能提味添香、促进食欲。

老姜→

具有杀菌、降低腥味的效用，与大蒜、辣椒相比，是较温和的提味材料，可消除肉类腥味。老姜辛辣味最浓、纤维最多，适合长时间炖煮。请于室温储放，请以肥大、硬实且重量较重作为选购依据。

洋葱↓

有独特的辛辣味，除作为蔬菜食用外，可用于调味、增香、促进食欲，具有杀菌、去腥、帮助消化的效用，经长时间炖煮后会释放出甜味。在熬汤时加入洋葱、萝卜等耐煮蔬菜，可使汤头具有甘甜味。

洋葱粉↓

是将白洋葱切片，脱水后以热风干燥再粉碎所制成，具有独特的辛辣味，用于烹调可增香。本书作者推荐选用飞马牌的，品质较可靠。

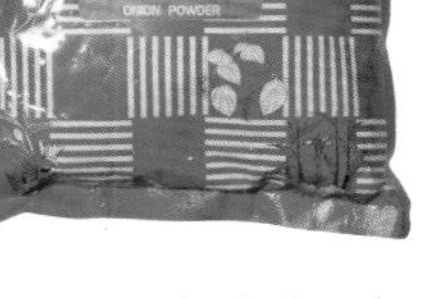

五香粉↓

基本成分是八角、肉桂、花椒、丁香、小茴香籽等，但不一定只用 5 种，会因品牌而不同，加入或替换为陈皮、豆蔻、干姜等，因酸、甜、苦、辣、咸五味平衡而取名。可用于炖制肉类，加入卤汁中可增味去腥，或是加盐做成油炸料理的蘸料。推荐飞马牌。

蒜头↓

是非常重要的辛香料，使用频繁。具有浓郁的呛辣味，气味强烈。含蒜素，用于料理中可杀菌、去腥味、增香气。

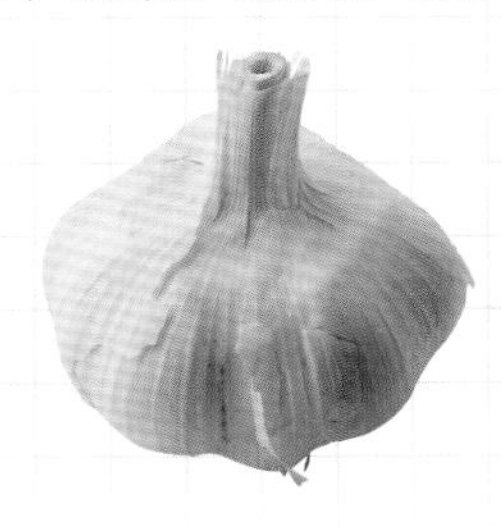

搭出美味的专用酱料

这个单元我们将书中搭配各种卤味的蘸酱全部放在此处说明。重点提醒：酱汁在盛装到容器里时，须保持容器干燥，以免酱汁碰水容易腐败喔！这里的每道配方都是作者张师傅挖空心思一再尝试所创出的最适合卤味的酱料，可将卤味的香气大大提升，赶紧来学习吧！

麻辣酱

材　料

A 牛脂肪（牛油）→ 2000g

B 葱 → 6 支
新鲜朝天椒 → 12 根
干燥朝天椒 → 12 根
去皮大蒜 → 20g
花椒粒 → 2 大匙
白胡椒粒 → 1 大匙

C 花椒粉 → 1 小匙
紫草 → 1/4 小匙
细辣椒粉 → 300g
白胡椒粉 → 100g
匈牙利辣椒粉 → 50g
盐 → 1 大匙
香油 → 200mL

做　法

1 将材料 C 全部混合，放入干净的铁锅内，备用。

2 将葱切去根部，新鲜朝天椒、干燥朝天椒及去皮大蒜洗净，擦干水，备用。

3 将牛脂肪切成长、宽、高约 1cm 的块。

4 准备好干净中华锅，放入切好的牛脂肪，用小火慢慢干炸 30 ~ 50 分钟至脂肪呈金黄色后捞除油渣，留下牛油约 2000mL。

5 中华锅里只留下 1000mL 牛油，加入材料 B，转小火慢慢炸，待葱及大蒜呈干扁焦黄时，等待 15 ~ 20 分钟后捞除，再把锅里全部材料趁热小心倒入做法 1 备有调味料的铁锅内，搅拌均匀即为麻辣酱。另剩下 1000mL 牛油，放入冰箱冷藏，待下次取用。

开店秘技

◎ 此处制作麻辣酱的牛油分量要多做一倍，因酱料制造过程较费时麻烦，一次做多量可留下次使用，如要减半，则配方材料皆减半即可。

◎ 紫草可增加香气与色泽，在中药行可以买到。

◎ 一般的辣椒酱是利用辣椒的辣来增添食物的香气；而麻辣，则是花椒的麻跟辣椒的辣味一起，比辣椒更添上一层香麻的口感。

◎ 制作好的麻辣酱放凉后，可装入干净的玻璃瓶中，室温存放即可（含牛油冷藏易结冻）。使用麻辣酱之前，须搅拌均匀再取用。

鲜味酱

● 材 料 ●

大骨高汤 → 1 杯
酱油膏 → 4 杯
细砂糖 → 4 大匙
味素 → 1 大匙
香油 → 1 大匙

● 做 法 ●

将所有材料放入干净容器里，一起搅拌均匀即完成鲜味酱。

开店秘技

◎此项酱料需当天拌好，当天食用完毕，不宜存放再用。

大骨高汤

● 材 料 ●

猪大骨 720g、鸡骨 240g、冷水 10L、盐 60g、鸡粉 60g

● 做 法 ●

将猪大骨、鸡骨分别洗净，放入滚水中煮 5 分钟，捞出后冲洗干净。将 10L 冷水煮滚，把猪大骨、鸡骨放入，再次煮滚后转中小火，熬煮 2 小时，边煮边将汤面上的乳白色泡沫及杂质捞除，再加入盐、鸡粉拌匀即可。

辣椒酱

● 材 料 ●

辣椒 → 600g
蒜泥 → 35g
色拉油 → 600mL
紫草 → 1 小匙
香油 → 150mL
花椒粉 → 1 小匙
盐 → 50g

● 做 法 ●

1 将辣椒洗净，擦干后切圆圈片，备用。
2 用小火热锅，放入色拉油、辣椒片、蒜泥，用小火慢慢炒 15 ~ 20 分钟，再加入紫草、香油、花椒粉、盐，继续用小火慢慢炒约 10 分钟后熄火即可。

开店秘技

◎本酱适合搭配加热卤味。
◎制作好的辣椒酱放凉后，可装入干净的玻璃瓶冷藏存放，待随时取用。

豆豉辣椒酱

● 材 料 ●

A 辣椒 → 600g
 湿豆豉 → 10g
 色拉油 → 600mL
 香油 → 1 杯
B 白酱油 → 1 大匙
 盐 → 1 小匙
 鸡粉 → 1 小匙

● 做 法 ●

1 将辣椒去蒂洗净，沥干水分后放入果汁机，再加入色拉油 300mL，一起打碎，备用。
2 起锅，放入 300mL 色拉油，再放入做法 1 的材料、香油，一起用小火慢炒 20~30 分钟，炒至水分蒸发后，再加入豆豉及材料 B，拌匀并用小火慢炒 10 分钟后熄火即完成。

开店秘技

◎本酱适合搭配加热卤味。
◎制作辣椒酱时一定要去除辣椒水分，这样做好的辣椒酱，冷藏保存时间才能长。

辣豆瓣酱

● 材 料 ●

市售辣椒酱 → 100g
市售辣豆瓣酱 → 200g
冷水 → 300mL

● 做 法 ●

1 将辣豆瓣酱中加入 150mL 的冷水，用果汁机打碎，备用。
2 热锅，放入辣椒酱和打碎的辣豆瓣酱，再加入剩下的 150mL 冷水，开中小火煮滚，后续煮约 5 分钟后熄火即可。

开店秘技

◎将市售辣豆瓣酱再加工，可以增添香气，让料理加分。
◎本酱较适合搭配鹅肉食用。制作好放凉后，可装入干净的玻璃瓶，冷藏存放。

辣油

● 材 料 ●

A 香油 → 160mL
 紫草 → 1/8 小匙
 辣椒粉（粒） → 300g
 盐 → 1 大匙
B 色拉油 → 800mL
C 新鲜朝天椒 → 12 根
 花椒粒 → 1 大匙
 白胡椒粒 → 1 大匙
 葱 → 6 支

● 做 法 ●

1 将所有材料 A 放入干净铁锅中，备用。
2 另起一锅，放入色拉油，转小火烧热，放入所有材料 C，炸 40~60 分钟，等葱呈现焦黄色，趁热过滤出热油，并倒入做法 1 的铁锅中，拌匀后即完成。

开店秘技

◎辣油的味道辣中略带麻味，颜色鲜红油亮，除了调味之外，更有调色作用。
◎制作好的辣油放凉后，可装入干净的容器内，放入冰箱冷藏保存。

蒜味酱

● 材　料 ●

A 新鲜朝天椒 → 4 根
　去皮大蒜 → 10g
B 金兰甘醇酱油膏 → 100mL
　酱油 → 100mL
　味素 → 1 小匙
　细砂糖 → 1 大匙

● 做　法 ●

1 将朝天椒洗净，切圆圈片。将大蒜剁碎，备用。
2 将材料 B 放入碗中拌匀至糖溶解后，加入朝天椒片、蒜末，再次拌匀即可。

开店秘技

◎此为白斩鸡专用酱汁，装入干净的容器内，可放入冰箱冷藏保存。

蒜泥酱

● 材　料 ●

蒜头 → 300g
味素 → 10g
金兰甘醇酱油膏 → 1200mL

● 做　法 ●

1 将蒜头去皮后洗净、沥干。
2 将所有材料放入果汁机中搅打成泥状即可。

开店秘技

◎打好后是浅咖啡色，须放入冰箱冷藏 1 天，待泡沫沉淀、颜色变深再使用，卖相较佳。
◎此为万峦猪脚专用酱汁，装入干净的容器内，可放入冰箱冷藏保存。

红糟酱

● 材　料 ●

胡麻油 → 半杯
姜末 → 3 大匙
市售红糟酱 → 1 罐(3600g)
公卖局红标米酒 → 600mL
细砂糖 → 600g

● 做　法 ●

1 用稍大火热锅后转小火，放入胡麻油与姜末同炒，待姜末炒至微金黄时，放入市售红糟酱，用小火拌炒均匀。
2 炒至红糟酱的酸味消除，并有红糟香味出来后，倒入米酒，煮开随即放入糖拌匀至微甜与糟香溢出后熄火即可。

开店秘技

◎此为红糟卤味专用酱汁，放凉后装入干净的玻璃瓶内，可放入冰箱冷藏保存。

让味道加分的通用配料

我们将书中搭配各种卤味的配料统一整理在此单元说明，如适合搭配冷卤味的开胃酸菜心、炒酸菜、广东泡菜、台式泡菜、辣味榨菜丝。而吃卤味时搭配特定的辛香料如葱花、香菜末、辣椒片、蒜苗丝、嫩姜丝、小黄瓜丝，会使卤味更爽口好吃，赶紧来看看这些配角有什么魅力吧！

酸菜心

材料

腌渍酸菜 → 3600g

调味料

A 白醋 → 半杯

B 细砂糖 → 1 杯
白醋 → 半杯
盐 → 1 小匙
味素 → 1 小匙
香油 → 1/4 杯

做法

1 将酸菜一叶叶取下后，剩下中间的酸菜心切成薄片，把全部酸菜及酸菜心片放入约 20L 的清水内浸泡一夜（约 12 小时），去除咸味。

2 捞出后放入网状大袋子里，用手均匀压平后，取一个干净的大石头（约 20kg）压在上面，重压约 12 小时。待完全去除水分，即可取出，全部切成约 2cm 的薄片状，备用。

3 准备一只中华锅，开大火空锅烧约 30 秒（不可放入任何油）后，马上倒入酸菜片拌炒均匀，1~2 分钟后，立即倒入白醋，快速拌炒均匀，待白醋在锅内蒸发约 30 秒后，马上关火。

4 倒出酸菜片于另一只干净锅内，将调味料 B 倒入，拌均匀。待糖完全溶解（约 1 小时后），再次将酸菜片混合拌匀即可。

开店秘技

◎酸菜心适合搭配冷卤味食用。

◎制作香脆可口的酸菜心较费时，所以一次可多做一些，分成小包装，放入冰箱冷藏保存，即可随时取用。可冷藏保存约 1 个月。

◎也可用营业用单槽脱水机去除酸菜的水分（市售一台约 500 元）。

炒酸菜

● 材　料 ●

酸菜 → 600g
辣椒 → 2个
色拉油 → 1/4杯

● 调味料 ●

细砂糖 → 4大匙
鸡粉 → 1大匙
白醋 → 2大匙
香油 → 2大匙

● 做　法 ●

1 将酸菜洗净切丝，放入清水中浸泡1小时，取出沥干水分；将辣椒洗净后切末，备用。
2 以中火烧热锅底约1分钟，放入酸菜丝慢炒5~8分钟至水分蒸发，备用。
3 另起锅，放入色拉油及辣椒末爆香，放入炒干的酸菜及调味料，以大火拌炒5~8分钟至糖溶化，熄火冷却后，即可盛入保鲜盒中备用。

开店秘技

◎适合搭配加热卤味食用。
◎将酸菜中的水分炒干，酸菜吃起来才爽脆，也更好保存。但注意做法2中不可放油入锅，必须用中火干锅慢炒，才有效果。

广东泡菜

● 材　料 ●

白萝卜 → 2400g
红萝卜 → 300g
小黄瓜 → 600g

● 调味料 ●

盐 → 4大匙
细砂糖 → 700g
白醋 → 480mL

● 做　法 ●

1 将白萝卜、红萝卜分别洗净后去皮，纵向切成厚约1cm的长条片状，再切成宽约1.5cm的长条，最后每条斜切成1.5cm的菱形块状，备用。
2 将小黄瓜洗净，切去头尾，再直剖成4等份长条，接着去籽后，再每条切成1.5cm的菱形块状备用。
3 将小黄瓜、红萝卜、白萝卜块放入干净的钢盆里，加盐拌匀后，用一个干净的石头（约20kg）重压在材料上脱水。60分钟后拿走石头，用冷开水冲泡1~2分钟，去除表面盐分后沥干，再用石头重压60分钟，即可取出。
4 用纸巾吸干脱水过的蔬菜表面的水分，放入干净的钢盆里，加入白醋、糖拌匀后，放入冰箱冷藏24小时，待腌渍入味即可随时取用。

开店秘技

◎腌渍时，每隔8小时就必须搅拌一次，使糖均匀地溶化。
◎可搭配冷卤味的东山黑卤卤味、广式红卤卤味食用。
◎也可用营业用单槽脱水机去除小黄瓜块及红萝卜、白萝卜块的水分。

台式泡菜

● 材 料 ●

卷心菜 → 1 个(约 2kg)
红萝卜 → 1 根

● 调味料 ●

A 盐 → 2 大匙
B 白醋 → 半杯
细砂糖 → 3/4 杯
味霖 → 1/4 杯

● 做 法 ●

1 将卷心菜去心取叶，洗净后用手撕成长宽约为 6cm 的片状；将红萝卜洗净，去皮切丝，备用。
2 将卷心菜、红萝卜丝、盐一起放入大塑料袋中，充气后封紧袋口，用力摇晃至食材混合均匀，放置 1 小时后倒入大碗中，再放入冰箱冷藏腌渍 30 分钟。
3 取出洗净盐分，沥干水分后加入调味料 B 拌匀，再放入冰箱冷藏腌渍 1~2 天即完成。

开店秘技

◎在处理卷心菜时，请用手撕成片状，勿使用金属刀具，以免蔬菜切口产生褐变，影响泡菜成品的洁白感与新鲜风味。
◎冷卤味中的一般传统卤味，可附此道台式泡菜当配料送给客人享用。

辣味榨菜丝

● 材 料 ●

淡榨菜 → 3600g

● 调味料 ●

辣椒酱 → 300g
特级砂糖 → 200g
味素 → 2 大匙
香油 → 60mL

● 做 法 ●

将淡榨菜放置清水中浸泡 2~3 小时。去除盐分后，放置单槽脱水机中脱干水分，约 3 分钟取出，再放置钢盆中，加入全部调味料拌均匀即可。

开店秘技

◎制作辣味榨菜丝，脱干后全程需要用到的容器一定要干燥，须全程戴上手套，这样才能保证制作安全卫生，完成后分成 6 小包冷藏保存，可放 7 天。
◎速配卤味类型：冷、热卤味皆宜，冷卤味中以东山黑卤卤味最适搭配。

食材处理宝典

买回来的各式食材要先做怎样的处理，才可以使营业工作顺利进行呢？以下我们就针对不同的食材分类详细说明处理步骤，使你能将工作化繁为简，轻轻松松，事半功倍，达到最佳效率！（此处食材为本书第 3 篇及第 5 篇卤味使用，加热卤味处理法请见加热卤味食材图鉴）

肉类

【牛类】

※牛筋、牛腱、牛肚：洗净后放入滚水中氽烫 5 分钟，捞出冲凉并再次洗净，备用。

【猪类】

※猪腱肉：洗净后放入滚水中氽烫 5 分钟，捞出冲凉并再次洗净，备用。

※猪脚筋、猪嘴边肉：洗净后放入滚水中氽烫 2 分钟，捞出冲凉并再次洗净，备用。

※猪肝连：又名猪肝连肌，是猪肝旁边的一块肌肉。洗净后放入滚水中氽烫 5 分钟，捞出冲凉并用小刀刮除周围油脂，再次洗净，备用。

※猪耳朵、猪前蹄、猪后腿、猪蹄膀、猪舌头：洗净后放入滚水中氽烫 10 分钟，捞出冲凉并用铁刷刷净表面油垢。须彻底检查表面是否还有细毛，要完全去除干净才行，最后再清洗两次至完全干净，备用。

※猪尾巴：洗净后放入滚水中氽烫 5 分钟，捞出冲凉并用铁刷刷净表面油垢。须彻底检查表面是否还有细毛，要完全去除干净才行，最后再清洗两次至完全干净，备用。

※猪皮：洗净后放入滚水中氽烫 10 分钟，捞出冲凉并用铁刷刷净表面油垢。须彻底检查表面是否还有细毛，要完全去除干净才行，最后再清洗两次至完全干净，备用。卤制前可先将猪皮切成 1 份的量（约 150g），然后卷成圆筒状，再用牙签固定，如此可使成品卖相较佳。

※猪大肠、大肠头：洗净后放入乌醋中浸泡 30 分钟去除黏液及腥味，再放入滚水中氽烫 10 分钟，捞出冲凉并再次洗净，备用。

共通原则：

◎ 肉类均须在洗净后先氽烫去除杂质与血水，氽烫时间依肉质而不同（请参照以下各食材氽烫时间），之后再清理干净。

◎ 氽烫肉类时请备一大汤锅，放入约 20L 水，开大火煮滚，一次最多烫 5kg 食材，氽烫时必须全程开大火。

◎ 乌醋可去除内脏黏液及腥味，以下若碰到需用乌醋浸泡的，浸泡比例为每 120mL 乌醋浸泡 1000g 内脏食材。

◎ 猪、鸡、鸭、鹅肉类买回后，要仔细检查是否有残余的毛存在，如有则须去除干净，才符合卫生标准。

◎ 全鸡、全鸭、全鹅在处理时，一定要从底侧将鸡、鸭、鹅脖子洞口的油脂清除干净，因为在卤制全鸡、全鸭、全鹅时，卤汁会由脖子、屁股洞进入腹部循环，这样可使鸡、鸭、鹅肉较易煮熟，所以油脂务必要清除干净。

※ 猪小肚：洗净后翻面，放入乌醋中浸泡 30 分钟去除黏液及腥味，再入滚水中汆烫 10 分钟，捞出冲凉并用小刀刮除所有白色油脂，再次洗净，备用。

※ 猪肚：洗净后翻面，放入乌醋中浸泡 30 分钟去除黏液及腥味，再入滚水中汆烫 10 分钟，捞出冲凉并用小刀刮除猪肚头黄色部分及所有白色油脂，再次洗净，备用。

※ 粉肠：拉直，小心将肠内黏液挤均匀后，放入乌醋中浸泡 30 分钟去除黏液及腥味，再入滚水中汆烫 5 分钟，捞出冲凉并再次洗净，备用。

※ 去骨猪脚：买回来（直接买去骨的）之后用棉绳绑成圆筒形状后直接卤，等冷却再拆掉棉绳，卖相较佳。

【鸡类】

※ 全鸡：洗净后放入滚水中汆烫 5 分钟，捞出冲凉，须彻底检查表面是否还有毛，要完全去除干净才行，再次洗净，备用。

※ 鸡脖子：洗净后放入滚水中汆烫 2 分钟，捞出冲凉，须彻底检查表面是否还有毛，要完全去除干净才行，再次洗净，备用。

※ 鸡腿、棒棒鸡腿：洗净后放入滚水中汆烫约 1 分钟，捞出冲凉，须彻底检查表面是否还有毛，要完全去除干净才行，再次洗净，备用。

※ 鸡胸：洗净后放入滚水中汆烫 2 分钟，捞出冲凉并再次洗净，备用。

※ 两节鸡翅：洗净后放入滚水中汆烫 2 分钟，捞出冲凉，须彻底检查表面是否还有毛，要完全去除干净才行，再次洗净，备用。

※ 鸡脚：洗净后放入滚水中汆烫 2 分钟，捞出冲凉并再次洗净，备用。

※ 鸡屁股：洗净后放入滚水中汆烫 2 分钟，捞出冲凉并剪掉尾尖部分，须彻底检查表面是否还有毛，要完全去除干净才行，再次洗净，备用。

※ 鸡心：洗净后放入滚水中汆烫 2 分钟，捞出冲凉并再次洗净，备用。

※ 鸡胗：洗净后放入滚水中汆烫 2 分钟，捞出冲凉并彻底清除干净底部黄色皮，因为里面含有极细沙粒，再次洗净，备用。

※ 鸡肝：洗净后放入滚水中汆烫 1 分钟，捞出冲凉并再次洗净，备用。

※ 鸡肠：洗净后放入乌醋中浸泡 30 分钟去除黏液及腥味，再入滚水中汆烫 2 分钟，快速捞出冲凉并再次洗净，备用。须注意不可汆烫过久，以免鸡肠口感变差。

※ 鸡皮：洗净后放入滚水中汆烫 1 分钟，捞出冲凉并用小刀刮除白色油脂，再次洗净，备用。

※ 鸡蛋（白煮蛋）：洗净后放入冷水中，水量以盖过鸡蛋表面为准，边开大火边用长筷子翻搅，让蛋黄固定在中间，水滚后再煮 20 分钟，捞出冲凉并剥除蛋壳，再次洗净，备用。

【鸭类】

※ 全鸭：洗净后放入滚水中汆烫 5 分钟，捞出冲凉，须彻底检查表面是否还有毛，要完全去除干净才行，再次洗净，备用。

※ 鸭头：洗净后放入滚水中汆烫 3 分钟，捞出冲凉，须彻底检查表面是否还有毛，要完全去除干净才行，再次洗净，备用。

※ 鸭头连脖子：洗净后放入滚水中汆烫 3 分钟，捞出冲凉并清除末端皮部黄色油脂，也须彻底检查表面是否还有毛，要完全去除干净才行，再次洗净，备用。

※ 鸭塑身骨：即鸭腿骨，肉极少，主要食用骨汁。塑身骨是急速冷冻品，可取样品泡一下水闻闻看，如有强烈腥味则不新鲜。洗净后放入滚水中汆烫 3 分钟，捞出冲凉并再次洗净，备用。

※ 鸭关节骨：洗净后放入滚水中汆烫 3 分钟，捞出冲凉并再次洗净，备用。

※ 鸭尾椎骨：洗净后放入滚水中氽烫 5 分钟，捞出冲凉并再次洗净，备用。

※ 鸭翅：洗净后放入滚水中氽烫 2 分钟，捞出冲凉并再次洗净，备用。

※ 鸭脚、鸭肝：洗净后放入滚水中氽烫 2 分钟，捞出冲凉并再次洗净，备用。

※ 鸭心：鸭心的支气管有血块，买回来要把表面及气管周围血水完全冲洗干净（此时鸭心会由血红色变成淡红色），再放入滚水中氽烫 2 分钟，捞出冲凉并再次洗净，备用。

※ 鸭胗：洗净后放入滚水中氽烫 2 分钟，捞出冲凉并彻底清除干净底部黄色皮，因为里面含有极细沙粒，再次洗净，备用。

※ 鸭舌：洗净后放入滚水中氽烫 2 分钟，捞出冲凉并彻底清除喉管内外侧的毛及污秽物，再次洗净，备用。现在为了让鸭舌看起来较肥硕，卖相较好，所以喉管都保留下来，不切除，只要清洗干净就可以。

※ 鸭脆肠：洗净肠内极细沙粒后放入乌醋中浸泡 30 分钟去除黏液及腥味（肠中黏液可利用小刀帮忙刮除干净），再放入滚水中氽烫 2 分钟（注意不可氽烫过久，以免鸭肠口感变差），捞出冲凉并再次洗净，备用。

【鹅类】

※ 全鹅：洗净后放入滚水中氽烫 5 分钟，捞出冲凉，须彻底检查表面是否还有毛，要完全去除干净才行，再次洗净，备用。

※ 鹅翅：洗净后放入滚水中氽烫 2 分钟，捞出冲凉并再次洗净，备用。

※ 鹅掌、鹅心、鹅肝：洗净后放入滚水中氽烫 2 分钟，捞出冲凉并再次洗净，备用。

※ 鹅胗：洗净后放入滚水中氽烫 2 分钟，捞出冲凉并彻底清除干净底部黄色皮，因为里面含有极细沙粒，再次洗净，备用。

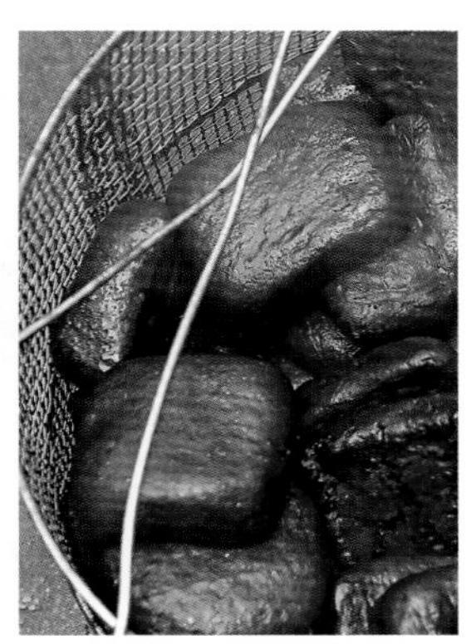

共通原则：

◎ 氽烫其他类食材时，请备一大汤锅，放入约 20L 水，开大火煮滚，再参照以下各食材氽烫时间，一次最多烫 5kg 食材，氽烫时必须全程开大火。注意不可将其他类食材与肉类放入同一锅氽烫，否则会产生异味。

其他类

※ 百页豆腐、素鸡、兰花干、圆片甜不辣、贡丸、鱼丸、米血糕、所有豆干、煮熟鹌鹑蛋：分别将食材洗净后沥干备用。

※ 海带：洗净后放入滚水氽烫 10 分钟，捞出冲凉并再次洗净，备用。

※ 海带结：清洗 4～5 次，彻底将表面极细沙粒洗净后，放入滚水氽烫 10 分钟，捞出冲凉并再次洗净，备用。

※ 花枝：即章鱼。撕除表面薄膜后洗净，放入滚水氽烫 3 分钟，捞出冲凉并再次洗净，备用。

真空宅配处理

要将卤好的新鲜卤味快速地运送到消费者手上，包装的卫生工作是最重要的。现在有真空冷冻快递宅配的方式，比传统单纯人力的运送方便许多，食物也较不易腐坏。真空包装密封时要注意哪些细节才不致出错呢？食材抽空气要几秒呢？这一篇讲解的重点就在这里喔！

真空包装的原则

◎ 真空包装机的时间设定钮共有抽气、封口、冷却 3 项。抽气时间因食材软硬而异，请参考 P53 表格所列的抽空气设定时间，封口一律设定为 2 秒，冷却一律设定为 3 秒。真空包装机有数种规格，每种机器秒数略有不同，需经测试后自行斟酌，本书提供的仅供参考。

◎ 本食谱全部的真空包装袋都采用 PE 材质无毒耐热袋。书中使用真空袋的尺寸为：长 27cm× 宽 20cm。

◎ 真空宅配的切割包装全程皆需在冷气房，并且要戴上口罩及手套，快速处理及包装完毕后，要马上放入冰箱冷藏或冷冻保存，这样才能确保食物的新鲜。

◎ 真空包因为抽掉空气，因此可在相同冷藏温度下保存较久的时间。

◎ 卤好的材料需放在通风良好的地方或冷气房，放凉时间一般为 2 ～ 3 小时，一定要等完全冷却才可一般包装或真空包装，包装后马上要放入冰箱冷藏。

◎ 米血糕、圆片甜不辣因宅配时全程需冷藏，时间过久会变硬使口感变差，不建议宅配售卖。

◎ 包装时切记真空袋封口处不能有油，否则会导致封口处不能完全密封，加速食物腐败。

产品包装贴纸的设计

真空宅配时需设计好包装及贴纸，标明品名、保存日期、建议售价、分量或容量、主要成分、保存方式、订购电话、供应厂商商号、住址、食品生产许可证编号、营养成分（可请营养师计算）等，让消费者能够安心购买。有规格化的标示才是完整的商品，也是做出品牌必备的方式！

抽空气时间对照简表

下页简表仅列出书中部分适合真空包装的食材，而一般传统卤味、东山黑卤、加热卤味中的食材，还有米血糕、甜不辣等不适合真空包装的产品就没有列在右表中。相同食材在不同卤味中的抽空气时间不太相同，而食材软硬，是否有加入卤汁以及食材分量等因素，也会影响抽空气的时间。

※ 真空袋尺寸：长 27cm × 宽 20cm

食材名称	每袋分量	抽空气时间	真空包装前处理法
【牛类】			
牛腱	200g	50 秒	每块先纵向切对半，再横向切成厚约 0.5cm 的薄片后装袋
牛筋	200g	50 秒	每块先纵向切对半，再横向切成厚约 0.5cm 的薄片后装袋
牛肚	200g	10 秒	每块先纵向切对半，再横向切成厚约 0.5cm 的薄片后装袋
【猪类】			
猪耳朵	300g	10 秒	每块先纵向切对半，再横向切成厚约 0.5cm 的薄片后装袋
猪前蹄	300g	50 秒	每个均分剁成 4~6 小块后装袋
猪后腿	300g	50 秒	每只先划开后抽出骨头，将肉先纵向切对半，再横向切成厚约 1cm 的片状后，连同骨头一起装袋
猪蹄膀	300g	50 秒	直接装袋
猪脚筋	200g	50 秒	直接装袋
猪肝	300g	60 秒	每副纵向切成 6 大块长条状后装袋
猪肚	200g	12 秒	每个先纵向切对半，再横向切成宽约 2cm 的长条状，每条再切成 2cm × 2cm 的小方块后装袋
去骨猪脚	200g	50 秒	直接装袋 (或分 2 大块)
【鸡类】			
全鸡	半只	20 秒	每只先剁对半成半只，再剁对半成 4 等份后，再横向剁成厚约 2cm 块状后装袋
鸡脖子	300g	30 秒	直接装袋
鸡腿	2 只	10 秒	直接装袋
棒棒鸡腿	4 只	10 秒	直接装袋
鸡胸	1 块	10 秒	直接装袋
两节鸡翅	8 只	10 秒	直接装袋
鸡脚	10 只	0.7 秒	直接装袋
鸡屁股	200g	10 秒	直接装袋
鸡心	150g	10 秒	直接装袋
鸡胗	150g	10 秒	直接装袋
鸡肝	6 个	50 秒	直接装袋
鸡肠	200g	10 秒	切成长 3~4cm 的小段后装袋
卤蛋	6 个	8 秒	直接装袋

食材名称	每袋分量	抽空气时间	真空包装前处理法
【鸭类】			
全鸭	1/4 只	50 秒	每只先剁对半成半只，再剁对半成 4 等份后，再横向剁成厚约 2cm 块状后装袋
鸭头	4 只	10 秒	直接装袋
鸭脖子	4 只	20 秒	直接装袋
鸭头连脖子	2 只	20 秒	直接装袋
鸭塑身骨	300g	10 秒	直接装袋
鸭尾椎骨	12 只	10 秒	直接装袋
鸭翅	4 只	10 秒	直接装袋
鸭脚	10 只	0.9 秒	直接装袋
鸭心	150g	10 秒	直接装袋
鸭肝	6 副	50 秒	直接装袋
鸭胗	150g	12 秒	直接装袋
鸭舌	10 只	10 秒	直接装袋
鸭脆肠	200g	10 秒	切成长 3~4cm 的小段后装袋
溏心蛋	4 个	0.6 秒	直接装袋
【鹅类】			
全鹅	1/4 只	50 秒	每只先剁对半成半只，再剁对半成 4 等份后，再横向剁成厚约 2cm 块状后装袋
鹅翅	1 只	20 秒	直接装袋
鹅掌	5 只	20 秒	直接装袋
鹅心	6 个	15 秒	直接装袋
鹅肝	2 副	50 秒	直接装袋
鹅胗	4 个	20 秒	直接装袋
【豆类】			
百页豆腐	2 条	10 秒	每条均分切成 8 片后装袋
豆干	300g	40 秒	直接装袋
大黑豆干	2 块	40 秒	直接装袋
豆干丁	300g	50 秒	直接装袋
【其他类】			
花生	400g	20 秒	直接装袋
海带结	250g	12 秒	直接装袋
贡丸	10 个	10 秒	直接装袋
鱼丸	20 个	12 秒	直接装袋
花枝	1 个	20 秒	直接装袋
鹌鹑蛋	25 个	10 秒	直接装袋

Part 3

冷卤味篇

冷卤味要如何卤到咸、甘、甜刚刚好且令人吮指回味，是最令大家头痛烦恼的问题。而技巧秘诀到底是什么呢？想卤传统的、麻辣的、东山黑卤的、焦糖的、胶冻的、药膳的等各种不同风味的卤味要如何着手？每种该注意的配方和技巧是什么？怎样才能卤制成功？想知道这么多的问题的答案吗？这些都能在本篇中一次迎刃而解喔！快点开始翻阅下一页来解开谜题啰！

制作冷卤味的共通原则

基本制作流程表

洗净（非肉类食材只需要洗净即可进入卤制阶段，肉类请再往下做）→ 放入滚水汆烫去血水 → 漂水（捞出冲凉）再次洗净 →

卤汁材料（选择一种卤汁材料，如陈年老卤卤汁）→ 煮沸 →

1 卤制
2 浸泡
3 捞起
4 冷却 / 沥干
5 售卖 / 包装
6 冷藏保存

关于卤汁的使用

◎ 1L 卤汁约可卤制 500g 食材，以此类推，20L 的卤汁最多卤 10kg，实际操作时请以此比例为基准。务必将卤汁及食材的比例拿捏准确，且每次卤制的时间都要相同，如此产品的口感、香味才会一致。

◎ 每次卤制前都要计算食材总重量，不管卤多少次，卤汁都不能超过食材的总重量。

◎ 卤汁备妥后先卤 10kg 肉类食材，此为第 1 次卤汁，剩下的卤汁可再卤圆片甜不辣、海带、豆干、蛋、米血糕等共 10kg 非肉类食材，此为第 2 次卤汁（因食材本身含有水分，原汤化原汁后，卤汁不会增减太多），卤完后要将卤汁倒掉，不可再回收。因豆干、白煮蛋、米血糕、海带、鱼丸、圆片甜不辣等食材容易使卤汁产生异味且易腐坏，因此绝对不能与肉类食材一起卤制。

◎ 如需要把牛肉跟其他食材分开卤制，可依重量取出卤汁及食材的量，分开卤制即可。

◎ 重复使用卤汁时，在卤制前一定要先捞除表面的浮油，以免卤汁产生腥味或异味，同时也能避免卤好的食材变质，延长保存期限。

关于卤制的技巧

◎ 卤制时间的计算方式，一律以放入材料，并将卤汁再次煮滚后才开始计时。

◎ 卤制时是否需加盖的判断标准大致为：牛腱等不容易煮烂的材料要加盖，要焖煮才能充分入味及焖软；鸭翅等材料不要加盖，让水汽可蒸发，才能彻底去除腥味；豆干要加盖才能利用高温蒸汽破坏其组织，使豆干膨胀、产生孔洞，才能充分入味。

◎ 可准备数个滤网架在卤锅上，卤制时即依据浸泡时间分网放置，即可轻松取出。

◎ 材料种类较多时，卤好后也可先全部捞出，戴上手扒鸡手套小心分类后，分别放入有挂钩的大滤网中，再放回原锅中浸泡。

关于浸泡与放凉

◎ 冷卤味浸泡时一律不加盖，以免温度过高，散热太慢，导致食物过烂过熟。

◎ 浸泡的作用：帮助催熟及入味。在卤制过程中，食材的毛孔会受热张开，并释放出天然鲜味，鲜味与卤汁经熬煮后会充分混合，这时候便需要透过熄火浸泡的方法，让食材再吸入鲜美卤汁，这便是卤味中很重要的“原汤化原汁”的功夫。

◎ 卤好的食材捞出时，直接放入双层大钢盆里放凉即可，不需要摊平或分类，以免刚卤好的材料因翻搅而破损，待充分放凉后再分类分装。切记，盛装容器一定要洗净并彻底擦干，以免造成变质。

◎ 卤好的食材在浸泡及放凉时，最好放在 24℃以下的冷气房中，可以缩短放凉时间，另外也有抑制细菌滋长的效果。

◎ 放凉的作用：刚煮好时食材的口感较为软烂，一定要充分放凉后再出售，才会有较佳的口感。

◎ 冷卤味的室温保存时间约 4 小时（部分口味较重者除外），隔餐休息时要记得将未卖完的成品冷藏保存。

陈年老卤卤味

风味咸香浓郁，口感扎实，有嚼劲，很适合搭配啤酒！

售卖方式	保存温度	保存时间
现场销售	常温	4小时
	冷藏4℃以下	35天
真空宅配	冷藏4℃以下	714天

开店秘技

◎陈年老卤原汁因较浓稠容易烧焦，所以熬煮时不能用大火，要先以中火煮滚之后，再转中小火续煮出中药香。

◎熬制陈年老卤高汤用的老母鸡请直接购买传统市场的新鲜白条鸡。干贝须泡水发涨并放入锅中蒸一下，这样才能释放鲜味。如果直接放入卤味内，干贝会紧缩，没法释放鲜味。

◎陈年老卤卤汁在使用前，一定要先将食材归类。像牛类、猪类、鸭类、鸡类、豆类等千万不可一起卤制，要分锅卤，这样卤汁才能重复使用。否则会破坏卤汁的风味，且各类食材的味道也会互相干扰。

◎陈年老卤卤汁的子锅最多重复使用2次就要倒掉，以免变味。每卤制1次以后卤汁会变少，可再依比例加入母锅中的老卤卤汁并混合煮滚（1L卤汁约可卤制500g材料）。重复使用前要记得先捞除表面的浮油，才能使卤汁维持最佳品质与风味。

◎若生意量较大，可将所有卤汁材料及调味料倍乘，做出较大锅的母锅，再依需求分出子锅卤制各类食材。传统的做法会将母锅妥善保存，每隔12小时就要煮滚1次以便长年保存，每次快用完时再补充新的老卤卤汁，如此不断循环就能使卤汁越来越浓郁香醇。

陈年老卤卤汁

材料

A 八角 ……… 10g
草果 ……… 15g
桂子 ……… 2g
三柰 ……… 15g
小茴香 …… 5g
甘草 ……… 15g
花椒 ……… 15g
陈皮 ……… 15g
桂皮 ……… 15g
干朝天椒 … 20g
丁香 ……… 2g
罗汉果 …… 1个

B 洋葱 ……… 1个
老姜 ……… 100g
葱 ………… 100g

C 鳊鱼 ……… 50g

D 猪大骨 ……… 500g
老母鸡 ……… 600~800g
金华火腿 …… 200g
干贝 ………… 50g
水 …………… 20L

调味料

盐 ……………… 200g
冰糖…………… 450g
金味王酱油……… 2400mL
公卖局绍兴酒…… 900mL
黄色5号食用色素 1小匙
焦糖色素………… 1小匙

做法

1. 材料B洗净后，将洋葱切除头尾后去外皮，再剖成对半；将老姜拍碎；将葱切除根部，再切成3段，备用。
2. 将罗汉果拍裂后，与其他材料A及处理好的材料B一起装入大型棉布袋中，备用。
3. 将鳊鱼放入烧热至160℃的热油里，炸1~2分钟至金黄色即可捞出沥干油，放入做法2的棉布袋中绑紧，即为陈年老卤卤包。
4. 将干贝放入一杯冷水里浸泡40分钟后，移至备妥的蒸笼里，用大火蒸1小时后取出备用。
5. 煮滚一锅水，放入猪大骨及老母鸡、金华火腿煮10分钟后捞出，冲刷洗净备用。
6. 大汤锅中先放入陈年老卤卤包及调味料并略拌一下，以中火煮滚后盖上锅盖，转中小火续煮30分钟至散发出中药香味后熄火，即完成陈年老卤原汁。
7. 另准备大汤锅，放入所有材料D，以大火煮滚后转中火续煮1小时后熄火，滤除材料后留下高汤并捞除浮油，即完成陈年老卤高汤。
8. 把熬好的陈年老卤原汁加入陈年老卤高汤中拌匀，即完成正统道地的陈年老卤卤汁的母锅（分量约20L)。

售卖方式

1. 将所有卤好的材料连同钢盘一同排入展售柜中，依【单品销售法】计价。
2. 待客人点选后，将各种材料切成适当大小后排盘或装袋，再依客人喜好撒上葱花，附上酸菜心（p46），搭配适量鲜味酱（p43）及麻辣酱（p42）即可。

陈年老卤卤味卤制简表				
品名	火候	加盖	卤制时间	浸泡时间
1 牛筋	中火	√	2小时	1小时
2 牛腱	中火	√	90分钟	1小时
3 牛肚	中火	√	1小时	1小时
4 去骨猪脚	中火	√	80分钟	1小时
5 鸭头	中火	×	30分钟	2小时
6 鸭脖子	中火	×	30分钟	1小时
7 鸭翅	中火	×	30分钟	1小时
8 鸭脚	大火	×	25分钟	2小时
9 鸭胗	大火	×	20分钟	1小时
10 鸭塑身骨	大火	×	20分钟	2小时
11 鸭脆肠	大火	×	10分钟	2小时
12 鸭舌	大火	×	10分钟	2小时
13 鸭心	大火	×	5分钟	6小时
14 鸭肝	大火	×	5分钟	30分钟
15 鸡腿	中火	√	20分钟	1小时
16 鸡脚	大火	×	5分钟	1小时
17 豆干丁	大火	√	40分钟	×
18 卤蛋	大火	√	30分钟	2小时
19 米血糕	大火	√	10分钟	2小时
20 圆片甜不辣	大火	√	7分钟	×

卤制食材（分5个子锅）

A 牛筋、牛腱、牛肚各适量（总计2kg）

B 去骨猪脚适量（总计2kg）

C 鸭头、鸭脖子、鸭翅、鸭脚、鸭胗、鸭塑身骨、鸭脆肠、鸭舌、鸭心、鸭肝各适量（总计2kg）

D 鸡腿、鸡脚各适量（总计2kg）

E 豆干丁、白煮蛋、米血糕、圆片甜不辣各适量（总计2kg）

卤制方法

1. 依照p49~p51【食材处理宝典】将所有食材处理好，备用。
2. 卤制牛类材料：从母锅中舀出4L卤汁成为A子锅，以中火煮滚后，立即放入牛筋加盖煮30分钟，再放入牛腱加盖煮30分钟，再放入牛肚加盖煮1小时，即可关火。全部卤煮过程共2小时。
3. 将牛类材料留在原锅中，拿掉锅盖，浸泡1小时后捞出，放在上层有漏孔的双层大钢盆中，静置2~3小时放凉并沥干卤汁，待凉后分类放入长方形不锈钢盘中，均匀涂上香油即可。
4. 卤制去骨猪脚：从母锅中再舀出4L卤汁成为B子锅，以中火煮滚后，立即放入去骨猪脚加盖煮80分钟，即可关火，拿掉锅盖，浸泡1小时后捞出，放在上层有漏孔的双层大钢盆中，静置2~3小时，放凉并沥干卤汁，待凉后放入长方形不锈钢盘中，均匀涂上香油即可。
5. 卤制鸭类材料：从母锅中再舀出4L卤汁成为C子锅，以中火煮滚后，立即放入鸭头、鸭脖子、鸭翅不加盖煮5分钟；转大火，再放入鸭脚不加盖煮5分钟；再放入鸭胗、鸭塑身骨不加盖煮5分钟；再放入鸭脆肠、鸭舌不加盖煮10分钟；再放入鸭心、鸭肝不加盖续煮5分钟，即可关火。全部卤煮过程共30分钟。
6. 将鸭类材料留在原锅中，不需加盖，浸泡30分钟后先捞出鸭肝；再浸泡30分钟后捞出鸭脖子、鸭翅、鸭胗；再浸泡1小时后捞出鸭头、鸭脚、鸭塑身骨、鸭脆肠、鸭舌；继续浸泡4小时后捞出鸭心；依捞出时间分装入数个上层有漏孔的双层大钢盆中，分别静置2~3小时，放凉并沥干卤汁，待凉后分类放入长方形不锈钢盘中，均匀涂上香油即可。
7. 卤制鸡类材料：从母锅中再舀出4L卤汁成为D子锅，以中火煮滚后，立即放入鸡腿加盖煮15分钟。拿掉锅盖，转大火，再放入鸡脚不加盖煮5分钟，即可关火。全部卤煮过程共20分钟。
8. 将鸡类材料留在原锅中，不需加盖，浸泡1小时后捞出，放在上层有漏孔的双层大钢盆中，静置2~3小时，放凉并沥干卤汁，待凉后分类放入长方形不锈钢盘中，均匀涂上香油即可。
9. 卤制其他类材料：从母锅中再舀出4L卤汁成为E子锅，先以中火煮滚后转大火，立即放入豆干加盖煮10分钟；再放入白煮蛋加盖煮20分钟；再放入米血糕加盖煮3分钟；再放入圆片甜不辣加盖煮7分钟，即可关火。全部卤煮过程共40分钟。
10. 拿掉锅盖，将豆干、圆片甜不辣捞出，放在上层有漏孔的双层大钢盆中，静置1~2小时放凉并沥干卤汁，待凉后分类放入长方形不锈钢盘中，均匀涂上香油；米血糕、卤蛋留在锅内浸泡2小时后捞出，放在上层有漏孔的双层大钢盆中，静置1~2小时，放凉并沥干卤汁，待凉后分类放入长方形不锈钢盘中，均匀涂上香油即可。

1. 牛筋

	计价分量	建议售价	材料成本	销售毛利	保存时间
现场售卖	100g	20 元	8 元	12 元	5 天
真空包装	200g	40 元	16 元	24 元	14 天

◎点用后处理法

→切成长约 3cm 的小段后排盘或装袋。

2. 牛腱

	计价分量	建议售价	材料成本	销售毛利	保存时间
现场售卖	100g	18 元	6 元	12 元	5 天
真空包装	200g	36 元	12 元	24 元	14 天

◎点用后处理法

→每块先纵向切对半，再横向切成厚约 0.5cm 的薄片后装袋。

3. 牛肚

	计价分量	建议售价	材料成本	销售毛利	保存时间
现场售卖	100g	18 元	5 元	13 元	5 天
真空包装	200g	36 元	10 元	26 元	14 天

◎点用后处理法

→每个先纵向切对半，再横向切成厚约 0.5cm 的薄片后装袋。

4. 去骨猪脚

	计价分量	建议售价	材料成本	销售毛利	保存时间
现场售卖	100g	12 元	5 元	7 元	3 天
真空包装	200g	24 元	10 元	14 元	14 天

◎点用后处理法

→每块先纵向对切再对切成 4 等份，每份再横向切成厚约 0.5cm 的薄片后装袋。

注：去骨猪脚卤制前需绑棉线以利定型，售卖陈列时也可先将棉线剪除使卖相更佳。

5. 鸭翅

	计价分量	建议售价	材料成本	销售毛利	保存时间
现场售卖	1 只	6 元	2 元	4 元	3 天
真空包装	4 只	24 元	10 元	14 元	14 天

◎点用后处理法

→可整只卖，也可纵向剁成 4 块后装袋。

注：将鸭翅纵向剁的好处是方便入口，食用时骨头不易刺伤嘴巴，切口也不会有小碎骨。

6. 鸭头

	计价分量	建议售价	材料成本	销售毛利	保存时间
现场售卖	1 只	8 元	1 元	7 元	3 天
真空包装	4 只	32 元	5 元	27 元	14 天

◎点用后处理法

→对剖两半后装袋。

7. 鸭脖子

	计价分量	建议售价	材料成本	销售毛利	保存时间
现场售卖	1 只	5 元	1.5 元	3 元	3 天
真空包装	4 只	20 元	6 元	14 元	14 天

◎点用后处理法

→剁成厚约 2cm 的斜段后装袋。

8. 鸭脚

	计价分量	建议售价	材料成本	销售毛利	保存时间
现场售卖	1 只	1.5 元	0.5 元	1 元	3 天
真空包装	10 只	15 元	5 元	10 元	14 天

◎点用后处理法

→直接排盘或装袋。

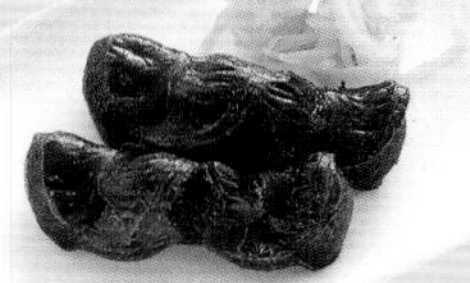

9. 鸭胗

	计价分量	建议售价	材料成本	销售毛利	保存时间
现场售卖	1 个	5 元	2 元	3 元	3 天
真空包装	150g	20 元	6 元	14 元	21 天

◎点用后处理法

→可整块卖，也可纵向切成 5~6 片后排盘或装袋。

10. 鸭塑身骨

	计价分量	建议售价	材料成本	销售毛利	保存时间
现场售卖	150g	10 元	3 元	7 元	3 天
真空包装	300g	20 元	6 元	14 元	14 天

◎点用后处理法

→直接装袋。

11. 鸭脆肠

	计价分量	建议售价	材料成本	销售毛利	保存时间
现场售卖	100g	10 元	3 元	7 元	3 天
真空包装	200g	20 元	6 元	14 元	14 天

◎**点用后处理法**

→切成长 3~4cm 的小段后排盘或装袋。

12. 鸭舌

	计价分量	建议售价	材料成本	销售毛利	保存时间
现场售卖	1 只	3 元	1.5 元	1.5 元	3 天
真空包装	10 只	30 元	15 元	15 元	14 天

◎**点用后处理法**

→直接装袋。

13. 鸭心

	计价分量	建议售价	材料成本	销售毛利	保存时间
现场售卖	1 个	2 元	1 元	1 元	3 天
真空包装	150g	20 元	8 元	12 元	14 天

◎**点用后处理法**

→直接排盘或装袋。

14. 鸭肝

	计价分量	建议售价	材料成本	销售毛利	保存时间
现场售卖	1 个	2 元	0.5 元	1.5 元	1 天
真空包装	6 个	12 元	3 元	10 元	7 天

◎**点用后处理法**

→可整块卖，也可切成约 2cm 的立方块后装袋。

15. 鸡腿

	计价分量	建议售价	材料成本	销售毛利	保存时间
现场售卖	1 只	10 元	6 元	4 元	3 天
真空包装	4 只	40 元	24 元	16 元	7 天

◎**点用后处理法**

→每只横向剁成 5 块后排盘或装袋。

16. 鸡脚

	计价分量	建议售价	材料成本	销售毛利	保存时间
现场售卖	1 只	2 元	1 元	1 元	3 天
真空包装	10 只	20 元	8 元	12 元	7 天

◎**点用后处理法**

→直接装袋。

17. 豆干丁

	计价分量	建议售价	材料成本	销售毛利	保存时间
现场售卖	100g	4 元	1 元	3 元	3 天
真空包装	300g	12 元	3.5 元	8 元	7 天

◎**点用后处理法**

→直接排盘或装袋。

18. 卤蛋

	计价分量	建议售价	材料成本	销售毛利	保存时间
现场售卖	1 个	2 元	1 元	1 元	3 天
真空包装	5 个	10 元	5 元	5 元	7 天

◎**点用后处理法**

→直接排盘或装袋。

19. 米血糕

	计价分量	建议售价	材料成本	销售毛利	保存时间
现场售卖	100g	3 元	1 元	2 元	8 小时
真空包装	不适合真空包装				

◎**点用后处理法**

→每块横向切成 4 等份后排盘或装袋。

20. 圆片甜不辣

	计价分量	建议售价	材料成本	销售毛利	保存时间
现场售卖	4 片	6 元	3 元	3 元	8 小时
真空包装	不适合真空包装				

◎**点用后处理法**

→可整片卖，也可将每片均分切成 4~5 小片后排盘或装袋。

一般传统卤味

风味咸香带甘甜，适合下饭。通常在传统市场中售卖，是十分大众化的平价卤味。

售卖方式	保存温度	保存时间
现场销售	常温	8 小时
	冷藏 4℃以下	3~5 天
真空宅配	不适合真空宅配	

开店秘技

◎这道卤味的第 1 次卤汁可以重复使用 2 次，再当成第 2 次卤汁或拿来卤笋丝、花生，第 2 次卤汁只能使用 1 次，便要丢弃。

◎笋丝和花生由于较细碎且卤煮后会释放酸味，因此必须单独卤制。

◎这种卤味最适合在传统市场中售卖，通常会将卤好的食材分别摆放在钢盆中，加入卤汁到食材一半的高度就好，不要让卤汁淹盖过食材以免影响卖相。由于卤汁表面的浮油容易凝结成白色半固体状，因此每隔 1 小时需开小火加热 20 分钟，以维持最佳卖相和风味。

◎由于重复加热太多次难免会使卤味的口感变差且味道会变咸，建议售卖时每样食材只取适量陈列就好，用完再补充，已经过重复加热的卤味建议当天卖完，风味最佳。

◎多做的卤味放凉后便需冷藏保存，每次取出后要再煮滚才能售卖。

◎卤好之后的食材放钢盆，可再加入食材一半的卤汁，保持湿度，看起来卖相较佳。

一般传统卤汁

材　料

A 八角 ……… 10g
　甘草 ……… 5g
　花椒 ……… 10g
　小茴香 …… 5g
　桂皮 ……… 2g
B 大辣椒 …… 5g
　蒜头 ……… 50g
　老姜 ……… 150g
　葱 ………… 150g

调味料

盐 …………… 400g
味素…………… 100g
冰糖…………… 380g
金味王酱油…… 1050mL
公卖局红标米酒 600mL
水 …………… 20L
白胡椒粉……… 2 大匙
焦糖色素……… 2 小匙

做　法

1. 材料 B 洗净后，将大辣椒去蒂、蒜头拍碎、老姜拍碎；将葱切除根部，再切成 3 段，备用。
2. 将材料 A、B 全部装入大型棉布袋中绑紧，即为一般传统卤包。
3. 大汤锅中先放入一般传统卤包及调味料，以大火煮滚后盖上锅盖，转中小火续煮 30 分钟至散发出中药香味，即完成一般传统卤汁（分量约 20L）。

第1次卤汁

卤制食材

牛腱、蹄膀、牛肚、猪尾巴、猪皮、猪大肠、猪耳朵、猪小肚、猪腱子肉、棒棒鸡腿、鸡胗、鸡心、鸡肝、鸡脚、鸡肠、两节鸡翅各适量（总计 10kg）

卤制方法

1. 请依照 p49~p51【食材处理宝典】将所有食材处理好，备用。
2. 熬制一锅一般传统卤汁，先以大火再次煮滚后转中火，立即放入牛腱、蹄膀加盖煮 30 分钟；再放入牛肚、猪尾巴、猪皮、猪大肠、猪耳朵加盖煮 25 分钟；再放入猪小肚加盖煮 15 分钟；拿掉锅盖，放入猪腱子肉、棒棒鸡腿不加盖煮 10 分钟；再放入鸡胗不加盖煮5分钟；再放入鸡心、鸡肝、鸡脚、鸡肠、两节鸡翅不加盖续煮5分钟，即可关火。全部卤煮过程共 90 分钟。
3. 将所有食材留在原锅中，不需加盖，浸泡 1 小时后全部捞出，先放在数个大钢盆中，小心分类后分别用中钢盆盛装。

一般传统卤味卤制简表

第 1 次卤汁 品名	火候	加盖	卤制时间	浸泡时间
1 牛腱	中火	√	90 分钟	1 小时
2 蹄膀	中火	√	90 分钟	1 小时
3 牛肚	中火	√	1 小时	1 小时
4 猪尾巴	中火	√	1 小时	1 小时
5 猪皮	中火	√	1 小时	1 小时
6 猪大肠	中火	√	1 小时	1 小时
7 猪耳朵	中火	√	1 小时	1 小时
8 猪小肚	中火	√	35 分钟	1 小时
9 猪腱子肉	中火	×	20 分钟	1 小时
10 棒棒鸡腿	中火	×	20 分钟	1 小时
11 鸡胗	中火	×	10 分钟	1 小时
12 鸡心	中火	×	5 分钟	1 小时
13 鸡肝	中火	×	5 分钟	1 小时
14 鸡脚	中火	×	5 分钟	1 小时
15 鸡肠	中火	×	5 分钟	1 小时
16 两节鸡翅	中火	×	5 分钟	1 小时
第 2 次卤汁 品名	**火候**	**加盖**	**卤制时间**	**浸泡时间**
17 豆干	大火	√	40 分钟	×
18 素鸡	大火	√	40 分钟	×
19 卤蛋	大火	√	30 分钟	2 小时
20 海带	大火	√	10 分钟	×
单独卤制 品名	**火候**	**加盖**	**卤制时间**	**浸泡时间**
21 笋丝	中火	√	90 分钟	×
22 花生	中火	√	90 分钟	×

¥ 售卖方式

1. 将所有卤好的食材连同钢盆一同排在摊位上，依【单品销售法】计价。
2. 售卖时需每隔 1 小时分别以小火加热约 20 分钟，以避免卤汁表面的浮油凝结，影响卤味的卖相。
3. 待客人点选后，将各种材料切成适当大小后排盘或装袋，再依客人喜好淋上适量卤汁、香油。蒜泥酱（p45）装小袋附上即可。
4. 传统卤味在售卖时，可搭配赠送台式泡菜给客人食用，做法见 p48。

第2次卤汁

卤制食材

豆干、素鸡、白煮蛋、海带各适量（总计 5kg）

卤制方法

1. 依照 p49~p51【食材处理宝典】将所有食材处理好，备用。
2. 取 10L 第 1 次卤汁放入锅中，将表面的浮油捞除后，开大火再次煮滚。
3. 保持大火，放入豆干、素鸡加盖煮 10 分钟；再放入白煮蛋加盖煮 20 分钟；再放入海带加盖续煮 10分钟，即可关火。全部卤煮过程共 40分钟。
4. 拿掉锅盖，将豆干、素鸡及海带捞出，先放在大钢盆中，小心分类后分别用中钢盆盛装即可。
5. 将卤蛋留在原锅中，不需加盖，浸泡 2 小时后捞出，用中钢盆盛装即可。

单独卤制：卤笋丝

卤制食材

笋丝 2.5kg、福菜（大芥菜）150g

卤制方法

1. 先将福菜切粗丝，再与笋丝混合后略拌匀，一起放入约为笋丝重量 45 倍的水里，浸泡 8~10 小时后取出，洗净沥干，再将笋丝切成长约 5cm 的小段备用（不必挑出福菜，一起切即可）。
2. 取 2.5L 第 1 次卤汁放入锅中，再加水 2.5L，将表面的浮油捞除后，开大火再次煮滚。
3. 转中火，放入笋丝及福菜丝加盖煮 90 分钟，即可关火，捞起用中钢盆盛装即可。

单独卤制：卤花生

卤制食材

去壳花生 2.5kg

卤制方法

1. 将花生放入约为花生重量 45 倍的水里，浸泡 8~10 小时后取出，洗净沥干备用。
2. 取 5L 第 1 次卤汁放入锅中，将表面的浮油捞除后，开大火再次煮滚。
3. 转中火，放入花生加盖煮 90 分钟，即可关火，捞起用中钢盆盛装即可。

单品销售法

1. 牛腱

	计价分量	建议售价	材料成本	销售毛利	保存时间
现场售卖	100g	18 元	6 元	12 元	5 天

◎**点用后处理法**

→可整块卖，若客人要切，每块先纵向切对半，再切成厚约 0.5cm 的薄片后排盘或装袋，淋上适量卤汁、香油。

2. 蹄膀

	计价分量	建议售价	材料成本	销售毛利	保存时间
现场售卖	100g	12 元	5 元	7 元	3 天

◎**点用后处理法**

→可整块卖，若客人要切，可剁切成一口大小，排盘或装袋，淋上适量卤汁、香油。

3. 牛肚

	计价分量	建议售价	材料成本	销售毛利	保存时间
现场售卖	150g	20 元	7 元	13 元	5 天

◎点用后处理法

→可整块卖，若客人要切，每个先纵向切对半，再切成厚约 0.5cm 的薄片后排盘或装袋，淋上适量卤汁、香油。

4. 猪尾巴

	计价分量	建议售价	材料成本	销售毛利	保存时间
现场售卖	100g	12 元	5 元	7 元	3 天

◎点用后处理法

→可整条卖，若客人要切，每条均分剁成 6 块后排盘或装袋，淋上适量卤汁、香油。

5. 猪皮

	计价分量	建议售价	材料成本	销售毛利	保存时间
现场售卖	100g	6 元	2 元	4 元	3 天

◎点用后处理法

→可整块卖，若客人要切，切成一口大小后排盘或装袋，淋上适量卤汁、香油。

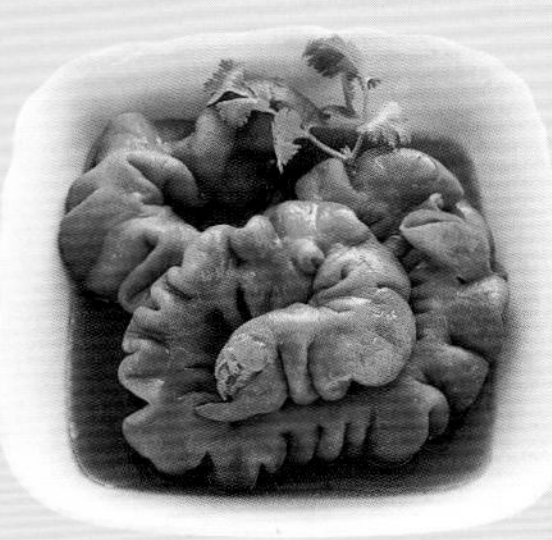

6. 猪大肠

	计价分量	建议售价	材料成本	销售毛利	保存时间
现场售卖	100g	10 元	5 元	5 元	3 天

◎点用后处理法

→可整条卖，若客人要切，切成长约 3cm 的小段后排盘或装袋，淋上适量卤汁、香油。

7. 猪耳朵

	计价分量	建议售价	材料成本	销售毛利	保存时间
现场售卖	100g	6 元	2 元	4 元	3 天

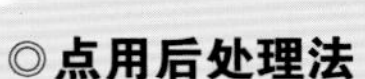

◎点用后处理法

→可整块卖，若客人要切，每个先纵向切对半，再切成厚约 0.5cm 的薄片后排盘或装袋，淋上适量卤汁、香油。

8. 猪小肚

	计价分量	建议售价	材料成本	销售毛利	保存时间
现场售卖	100g	8 元	4 元	4 元	3 天

◎点用后处理法

→可整个卖，若客人要切，每个先纵向切对半，再切成约厚约 3cm 的片状后排盘或装袋，淋上适量卤汁、香油。

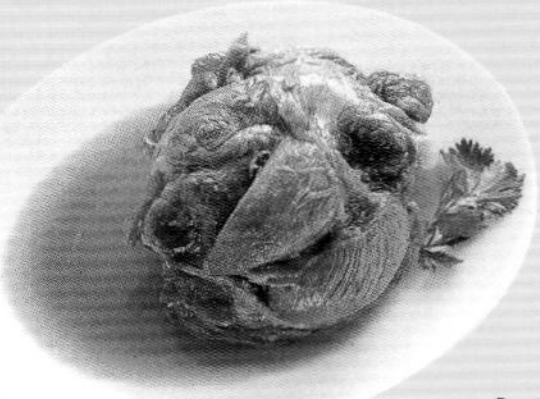

9. 猪腱子肉

	计价分量	建议售价	材料成本	销售毛利	保存时间
现场售卖	100g	8 元	4 元	4 元	3 天

◎点用后处理法

→可整块卖，若客人要切，每块先纵向切对半，再切成厚约 0.5cm 的薄片后排盘或装袋，淋上适量卤汁、香油。

10. 棒棒鸡腿

	计价分量	建议售价	材料成本	销售毛利	保存时间
现场售卖	1 只	10 元	5 元	5 元	3 天

◎点用后处理法

→可整只卖，也可将每只剁成 5~6 块后排盘或装袋，淋上适量卤汁、香油。

11. 鸡胗

	计价分量	建议售价	材料成本	销售毛利	保存时间
现场售卖	100g	10 元	3 元	7 元	3 天

◎点用后处理法

→直接排盘或装袋，淋上适量卤汁、香油。

12. 鸡心

	计价分量	建议售价	材料成本	销售毛利	保存时间
现场售卖	100g	10 元	3 元	7 元	5 天

◎点用后处理法

→直接排盘或装袋，淋上适量卤汁、香油。

13. 鸡肝

	计价分量	建议售价	材料成本	销售毛利	保存时间
现场售卖	1 个	2 元	0.5 元	1.5 元	3 天

◎点用后处理法

→可整块卖，也可切成边长约 2cm 的方块后排盘或装袋，淋上适量卤汁、香油。

14. 鸡脚

	计价分量	建议售价	材料成本	销售毛利	保存时间
现场售卖	1 只	2 元	1 元	1 元	3 天

◎点用后处理法

→直接排盘或装袋，淋上适量卤汁、香油。

15. 鸡肠

	计价分量	建议售价	材料成本	销售毛利	保存时间
现场售卖	100g	10 元	4 元	6 元	3 天

◎点用后处理法

→切成长约 3cm 的小段后排盘或装袋，淋上适量卤汁、香油。

16. 两节鸡翅

	计价分量	建议售价	材料成本	销售毛利	保存时间
现场售卖	1 只	4 元	2 元	2 元	3 天

◎点用后处理法

→可整只卖，也可将每只剁成 3 块后排盘或装袋，淋上适量卤汁、香油。

17. 豆干

	计价分量	建议售价	材料成本	销售毛利	保存时间
现场售卖	100g	4 元	1 元	3 元	3 天

◎点用后处理法

→可整块卖，也可将每块均分切成 5~6 小片后排盘或装袋，淋上适量卤汁、香油。

18. 素鸡

	计价分量	建议售价	材料成本	销售毛利	保存时间
现场售卖	100g	4 元	1.5 元	2.5 元	3 天

◎点用后处理法

→可整条卖，或斜刀切成厚约 0.5cm 的片状后排盘或装袋，淋上适量卤汁、香油。

19. 卤蛋

	计价分量	建议售价	材料成本	销售毛利	保存时间
现场售卖	1 个	2 元	1 元	1 元	3 天

◎点用后处理法

→直接排盘或装袋，淋上适量卤汁、香油。

20. 海带

	计价分量	建议售价	材料成本	销售毛利	保存时间
现场售卖	100g	4 元	1 元	3 元	3 天

◎点用后处理法

→可整个卖，也可将每个切成厚约 2cm 的片状后排盘或装袋，淋上适量卤汁、香油。

21. 笋丝

	计价分量	建议售价	材料成本	销售毛利	保存时间
现场售卖	600g	10 元	4 元	6 元	3 天

◎点用后处理法

→直接排盘或装袋，淋上适量卤汁和香油。

22. 花生

	计价分量	建议售价	材料成本	销售毛利	保存时间
现场售卖	200g	10 元	4 元	6 元	3 天

◎点用后处理法

→直接排盘或装袋，淋上适量卤汁和香油。

香辣卤味

咸香中带有温和的辣味，很适合当作零食，具有让人吮指、回味无穷的魅力。

售卖方式	保存温度	保存时间
现场销售	常温	4 小时
	冷藏 4℃以下	3~5 天
真空宅配	冷藏 4℃以下	7~14 天

开店秘技

◎这道卤味的第 1 次卤汁可以重复使用 2 次，再当成第 2 次卤汁，卤 1 次豆干等食材后便要丢弃。

◎豆干、白煮蛋、米血糕、海带结、鱼丸、圆片甜不辣等食材容易使卤汁变酸，因此不适合与肉类食材一起卤制。

◎重复使用第 1 次卤汁或第 2 次卤汁卤制前一定要先捞除表面的浮油，以免卤汁产生腥味，同时也能避免卤好的食材变质，延长保存期限。

香辣卤汁

材　料

A 八角 …………10g
　草果 …………15g
　黑胡椒粒 ……10g
　三萘 …………15g
　小茴香 ………5g
　甘草 …………5g
　花椒 …………10g
　桂皮 …………2g
　干朝天椒 ……5g
　鸡心辣椒粉 …100g
B 洋葱 …………2 个
　老姜 …………150g
　葱 ……………150g

调味料

盐 ………………350g
味素………………100g
冰糖………………500g
金味王酱油………1050mL
公卖局红标米酒…600mL
水 ………………20L
黄色 5 号食用色素 2 小匙

做　法

1. 材料 B 洗净后，将洋葱切除头尾后去外皮，再剖成对半；将老姜拍碎；将葱切除根部，再切成 3 段，备用。
2. 将材料 A、B 全部装入棉布袋中绑紧，即为香辣卤包。
3. 大汤锅中先放入香辣卤包及调味料，以大火煮滚后盖上锅盖，转中小火续煮 30 分钟至散发出中药香味，即完成香辣卤汁（分量约 20L)。

第1次卤汁

卤制食材

猪耳朵、棒棒鸡腿、鸡胗、鸡心、鸡肝、鸡脚、鸡肠、两节鸡翅各适量（总计10kg）

卤制方法

1. 依照p49~p51【食材处理宝典】将所有食材处理好，备用。
2. 熬制一锅香辣卤汁，先以大火再次煮滚后转中火，立即放入猪耳朵加盖煮40分钟；拿掉锅盖，放入棒棒鸡腿不加盖煮10分钟；再放入鸡胗不加盖煮5分钟；再放入鸡心、鸡肝、鸡脚、鸡肠、两节鸡翅不加盖续煮5分钟，即可关火。全部卤煮过程共1小时。
3. 将所有食材留在原锅中，不需加盖，浸泡1小时后捞出，放在上层有漏孔的双层大钢盆中，静置2~3小时，放凉并沥干卤汁，待凉后分类放入长方形不锈钢盘中，均匀涂上香油即可。

第2次卤汁

卤制食材

豆干、白煮蛋、米血糕、海带结、鱼丸、圆片甜不辣各适量（总计10kg）

卤制方法

1. 依照p49~p51【食材处理宝典】将所有食材处理好，备用。
2. 将第1次卤汁表面的浮油捞除，开大火再次煮滚。
3. 保持大火，放入豆干加盖煮10分钟；再放入白煮蛋加盖煮20分钟；再放入米血糕、海带结、鱼丸加盖煮3分钟；再放入圆片甜不辣加盖续煮7分钟，即可关火。全部卤煮过程共40分钟。
4. 打开锅盖，将豆干、海带结、鱼丸、圆片甜不辣捞出，放在上层有漏孔的双层大钢盆中，静置1~2小时，放凉并沥干卤汁，待凉后分类放入长方形不锈钢盘中，均匀涂上香油即可。
5. 将卤蛋、米血糕留在原锅中，不需加盖，浸泡2小时后捞出，放在上层有漏孔的双层大钢盆中，静置1~2小时，放凉并沥干卤汁，待凉后分类放入长方形不锈钢盘中，均匀涂上香油即可。

香辣卤味卤制简表

第1次卤汁 品名	火候	加盖	卤制时间	浸泡时间
1 猪耳朵	中火	√	1小时	1小时
2 棒棒鸡腿	中火	×	20分钟	1小时
3 鸡胗	中火	×	10分钟	1小时
4 鸡心	中火	×	5分钟	1小时
5 鸡肝	中火	×	5分钟	1小时
6 鸡脚	中火	×	5分钟	1小时
7 鸡肠	中火	×	5分钟	1小时
8 两节鸡翅	中火	×	5分钟	1小时
第2次卤汁 品名	**火候**	**加盖**	**卤制时间**	**浸泡时间**
9 豆干	大火	√	40分钟	×
10 卤蛋	大火	√	30分钟	2小时
11 米血糕	大火	√	10分钟	2小时
12 海带结	大火	√	10分钟	×
13 鱼丸	大火	√	10分钟	×
14 圆片甜不辣	大火	√	7分钟	×

售卖方式

1. 将所有卤好的食材连同钢盘一同排入展售柜中，依【单品销售法】计价。
2. 待客人点选后，将各种食材切成适当大小后排盘或装袋，再依客人喜好撒上葱花及辣椒粉，搭配适量鲜味酱（p43）及辣油（p44）即可。

1. 猪耳朵

	计价分量	建议售价	材料成本	销售毛利	保存时间
现场售卖	100g	6元	2元	4元	3天
真空包装	300g	18元	6元	12元	14天

◎点用后处理法

→每个先纵向切对半，再横向切成厚约0.5cm的薄片后排盘或装袋即可。

2. 棒棒鸡腿

	计价分量	建议售价	材料成本	销售毛利	保存时间
现场售卖	1只	10元	5元	5元	3天
真空包装	4只	40元	20元	20元	7天

◎点用后处理法

→可整只卖，若客人要切，每只横向剁成6~7块后排盘或装袋即可。

3. 鸡胗

	计价分量	建议售价	材料成本	销售毛利	保存时间
现场售卖	100g	10元	3元	7元	3天
真空包装	200g	20元	6元	14元	7天

◎点用后处理法

→直接排盘或装袋即可。

4. 鸡心

	计价分量	建议售价	材料成本	销售毛利	保存时间
现场售卖	100g	10元	3元	7元	3天
真空包装	200g	20元	6元	14元	7天

◎点用后处理法

→直接排盘或装袋即可。

5. 鸡肝

	计价分量	建议售价	材料成本	销售毛利	保存时间
现场售卖	1个	2元	0.5元	1.5元	3天
真空包装	6个	12元	3元	9元	7天

◎点用后处理法

→可整块卖，若客人要切，也可切成约2cm的方块后排盘或装袋。

6. 鸡脚

	计价分量	建议售价	材料成本	销售毛利	保存时间
现场售卖	1只	2元	1元	1元	3天
真空包装	10只	20元	8元	12元	7天

◎点用后处理法

→直接排盘或装袋即可。

7. 鸡肠

	计价分量	建议售价	材料成本	销售毛利	保存时间
现场售卖	100g	10元	4元	6元	3天
真空包装	200g	20元	8元	12元	7天

◎点用后处理法

→切成长3~4cm的小段后排盘或装袋即可。

8. 两节鸡翅

	计价分量	建议售价	材料成本	销售毛利	保存时间
现场售卖	1只	4元	2元	2元	3天
真空包装	5只	20元	10元	10元	7天

◎点用后处理法

→可整只卖，也可将每只剁成3块后排盘或装袋。

9. 豆干

	计价分量	建议售价	材料成本	销售毛利	保存时间
现场售卖	100g	4元	1元	3元	3天
真空包装	300g	12元	3元	9元	7天

◎点用后处理法

→可整块卖，若客人要切，每块对切两次，切成4等份后排盘或装袋即可。

10. 卤蛋

	计价分量	建议售价	材料成本	销售毛利	保存时间
现场售卖	1个	2元	1元	1元	3天
真空包装	5个	10元	5元	5元	7天

◎点用后处理法

→可以整个卖，若客人要切，每个对切成2半后排盘或装袋即可。

11. 米血糕

	计价分量	建议售价	材料成本	销售毛利	保存时间
现场售卖	100g	3元	1元	2元	当天用完
真空包装	不适合真空包装				

◎点用后处理法

→可整块卖，若客人要切，每块均分切成8小块后排盘或装袋即可。

12. 海带结

	计价分量	建议售价	材料成本	销售毛利	保存时间
现场售卖	100g	4元	1元	3元	3天
真空包装	250g	10元	2元	8元	7天

◎点用后处理法

→直接排盘或装袋即可。

13. 鱼丸

	计价分量	建议售价	材料成本	销售毛利	保存时间
现场售卖	10粒	8元	4元	4元	3天
真空包装	20粒	16元	8元	8元	7天

◎点用后处理法

→直接排盘或装袋即可。

14. 圆片甜不辣

	计价分量	建议售价	材料成本	销售毛利	保存时间
现场售卖	200g	10元	4元	6元	3天
真空包装	不适合真空包装				

◎点用后处理法

→可整片卖，若客人要切，每片均分切成4~5小片后排盘或装袋即可。

麻辣卤味

以花椒粒、干辣椒、朝天椒及自制麻辣酱熬出令人直呼过瘾的麻辣卤味，辣劲十足，搭配乌梅汁更是滋味一绝！

售卖方式	保存温度	保存时间
现场销售	常温	8 小时
	冷藏 4℃以下	5~7 天
真空宅配	冷藏 4℃以下	14~21 天

开店秘技

◎麻辣卤汁的味道较浓郁，可以重复使用约 5 次。每次卤制完后只要再煮滚并捞除浮油，就可放置在阴凉通风处以常温方式保存，记得每隔 12 小时需再煮滚一次，才能使卤汁常保最佳品质。如果几天内不使用，也可放凉后冷藏保存，就可免去煮沸的手续，但保存不要超过 1 周。

◎由于麻辣卤汁的口味较重，因此建议将葱先炸过以提升香气。

◎要更辣一点，可增加两种辣椒各 1 倍的分量。

麻辣卤汁

材　料

A 花椒粒 …… 20g
八角 ……… 5g
甘草 ……… 20g
陈皮 ……… 15g
草果 ……… 15g
新鲜朝天椒 40g
白胡椒粒 … 20g
干朝天椒 … 100g
麻辣酱 …… 600g
（做法见 p42）

B 洋葱 ………… 2 个
老姜 ………… 100g
葱 ……………… 600g

调味料

盐 ……………… 400g
味素…………… 100g
冰糖…………… 500g
金味王酱油……… 1050mL
公卖局红标米酒… 600mL
公卖局黄酒……… 200mL
水 ……………… 20L
黄色 5 号食用色素 2 小匙

做　法

1. 将材料 B 洗净后，将洋葱切除头尾后去外皮，再剖成对半；老姜拍碎；将葱沥干后切除根部，再切成 3 段，备用。
2. 取一中华炒锅，倒入半锅油，烧热至 180℃后放入葱段，炸至金黄色后捞起沥干油。
3. 将材料 A、B 全部装入棉布袋中绑紧，即为麻辣卤包。
4. 大汤锅中先放入麻辣卤包及调味料，以大火煮滚后盖上锅盖，转中小火续煮 30 分钟至散发出中药香味，即完成麻辣卤汁（分量约 20L）。

卤制食材

牛腱、牛肚、鸭头连脖子、鸭翅、鸭脚、鸭脆肠、鸭舌、鸭胗、鸭心各适量（总计 10kg）

卤制方法

1. 请依照 p49~p51【食材处理宝典】将所有食材处理好，备用。
2. 熬制一锅麻辣卤汁，先以大火再次煮滚后转中火，立即放入牛腱加盖煮 30 分钟；再放入牛肚加盖煮 30 分钟；拿掉锅盖，放入鸭头连脖子、鸭翅及鸭脚不加盖煮 20 分钟；转大火，放入鸭脆肠、鸭舌、鸭胗不加盖煮 5 分钟；再放入鸭心不加盖续煮 5 分钟，即可关火。全部卤煮过程共 90 分钟。
3. 将所有材料留在原锅中，不需加盖，浸泡 1 小时后捞出，放在上层有漏孔的双层大钢盆中，静置 2~3 小时，放凉并沥干卤汁，待凉后分类放入长方形不锈钢盘中，均匀涂上香油即可。

麻辣卤味卤制简表

品名	火候	加盖	卤制时间	浸泡时间
1 牛腱	中火	√	90 分钟	1 小时
2 牛肚	中火	√	1 小时	1 小时
3 鸭头连脖子	中火	√	30 分钟	1 小时
4 鸭翅	中火	√	30 分钟	1 小时
5 鸭脚	中火	√	30 分钟	1 小时
6 鸭脆肠	大火	×	10 分钟	1 小时
7 鸭舌	大火	×	10 分钟	1 小时
8 鸭胗	大火	×	10 分钟	1 小时
9 鸭心	大火	×	5 分钟	1 小时

售卖方式

1 将所有卤好的材料连同钢盘一同排入展售柜中，依【单品销售法】计价。

2 待客人点选后，将各种材料切成适当大小后排盘或装袋，再依客人喜好搭配适量麻辣酱（p42），附上蒜苗丝及酸菜心即可。

单品销售法

1. 牛腱

	计价分量	建议售价	材料成本	销售毛利	保存时间
现场售卖	100g	18 元	6 元	12 元	5 天
真空包装	200g	36 元	12 元	24 元	21 天

◎点用后处理法

→每块先纵向切对半，再切成厚约 0.5cm 的薄片后排盘或装袋即可。

2. 牛肚

	计价分量	建议售价	材料成本	销售毛利	保存时间
现场售卖	100g	18元	5元	13元	5天
真空包装	200g	36元	10元	26元	21天

◎**点用后处理法**

→每个先纵向切对半，再横向切成厚约0.5cm的薄片后排盘或装袋即可。

3. 鸭头连脖子

	计价分量	建议售价	材料成本	销售毛利	保存时间
现场售卖	1只	13元	3元	10元	3天
真空包装	4只	65元	12元	53元	14天

◎**点用后处理法**

→将鸭头跟脖子先剁开，把鸭头对剖两半，脖子剁成长约1.5cm的小段后排盘或装袋即可。

4. 鸭翅

	计价分量	建议售价	材料成本	销售毛利	保存时间
现场售卖	1只	6元	2元	4元	3天
真空包装	4只	24元	10元	14元	14天

◎**点用后处理法**

→可整只卖，也可将每只纵向剁成4块后排盘或装袋。

注：将鸭翅纵向剁的好处是方便入口，食用时骨头较不易刺伤嘴巴，切口也较不会有小碎骨。

5. 鸭脚

	计价分量	建议售价	材料成本	销售毛利	保存时间
现场售卖	1只	1.5元	0.5元	1元	3天
真空包装	10只	15元	5元	10元	14天

◎**点用后处理法**

→直接排盘或装袋即可。

6. 鸭脆肠

	计价分量	建议售价	材料成本	销售毛利	保存时间
现场售卖	100g	10元	3元	7元	3天
真空包装	200g	20元	6元	14元	14天

◎**点用后处理法**

→切成长3~4cm的小段后排盘或装袋即可。

7. 鸭舌

	计价分量	建议售价	材料成本	销售毛利	保存时间
现场售卖	1只	3元	1.5元	1.5元	3天
真空包装	10只	30元	15元	15元	21天

◎**点用后处理法**

→直接排盘或装袋即可。

8. 鸭胗

	计价分量	建议售价	材料成本	销售毛利	保存时间
现场售卖	1个	5元	2元	3元	3天
真空包装	150g	20元	6元	14元	21天

◎**点用后处理法**

→可整个卖，也可将每个纵向切成5~6片后排盘或装袋。

9. 鸭心

	计价分量	建议售价	材料成本	销售毛利	保存时间
现场售卖	1个	2元	1元	1元	3天
真空包装	150g	20元	8元	12元	14天

◎**点用后处理法**

→直接排盘或装袋即可。

广式红卤卤味

风味甜香，适合下饭，因添加玫瑰红葡萄酒而呈现红润诱人的色泽，爱吃港式烧腊的朋友绝不能错过！

售卖方式	保存温度	保存时间
现场销售	常温	8 小时
	冷藏 4℃以下	3~5 天
真空宅配	冷藏 4℃以下	7~14 天

开店秘技

◎广式红卤卤汁的味道较浓郁，可以重复使用约 5 次，每次卤制完后只要再煮滚并捞掉浮油，就可放置在阴凉通风处以常温方式保存。即使不使用，也要记得每隔 12 小时需再煮滚一次，才能长时间保存卤汁；如果几天内不使用，也可放凉后冷藏保存，就可免去煮沸的手续，但保存不要超过 1 周。

◎制作玫瑰油鸡用的全鸡建议选择仿土鸡，口感较佳，成本也较合理；买全鸡时请买传统市场中已处理好的去毛、去内脏的白条鸡，约 1.25kg 重的大小最适中。

◎卤制玫瑰油鸡的时间，这里是以 1.25kg 重的全鸡为标准，卤的时间为 50 分钟，若全鸡是 1.5kg，则卤的时间要改为 55 分钟，即每多 250g，时间要增加5分钟，以此类推。至于浸泡的时间皆为 10 分钟。

◎卤制全鸡时必须单锅卤，要小心控制火候。卤汁不可以滚起或沸腾，最佳温度是维持在 90~95℃。如果火力太大，会使鸡皮破损、肉质老化。

◎油鸡卤汁酱可冷藏保存 4 天，切记一定要完全放凉后再放入冰箱。每天只要取出当天适用的量，以小火加热煮滚后再放凉，即可使用。

广式红卤汁

材　料

A 八角 ……… 10g
草果 ……… 15g
桂子 ……… 2g
三柰 ……… 15g
小茴香 …… 5g
甘草 ……… 5g
花椒粒 …… 10g
陈皮 ……… 5g
桂皮 ……… 2g
干辣椒 …… 5g
丁香 ……… 2g
月桂叶 …… 1g
小豆蔻 …… 2g

B 老姜 …………… 300g
葱 ……………… 600g

调味料

盐 ………………… 300g
味素………………… 100g
冰糖………………… 600g
金味王酱油……… 2000mL
公卖局玫瑰红葡萄酒 300mL
公卖局花雕酒……… 300mL
水 ………………… 20L
黄色 5 号食用色素　2 小匙

做　法

1. 材料 B 洗净后，将老姜拍碎；将葱切除根部，再切成 3 段。
2. 将材料 A、B 全部装入棉布袋中绑紧，即为广式红卤卤包。
3. 大汤锅中先放入广式红卤卤包及调味料，以大火煮滚后盖上锅盖，转中小火续煮 30 分钟至散发出中药香味，即完成广式红卤卤汁（分量约 20L）。

卤制食材

全鸡（每只约1.25kg）、鹅翅、鹅掌、鹅胗、鸡腿、鹅肝、鹅心、白煮蛋各适量（总计约10kg）

卤制方法

1. 请依照p49~p51【食材处理宝典】将所有食材处理好，再熬制两锅广式红卤卤汁，备用。
2. 开大火将第1锅卤汁煮滚后转小火。另煮滚一锅水（约10L），用手抓住全鸡的脖子最上方，将鸡身及一半的鸡脖子浸入滚水中再提起，重复此动作3~4次，再迅速将全鸡轻轻放入卤汁中，不加盖煮50分钟后关火。
3. 第2锅卤汁以大火煮滚后转小火，再放入鹅翅、鹅掌及鹅胗不加盖煮20分钟；再放入鸡腿、鹅肝、鹅心及白煮蛋不加盖续煮20分钟，即可关火。
4. 全鸡卤好后留在原锅中，不需加盖，浸泡10分钟后捞出，放在上层有漏孔的双层大钢盆中，静置2~3小时，放凉并沥干卤汁，待凉后放入长方形不锈钢盘中，均匀涂上香油即可。
5. 第2锅材料留在锅内浸泡1小时后捞出，放在上层有漏孔的双层大钢盆中，静置2~3小时，放凉并沥干卤汁，待凉后分类放入长方形不锈钢盘中，均匀涂上香油即可。

油鸡卤汁酱
（玫瑰油鸡专用蘸酱）

材料

美极鲜味露 → 1/2杯
二砂糖 → 300g
芝麻酱 → 300g
味素 → 50g
广式红卤卤汁 → 4000mL
公卖局红标米酒 → 200mL

做法

取4000mL卤过1次食材的广式红卤卤汁放入锅中，先捞除表面浮油，再加入其余材料，开中火，用汤勺不停地搅拌至芝麻酱完全散开，再将酱汁持续煮滚5分钟后关火，放凉后即可使用。

广式红卤卤味卤制简表

品名	火候	加盖	卤制时间	浸泡时间
1 玫瑰油鸡	小火	×	50分钟	10分钟
2 鹅翅	小火	×	40分钟	1小时
3 鹅掌	小火	×	40分钟	1小时
4 鹅胗	小火	×	40分钟	1小时
5 油鸡腿	小火	×	20分钟	1小时
6 鹅肝	小火	×	20分钟	1小时
7 鹅心	小火	×	20分钟	1小时
8 卤蛋	小火	×	20分钟	1小时

¥ 售卖方式

1. 将所有卤好的材料连同钢盘一同排入展售柜中，依【单品销售法】计价。
2. 待客人点选后，将各种材料切成适当大小后排盘或装袋，再依客人喜好搭配嫩姜丝及广东泡菜（p47）即可；玫瑰油鸡需另外附上适量油鸡卤汁酱作为蘸酱。

注：每只鸡约需附上1杯卤汁，以此类推。

1. 玫瑰油鸡

	计价分量	建议售价	材料成本	销售毛利	保存时间
现场售卖	200g	20 元	9 元	12 元	3 天
真空包装	半只	50 元	18 元	32 元	14 天

◎点用后处理法

→从脖子处剁开，再将鸡头跟鸡脖子剁开，把鸡头剖成两半，脖子剁成长 3cm 的小段；鸡身先对剖成半只，每半只先纵向剁成对半，再横向剁成厚约 2cm 的薄片后排盘或装袋。

2. 鹅翅

	计价分量	建议售价	材料成本	销售毛利	保存时间
现场售卖	200g	20 元	8 元	12 元	3 天
真空包装	1 只	20 元	8 元	12 元	14 天

◎点用后处理法

→将每只纵向剁成 4 块后排盘或装袋即可。

注：将鹅翅纵向剁的好处是方便入口，食用时骨头较不易刺伤嘴，切口也较不会有小碎骨。

3. 鹅掌

	计价分量	建议售价	材料成本	销售毛利	保存时间
现场售卖	1 只	4 元	2 元	2 元	3 天
真空包装	5 只	20 元	8 元	12 元	14 天

◎点用后处理法

→可整只卖，也可将每只横向剁成对半后排盘或装袋。

4. 鹅胗

	计价分量	建议售价	材料成本	销售毛利	保存时间
现场售卖	1 个	10 元	4 元	6 元	3 天
真空包装	4 个	36 元	15 元	21 元	7 天

◎点用后处理法

→可整个卖，也可将每个纵向切成 5~6 片后排盘或装袋。

5. 油鸡腿

	计价分量	建议售价	材料成本	销售毛利	保存时间
现场售卖	1 只	10 元	6 元	4 元	3 天
真空包装	2 只	20 元	12 元	8 元	7 天

◎点用后处理法

→可整只卖，若客人要切，每只横向剁成 6 块后排盘或装袋即可。

6. 鹅肝

	计价分量	建议售价	材料成本	销售毛利	保存时间
现场售卖	1 副	10 元	4 元	6 元	3 天
真空包装	2 副	20 元	8 元	12 元	7 天

◎点用后处理法

→可整块卖，若客人要切，切成边长约 2cm 的方块后排盘或装袋即可。

7. 鹅心

	计价分量	建议售价	材料成本	销售毛利	保存时间
现场售卖	1 个	4 元	2 元	2 元	3 天
真空包装	6 个	24 元	10 元	14 元	7 天

◎点用后处理法

→每个纵向切成对半后排盘或装袋即可。

8. 卤蛋

	计价分量	建议售价	材料成本	销售毛利	保存时间
现场售卖	1 个	2 元	1 元	1 元	3 天
真空包装	6 个	12 元	6 元	6 元	7 天

◎点用后处理法

→可整个卖，若客人要切，每个对切成 2 半后排盘或装袋即可。

上海式卤味

风味香浓偏甜，可以当成零食，最适合推荐给小朋友和女性朋友。

售卖方式	保存温度	保存时间
现场销售	常温	8 小时
	冷藏 4℃以下	3~5 天
真空宅配	冷藏 4℃以下	7~14 天

开店秘技

◎这道卤味的第 1 次卤汁可以重复使用 2 次，再当成第 2 次卤汁，卤过 1 次大黑豆干等食材后便要丢弃。

◎重复使用第 1 次卤汁或第 2 次卤汁卤制前一定要先捞除表面的浮油，以免卤汁产生腥味，同时也能避免卤好的食材变质，延长保存期限。

上海式卤汁

材　料

A 八角 ········· 20g
　甘草 ········· 5g
　花椒粒 ······ 10g
　陈皮 ········· 5g
　桂皮 ········· 10g
B 老姜 ········· 200g
　葱 ············ 600g

调味料

盐 ··············· 300g
味素··············· 100g
冰糖··············· 600g
金味王酱油······ 1200mL
公卖局红露酒··· 600mL
水 ··············· 20L
焦糖色素········· 1 大匙

做　法

1. 材料 B 洗净后，将老姜拍碎；将葱沥干后切除根部，再切成 3 段，备用。
2. 取一中华炒锅，倒入半锅油，烧热至 180℃后放入葱段，炸至金黄色后捞起沥干油。
3. 将材料 A、B 全部装入棉布袋中绑紧，即为上海式卤包。
4. 大汤锅中先放入上海式卤包及调味料，以大火煮滚后盖上锅盖，转中小火续煮 30 分钟至散发出中药香味，即完成上海式卤汁（分量约 20L）。

第1次卤汁

卤制食材

牛筋、牛腱、牛肚、猪前蹄、猪脚筋、鸭翅、棒棒鸡腿、鸭舌、鸡胗、鸡心、鸡脚、两节鸡翅各适量（总计10kg）

卤制方法

1. 请依照p49~p51【食材处理宝典】将所有食材处理好，备用。
2. 熬制一锅上海式卤汁，先以大火再次煮滚后转中火，立即放入牛筋加盖煮30分钟；再放入牛腱加盖煮30分钟；再放入牛肚、猪前蹄、猪脚筋加盖煮25分钟；拿掉锅盖，放入鸭翅不加盖煮15分钟；再放入棒棒鸡腿不加盖煮10分钟；再放入鸭舌、鸡胗不加盖煮5分钟；再放入鸡心、鸡脚、两节鸡翅不加盖续煮5分钟，即可关火。全部卤煮过程共2小时。
3. 将所有食材留在原锅中，不需加盖，浸泡1小时后捞出，放在上层有漏孔的双层大钢盆中，静置2~3小时，放凉并沥干卤汁，待凉后分类放入长方形不锈钢盘中，均匀涂上香油即可。

售卖方式

1. 将所有卤好的食材连同钢盘一同排入展售柜中，依【单品销售法】计价。
2. 待客人点选后，将各种食材切成适当大小后排盘或装袋，再依客人喜好搭配姜丝或蒜苗丝，附上适量鲜味酱（p43）及麻辣酱（p42）即可。

第2次卤汁

卤制食材

大黑豆干、白煮蛋、海带结各适量（总计10kg）

卤制方法

1. 请依照p49~p51【食材处理宝典】将所有食材处理好，备用。
2. 将第1次卤汁表面的浮油捞除，开大火再次煮滚。保持大火，放入大黑豆干加盖煮10分钟；再放入白煮蛋加盖煮20分钟；再放入海带结加盖续煮10分钟，即可关火。全部卤煮过程共40分钟。
3. 拿掉锅盖，将大黑豆干、海带结捞出，放在上层有漏孔的双层大钢盆中，静置1~2小时，放凉并沥干卤汁，待凉后分类放入长方形不锈钢盘中，均匀涂上香油即可。
4. 将卤蛋留在原锅中，不需加盖，浸泡2小时后捞出，放在上层有漏孔的双层大钢盆中，静置1~2小时，放凉并沥干卤汁，待凉后放入长方形不锈钢盘中，均匀涂上香油即可。

上海式卤味卤制简表

第1次卤汁 品名	火候	加盖	卤制时间	浸泡时间
1 牛筋	中火	√	2小时	1小时
2 牛腱	中火	√	90分钟	1小时
3 牛肚	中火	√	1小时	1小时
4 猪前蹄	中火	√	1小时	1小时
5 猪脚筋	中火	√	1小时	1小时
6 鸭翅	中火	×	35分钟	1小时
7 棒棒鸡腿	中火	×	20分钟	1小时
8 鸭舌	中火	×	10分钟	1小时
9 鸡胗	中火	×	10分钟	1小时
10 鸡心	中火	×	5分钟	1小时
11 鸡脚	中火	×	5分钟	1小时
12 两节鸡翅	中火	×	5分钟	1小时
第2次卤汁 品名	**火候**	**加盖**	**卤制时间**	**浸泡时间**
13 大黑豆干	大火	√	40分钟	×
14 卤蛋	大火	√	30分钟	2小时
15 海带结	大火	√	10分钟	×

1. 牛筋

	计价分量	建议售价	材料成本	销售毛利	保存时间
现场售卖	100g	20 元	8 元	12 元	5 天
真空包装	200g	40 元	16 元	24 元	14 天

◎点用后处理法

→将每条横向切成厚约 1cm 的片状后排盘或装袋即可。

2. 牛腱

	计价分量	建议售价	材料成本	销售毛利	保存时间
现场售卖	100g	18 元	6 元	12 元	5 天
真空包装	200g	36 元	12 元	24 元	14 天

◎点用后处理法

→每块先纵向切对半，再横向切成厚约 0.5cm 的薄片后排盘或装袋即可。

3. 牛肚

	计价分量	建议售价	材料成本	销售毛利	保存时间
现场售卖	100g	18 元	5 元	13 元	5 天
真空包装	200g	36 元	10 元	26 元	14 天

◎点用后处理法

→每个先纵向切对半，再横向切成厚约 0.5cm 的薄片后排盘或装袋即可。

4. 猪前蹄

	计价分量	建议售价	材料成本	销售毛利	保存时间
现场售卖	150g	10 元	4 元	6 元	5 天
真空包装	300g	20 元	8 元	12 元	14 天

◎点用后处理法

→每个均分剁成 6 小块后排盘或装袋即可。

5. 猪脚筋（虎掌）

	计价分量	建议售价	材料成本	销售毛利	保存时间
现场售卖	100g	20 元	8 元	12 元	5 天
真空包装	200g	40 元	16 元	24 元	14 天

◎点用后处理法

→每个横向剁成 2 截后排盘或装袋即可。

6. 鸭翅

	计价分量	建议售价	材料成本	销售毛利	保存时间
现场售卖	1 只	6 元	2 元	4 元	3 天
真空包装	4 只	20 元	10 元	10 元	14 天

◎点用后处理法

→可整只卖，也可将每只纵向剁成 4 块后排盘或装袋。

注：将鸭翅纵向剁的好处是方便入口，食用时骨头较不易刺伤嘴，切口也较不会有小碎骨。

7. 棒棒鸡腿

	计价分量	建议售价	材料成本	销售毛利	保存时间
现场售卖	1 只	10 元	5 元	5 元	3 天
真空包装	4 只	40 元	20 元	20 元	7 天

◎点用后处理法

→可整只卖，也可将每只横向剁成 6~7 块后排盘或装袋。

8. 鸭舌

	计价分量	建议售价	材料成本	销售毛利	保存时间
现场售卖	1 只	3 元	1.5 元	1.5 元	3 天
真空包装	10 只	30 元	15 元	15 元	10 天

◎点用后处理法

→直接排盘或装袋即可。

9. 鸡胗

	计价分量	建议售价	材料成本	销售毛利	保存时间
现场售卖	100g	10 元	3 元	7 元	3 天
真空包装	200g	20 元	6 元	14 元	7 天

◎点用后处理法

→可整只卖，也可将每个纵向切成 3~4 片后排盘或装袋。

10. 鸡心

	计价分量	建议售价	材料成本	销售毛利	保存时间
现场售卖	100g	10 元	3 元	7 元	3 天
真空包装	200g	20 元	6 元	14 元	7 天

◎点用后处理法

→直接排盘或装袋即可。

11. 鸡脚

	计价分量	建议售价	材料成本	销售毛利	保存时间
现场售卖	1 只	2 元	1 元	1 元	3 天
真空包装	10 只	20 元	8 元	12 元	7 天

◎点用后处理法

→可整只卖，也可将每只横向剁成 2 截后直接排盘或装袋。

12. 两节鸡翅

	计价分量	建议售价	材料成本	销售毛利	保存时间
现场售卖	1 只	4 元	2 元	2 元	3 天
真空包装	5 只	20 元	10 元	10 元	7 天

◎点用后处理法

→可整只卖，也可将每只横向剁成 3 块后排盘或装袋。

13. 大黑豆干

	计价分量	建议售价	材料成本	销售毛利	保存时间
现场售卖	1 块	4 元	1.5 元	2.5 元	3 天
真空包装	2 块	8 元	3 元	5 元	7 天

◎点用后处理法

→可整块卖，若客人要切，每块等切成 10 片后排盘或装袋即可。

14. 卤蛋

	计价分量	建议售价	材料成本	销售毛利	保存时间
现场售卖	1 个	2 元	1 元	1 元	3 天
真空包装	5 个	10 元	5 元	5 元	7 天

◎点用后处理法

→可整个卖，或每个对切再对切成 4 个半月形片状后排盘或装袋即可。

15. 海带结

	计价分量	建议售价	材料成本	销售毛利	保存时间
现场售卖	100g	4 元	1 元	3 元	3 天
真空包装	250g	10 元	2 元	8 元	7 天

◎点用后处理法

→直接排盘或装袋即可。

四川卤味

风味咸甜适中，略带麻辣味，非常适合下酒，当成下饭用的凉拌小菜也很不错。

售卖方式	保存温度	保存时间
现场销售	常温	8 小时
	冷藏 4℃以下	3~5 天
真空宅配	冷藏 4℃以下	7~14 天

开店秘技

◎四川卤汁的味道较浓郁，可以重复使用约 5 次。

◎这里提供的四川卤味酱配方分量约为 80g，约可冷藏保存 7 天，不过因为做法简单，建议还是当天制作当天用完，风味最佳。

◎这道卤味的卖法较多元化，如果是小摊贩形式，可参考 p81【售卖方式】；若为生意量较大的卤味专卖店，或是当成面店的小菜来售卖，则可将卤好的成品先拌入调味酱及辛香配料，再以小碟或透明塑料盒盛装，置于冷藏展示柜中售卖。

◎四川卤味的卤制食材刚好分成2组，因此制作时也可先将牛筋、牛腱放在大卤锅中，再将 p33 自行定制的提把卤锅架在上层，以便卤制中途再放入牛肚、猪肚。如此一来先捞起牛肚、猪肚时就很方便，只要将滤网状卤锅提起并滴干卤汁，就可以直接架在大钢盆上放凉。

◎为使煮制的卤味更鲜美，所以此道卤味用熬高汤的方式做。

四川卤汁

材　料

A 八角 ········· 25g
草果 ········· 20g
月桂叶 ······ 2g
三柰 ········· 25g
小茴香 ······ 25g
甘草 ········· 25g
花椒粒 ······ 15g
桂皮 ········· 25g
干朝天椒 ··· 10g
丁香 ········· 15g
小豆蔻 ······ 2g
百草粉 ······ 1 大匙

B 老姜 ········· 150g
葱 ············ 150g

C 猪大骨 ······ 1000g
鸡胸骨 ······ 1000g
水 ············ 20L

调味料

盐 ··············· 1000g
冰糖··············· 1000g
公卖局绍兴酒··· 1000mL
香油··············· 100mL

做　法

1. 先将材料 A 的小豆蔻拍碎；材料 B 洗净后，将老姜拍碎；将葱切除根部，再切成 3 段，备用。
2. 将材料 A、B 全部装入棉布袋中绑紧，即为四川卤包。
3. 将猪大骨及鸡胸骨放入滚水中，以大火煮 5 分钟后捞出，冲刷洗净备用。
4. 大汤锅中先放入材料 C，开大火先煮滚，再转中火续煮 60 分钟，即完成高汤。接着过滤高汤并捞除浮油，再放入四川卤包及调味料，以大火煮滚后盖上锅盖，转中小火续煮 30 分钟至散发出中药香味，即完成四川卤汁（分量约 20L）。

四川卤味卤制简表				
品名	火候	加盖	卤制时间	浸泡时间
1 牛筋	中火	√	2 小时	1 小时
2 牛腱	中火	√	90 分钟	1 小时
3 牛肚	中火	√	1 小时	30 分钟
4 猪肚	中火	√	1 小时	30 分钟

卤制食材

牛筋、牛腱、牛肚、猪肚各适量（总计约 10kg）

卤制方法

1. 请依照 p49~p51【食材处理宝典】将所有食材处理好，备用。
2. 熬制一锅四川卤汁，先以大火再次煮滚后转中火，立即放入牛筋不加盖煮 30 分钟；再放入牛腱加盖煮 30 分钟；再放入牛肚、猪肚加盖续煮 1 小时，即可关火。全部卤煮过程共 2 小时。
3. 将所有食材留在原锅中，不需加盖，浸泡 30 分钟后先捞出牛肚、猪肚；再浸泡 30 分钟后捞出牛筋、牛腱；依捞出时间分装入 2 个上层有漏孔的双层大钢盆中，分别静置 2~3 小时，放凉并沥干卤汁，待凉后分类放入长方形不锈钢盘中，均匀涂上香油即可。

四川调味酱

材料

鲜味酱 → 2 大匙（做法见 p43）
麻辣酱 → 1 大匙（做法见 p42）
花椒粉 → 1 小匙
香油 → 1 大匙
白醋 → 2 大匙

做法

将所有材料混合拌匀即可。

售卖方式

1 将所有卤好的食材连同钢盘一同排入展售柜中，依【单品销售法】计价。

2 待客人点选后，将各种食材切成适当大小并放入小钢盆中，淋上适量四川调味酱后拌匀（大约每 300g 的食材需加入 1 大匙的调味酱），再参考【点用后处理法】搭配辣椒丝、嫩姜丝、蒜苗丝或蒜苗片等排盘或装袋即可。

单品销售法

1. 牛筋

	计价分量	建议售价	材料成本	销售毛利	保存时间
现场售卖	100g	20 元	6 元	14 元	3 天
真空包装	200g	40 元	12 元	28 元	14 天

◎点用后处理法

→斜切成厚约 0.5cm 的薄片后放入小钢盆中，加入辣椒丝及嫩姜丝，淋上适量四川调味酱后拌匀，再排盘或装袋即可。

2. 牛腱

	计价分量	建议售价	材料成本	销售毛利	保存时间
现场售卖	100g	20 元	6 元	14 元	3 天
真空包装	200g	40 元	12 元	28 元	14 天

◎点用后处理法

→每块先纵向切对半，再横向切成厚约 0.3cm 的薄片后放入小钢盆中，淋上适量四川调味酱拌匀后排盘或装袋，放上蒜苗丝即可。

3. 牛肚

	计价分量	建议售价	材料成本	销售毛利	保存时间
现场售卖	100g	20 元	6 元	14 元	3 天
真空包装	200g	40 元	12 元	28 元	14 天

◎点用后处理法

→每个先纵向切对半，再横向切成厚约 0.5cm 的薄片后放入小钢盆中，淋上适量四川调味酱后拌匀，再排盘或装袋，附上嫩姜丝即可。

4. 猪肚

	计价分量	建议售价	材料成本	销售毛利	保存时间
现场售卖	120g	24 元	7 元	17 元	3 天
真空包装	200g	40 元	14 元	26 元	14 天

◎点用后处理法

→每个先纵向切对半，再切成宽约 2cm 的长条状，每条再切成边长 2cm 的小方块后放入小钢盆中，加入蒜苗片，淋上适量四川调味酱后拌匀，排盘或装袋即可。

东山黑卤卤味

风味咸甜参半，香气十足，卤过再炸的口感令人着迷，是夜市里老少皆宜的超人气美食。

售卖方式	保存温度	保存时间
现场销售	常温	8 小时
	不适合冷藏	×
真空宅配	不适合冷藏	×

开店秘技

◎这道卤味的第 1 次卤汁可以重复使用约 2 次，再当成第 2 次卤汁，卤过 1 次鹌鹑蛋等食材后便要丢弃。

◎这道卤味属于香甜口味，其特色在于卤制好的食材放凉后，再下油锅炸至焦香酥脆，食用起来风味及口感绝佳，是茶余饭后的最佳零食。

◎售卖时，需先准备好半锅油，油温随时保持在 130℃，以便客人点选后即可将食材入锅油炸，请务必对照【点用后处理法】，注意每项食材的时间控制，才能确保品质稳定。

◎建议将食材先炸好再切，较能保持外酥内嫩的口感，且食材内部也较不会吸入过多油脂。

◎包装时除了搭配香菜外，也可搭配辣味榨菜丝（p48），或是附赠 1 小包广东泡菜（p47），不但能增添风味，还有解油腻的作用。

◎由于这道卤味的口味较浓郁，因此卤好的成品在常温下的保存时间也较长。不过若是炸过的食材就要请客人趁热吃完，以免凉掉后口感变差。

东山黑卤卤汁

材　料

A 八角 ……… 70g
草果 ……… 70g
桂子 ……… 70g
小茴香 …… 5g
甘草 ……… 100g
花椒粒 …… 70g
陈皮 ……… 70g
桂皮 ……… 70g

B 洋葱 ……… 3 个
老姜 ……… 400g
葱 ………… 350g

调味料

冰糖………………… 2200g
冲绳黑糖………… 1000g
麦芽糖…………… 1000g
盐 ………………… 35g
金味王酱油……… 5000mL
公卖局红标米酒… 600mL
水 ………………… 20L
五香粉…………… 1 大匙
焦糖色素………… 200g

做　法

1. 将材料 B 洗净后，将洋葱切除头尾后去外皮，再剖成对半；将老姜拍碎；将葱切除根部再切成 3 段，备用。
2. 将材料 A、B 全部装入棉布袋中绑紧，即为东山黑卤卤包。
3. 大汤锅中先放入东山黑卤卤包及所有调味料，以中火煮滚后盖上锅盖，转中小火续煮 30 分钟至散发出中药香味，即完成东山黑卤卤汁（分量约 20L）。

第1次卤汁

卤制食材

鸭头、鸭脖子、鸭翅、鸭胗、鸡屁股、鸡脖子、鸭关节骨、鸡皮、鸭舌、鸭心各适量（总计约10kg）

卤制方法

1. 请依照p49~p51【食材处理宝典】将所有食材处理好，备用。
2. 熬制一锅东山黑卤卤汁，先以中火再次煮滚后，立即放入鸭头、鸭脖子、鸭翅不加盖煮10分钟；再放入鸭胗、鸡屁股、鸡脖子、鸭关节骨不加盖煮10分钟；再放入鸡皮、鸭舌、鸭心不加盖续煮10分钟，即可关火。全部卤煮过程共30分钟。
3. 将所有材料留在原锅中，不需加盖，浸泡30分钟后先捞出鸡脖子、鸭关节骨、鸡皮；再浸泡10分钟后，捞出鸭头、鸭脖子、鸭翅、鸭胗、鸡屁股；继续浸泡80分钟后，捞出鸭舌及鸭心；依捞出时间分装入数个上层有漏孔的双层大钢盆中，分别静置2~3小时，放凉并沥干卤汁，待凉后分类放入长方形不锈钢盘中，均匀涂上香油即可。

第2次卤汁

卤制食材

鹌鹑蛋、豆干、米血糕、圆片甜不辣、百页豆腐、兰花干各适量（总计约10kg）

卤制方法

1. 请依照p49~p51【食材处理宝典】将所有食材处理好，备用。
2. 将第1次卤汁表面的浮油捞除，开中火再次煮滚。
3. 保持中火，放入鹌鹑蛋、豆干、米血糕、圆片甜不辣、百页豆腐、兰花干加盖煮10分钟，即可关火。全部卤煮过程共10分钟。
4. 拿掉锅盖，先捞出圆片甜不辣、百页豆腐及兰花干，放在上层有漏孔的双层大钢盆中，静置1~2小时，放凉并沥干卤汁，待凉后分类放入长方形不锈钢盘中，均匀涂上香油即可。
5. 将其余材料留在原锅中，不需加盖，浸泡30分钟后先捞出豆干、米血糕；再浸泡90分钟后捞出鹌鹑蛋；依捞出时间分装入数个上层有漏孔的双层大钢盆中，分别静置1~2小时，放凉并沥干卤汁，待凉后分类放入长方形不锈钢盘中，均匀涂上香油即可。

东山黑卤卤味卤制简表

第1次卤汁 品名	火候	加盖	卤制时间	浸泡时间
1 鸭头	中火	×	30分钟	40分钟
2 鸭脖子	中火	×	30分钟	40分钟
3 鸭翅	中火	×	30分钟	40分钟
4 鸭胗	中火	×	20分钟	40分钟
5 鸡屁股	中火	×	5分钟	40分钟
6 鸡脖子	中火	×	20分钟	30分钟
7 鸭关节骨	中火	×	20分钟	30分钟
8 鸡皮	中火	×	10分钟	30分钟
9 鸭舌	中火	×	10分钟	2小时
10 鸭心	中火	×	10分钟	2小时
第2次卤汁 品名	**火候**	**加盖**	**卤制时间**	**浸泡时间**
11 鹌鹑蛋	中火	√	10分钟	2小时
12 豆干	中火	√	10分钟	30分钟
13 米血糕	中火	√	10分钟	×
14 圆片甜不辣	中火	√	10分钟	×
15 百页豆腐	中火	√	10分钟	×
16 兰花干	中火	√	10分钟	×

售卖方式

1 将所有卤好的食材连同钢盘一同排入展售柜中，依【单品销售法】计价。
2 准备半锅油，油温随时保持在 130℃，待客人点选后再参考【点用后处理法】，将各种食材依序下锅油炸。
3 将食材炸好后捞出，先置于滤油网中沥干油，再将各种食材切成适当大小后放入小钢盆（或盐酥鸡专用不锈钢斗）中，依客人喜好撒上适量白胡椒、盐、辣椒粉后摇匀，倒入纸袋中即可。

1. 鸭头

	计价分量	建议售价	材料成本	销售毛利	保存时间
现场售卖	1 只	8 元	1 元	7 元	8 小时

◎**点用后处理法**

→放入 130℃的热油中炸 10 分钟，捞出沥干油，将每个对剖两半后放入小钢盆中，撒上适量白胡椒、盐、辣椒粉后摇匀，倒入纸袋即可。

2. 鸭脖子

	计价分量	建议售价	材料成本	销售毛利	保存时间
现场售卖	1 只	7 元	2 元	5 元	8 小时

◎**点用后处理法**

→放入 130℃的热油中炸 10 分钟，捞出沥干油，再剁成长约 3cm 的小段后放入小钢盆中，撒上适量白胡椒、盐、辣椒粉后摇匀，倒入纸袋即可。

3. 鸭翅

	计价分量	建议售价	材料成本	销售毛利	保存时间
现场售卖	1 只	6 元	2 元	4 元	8 小时

◎**点用后处理法**

→放入 130℃的热油中炸 5 分钟，捞出沥干油，将每只纵向剁成 4 块后放入小钢盆中，撒上适量白胡椒、盐、辣椒粉后摇匀，倒入纸袋即可。

4. 鸭胗

	计价分量	建议售价	材料成本	销售毛利	保存时间
现场售卖	1 个	6 元	2 元	4 元	8 小时

◎**点用后处理法**

→放入 130℃的热油中炸 5 分钟，捞出沥干油，将每个纵向切成 5~6 片后放入小钢盆中，撒上适量白胡椒、盐、辣椒粉后摇匀，倒入纸袋即可。

5. 鸡屁股

	计价分量	建议售价	材料成本	销售毛利	保存时间
现场售卖	1 串 3 个	6 元	2 元	4 元	8 小时

◎**点用后处理法**

→放入 130℃的热油中炸 5 分钟，捞出沥干油后放入小钢盆中，撒上适量白胡椒、盐、辣椒粉后摇匀，倒入纸袋即可。

6. 鸡脖子

	计价分量	建议售价	材料成本	销售毛利	保存时间
现场售卖	1 只	3 元	1 元	2 元	8 小时

◎**点用后处理法**

→放入 130℃的热油中炸 5 分钟，捞出沥干油，再剁成长约 3cm 的小段后放入小钢盆中，撒上适量白胡椒、盐、辣椒粉后摇匀，倒入纸袋即可。

7. 鸭关节骨

	计价分量	建议售价	材料成本	销售毛利	保存时间
现场售卖	100g	4 元	1 元	3 元	8 小时

◎**点用后处理法**

→放入 130℃的热油中炸 5 分钟，捞出沥干油后放入小钢盆中，撒上适量白胡椒、盐、辣椒粉后摇匀，倒入纸袋即可。

8. 鸡皮

	计价分量	建议售价	材料成本	销售毛利	保存时间
现场售卖	100g	3 元	1 元	2 元	8 小时

◎点用后处理法

→放入 130℃的热油中炸 3 分钟，捞出沥干油后放入小钢盆中，撒上适量白胡椒、盐、辣椒粉后摇匀，倒入纸袋即可。

9. 鸭舌

	计价分量	建议售价	材料成本	销售毛利	保存时间
现场售卖	1 只	3 元	1.5 元	1.5 元	当天用完

◎点用后处理法

→放入 130℃的热油中炸 2 分钟，捞出沥干油后放入小钢盆中，撒上适量白胡椒、盐、辣椒粉后摇匀，倒入纸袋即可。

10. 鸭心

	计价分量	建议售价	材料成本	销售毛利	保存时间
现场售卖	3 个	6 元	3 元	3 元	当天用完

◎点用后处理法

→放入 130℃的热油中炸 2 分钟，捞出沥干油后放入小钢盆中，撒上适量白胡椒、盐、辣椒粉后摇匀，倒入纸袋即可。

11. 鹌鹑蛋

	计价分量	建议售价	材料成本	销售毛利	保存时间
现场售卖	5 个	4 元	1 元	3 元	当天用完

◎点用后处理法

→放入 130℃的热油中炸 3 分钟，捞出沥干油后放入小钢盆中，撒上适量白胡椒、盐、辣椒粉后摇匀，倒入纸袋即可。

12. 豆干

	计价分量	建议售价	材料成本	销售毛利	保存时间
现场售卖	3 个	4 元	1 元	3 元	8 小时

◎点用后处理法

→放入 130℃的热油中炸 3 分钟，捞出沥干油。可以不切，也可将每个均分切成 5~6 小片后放入小钢盆中，撒上适量白胡椒、盐、辣椒粉后摇匀，倒入纸袋即可。

13. 米血糕

	计价分量	建议售价	材料成本	销售毛利	保存时间
现场售卖	1 块	3 元	1 元	2 元	当天用完

◎点用后处理法

→放入 130℃的热油中炸 3 分钟，捞出沥干油，将每块均分切成 6 小块后放入小钢盆中，撒上适量白胡椒、盐、辣椒粉后摇匀，倒入纸袋即可。

14. 圆片甜不辣

	计价分量	建议售价	材料成本	销售毛利	保存时间
现场售卖	3 片	5 元	2 元	3 元	当天用完

◎点用后处理法

→放入 130℃的热油中炸 2 分钟，捞出沥干油，将每片均分切成 4~5 小片后放入小钢盆中，撒上适量白胡椒、盐、辣椒粉后摇匀，倒入纸袋即可。

15. 百页豆腐

	计价分量	建议售价	材料成本	销售毛利	保存时间
现场售卖	半条	4 元	2 元	2 元	当天用完

◎点用后处理法

→放入 130℃的热油中炸 2 分钟，捞出沥干油，将每半条均分切成 4 小片后放入小钢盆中，撒上适量白胡椒、盐、辣椒粉后摇匀，倒入纸袋即可。

16. 兰花干

	计价分量	建议售价	材料成本	销售毛利	保存时间
现场售卖	1 块	4 元	2 元	2 元	当天用完

◎点用后处理法

→放入 130℃的热油中炸 2 分钟，捞出沥干油，将每块均分切成 6~8 小块后放入小钢盆中，撒上适量白胡椒、盐、辣椒粉后摇匀，倒入纸袋即可。

白卤卤味

风味清爽顺滑、老少皆宜，具有亲切朴实的家乡气息，适合一般家庭聚餐时享用。

售卖方式	保存温度	保存时间
现场销售	常温	4小时
	冷藏4℃以下	3~5天
真空宅配	冷藏4℃以下	7~14天

开店秘技

◎白卤卤汁的风味十分清爽，不适合重复使用，但是只要将卤过1次食材的白卤卤汁捞除浮油后，便可当成陈年老卤卤汁或四川卤汁的高汤。

◎白卤卤味其实就是指台湾人很熟悉的白斩鹅、鸭、鸡，通常会在餐馆或切仔面店中售卖，可以当成冷盘，也可搭配切仔面、米粉、冬粉一同享用。

◎制作白斩鸡用的全鸡建议选择土鸡或肉鸡，口感较佳。买时请买传统市场中已处理好的去毛、去内脏的光鹅、光鸭、光鸡，光鹅以每只约2.5kg重的大小最适中，光鸭以每只约1.5kg重的大小最适中，光鸡则以每只约1.25kg重的大小最适中。

◎配方中的卤制时间是以上述的推荐重量为标准，重量每多250g，时间要增加5分钟，以此类推。至于浸泡的时间皆为10分钟，不必随着重量调整。

◎卤制食材时必须小心控制火候，卤汁不可以滚起或沸腾，最佳温度是维持在90~95℃。如果火力太大，会使食材表皮破损、肉质老化，影响卖相和口感。

白卤卤汁

材　料

A 八角 ……… 5g
　甘草 ……… 10g
　桂皮 ……… 10g
B 老姜 ……… 300g
　葱 ……… 300g

调味料

公卖局红标米酒 600mL
水 ……… 20L

做　法

1. 材料B洗净后，将老姜拍碎；将葱切除根部，再切成3段，备用。
2. 将材料A、B全部装入棉布袋中绑紧，即为白卤卤包。
3. 大汤锅中先放入白卤卤包及所有调味料，以大火煮滚后盖上锅盖，转中小火续煮30分钟至散发出中药香味，即完成白卤卤汁(分量约20L)。

白卤卤味卤制简表

品名	火候	加盖	卤制时间	浸泡时间
1 白斩鹅	小火	×	75 分钟	10 分钟
2 白斩鸭	小火	×	55 分钟	10 分钟
3 白斩鸡	小火	×	50 分钟	10 分钟

卤制食材

全鹅（每只约 2.5kg）、全鸭（每只约 1.5kg）、全鸡（每只约 1.25kg）各适量（请准备 3 锅白卤卤汁，每锅约 20L，分别卤制鹅、鸭、鸡各约 10kg）

卤制做法

1. 请依照 p49~p51【食材处理宝典】将所有食材处理好，备用。
2. 熬制 3 锅白卤卤汁（各约 20L）。先开大火将第 1 锅卤汁再次煮滚，用手抓住全鹅的脖子上方，将鹅身及一半的鹅脖子浸入卤汁中再提起，重复此动作 3~4 次，再迅速将整只鹅轻轻放入卤汁中，所有鹅依相同方式放入锅中后，将卤汁再次煮滚后转小火，不加盖煮 75 分钟后关火。
3. 全鸭依相同方式放入第 2 锅卤汁中汆烫好后，将卤汁再次煮滚后转小火，立即将全鸭轻轻放入锅中，不加盖煮 55 分钟后关火。
4. 全鸡也依相同方式放入第 3 锅卤汁中汆烫好后，将卤汁再次煮滚后转小火，立即将全鸡轻轻放入锅中，不加盖煮 50 分钟后关火。
5. 将煮好的鹅、鸭、鸡分别留在原锅中，不需加盖，关火后再浸泡 10 分钟即可小心捞出；依捞出时间分装入 3 个上层有漏孔的双层大钢盆中，分别静置 2~3 小时，放凉并沥干卤汁，待凉后分类放入长方形不锈钢盘中，均匀涂上香油即可。

¥ 售卖方式

1 将卤好的鹅、鸭、鸡各取一整只或半只连同钢盘一同排入展售柜中，其余的放入冷藏柜中妥善保存，以便随时取用（最好能封膜或装入塑料袋中以免表皮变干）。

2 售卖时通常以整只、半只或 1/4 只为单位计价。若作为切仔面店兼卖的小吃，则可以称重方式计价，或以盘计价（1 盘约 200g）。

3 待客人点选后，将各种食材剁成适当大小后排盘或装盒。白斩鹅、鸭请附上适量辣豆瓣酱（p44），白斩鸡请附上蒜味酱（p45），再参考右侧【点用后处理法】，搭配香菜、嫩姜丝、酸菜心（p46）或黄瓜片即可。

单品销售法

此处的计价分量是以最小单位为基准，分量大时请自行倍乘。由于整只售卖时可省去不少点用后的处理手续，因此可依参考售价的 9 折出售，以吸引顾客购买。

1. 白斩鹅

	计价分量	建议售价	材料成本	销售毛利	保存时间
现场售卖	200g	20 元	8 元	12 元	3 天
真空包装	1/4 只	75 元	30 元	45 元	14 天

◎点用后处理法

→每只先对半剁成半只，再对半剁成 4 等份后，横向剁成厚约 0.5cm 的薄片后排盘或装盒，附上适量辣豆瓣酱，再搭配香菜、嫩姜丝即可。

注：白斩鹅 1/4 只约 750g。

2. 白斩鸭

	计价分量	建议售价	材料成本	销售毛利	保存时间
现场售卖	200g	16 元	5 元	11 元	3 天
真空包装	1/4 只	36 元	12 元	24 元	14 天

◎点用后处理法

→每只先对半剁成半只，再对半剁成 4 等份后，横向剁成厚 1.5~2cm 的块状后排盘或装盒，附上适量辣豆瓣酱，再搭配嫩姜丝、酸菜心即可。

注：白斩鸭 1/4 只约 450g。

3. 白斩鸡

	计价分量	建议售价	材料成本	销售毛利	保存时间
现场售卖	200g	16 元	5 元	11 元	3 天
真空包装	1/4 只	40 元	13 元	27 元	14 天

◎点用后处理法

→每只先对半剁成半只，再对半剁成 4 等份后，横向剁成厚 2cm 的块状后排盘或装盒，附上适量蒜味酱，再搭配黄瓜片、酸菜心即可。

注：白斩鸡 1/4 只约 375g。

焦糖卤味

淡淡的咸香中略带甘甜，风味十分大众化，可以当零食享用。

售卖方式	保存温度	保存时间
现场销售	常温	4 小时
	冷藏 4℃以下	3~5 天
真空宅配	冷藏 4℃以下	7~14 天

开店秘技

◎这道卤味的第 1 次卤汁可以重复使用 2 次，再当成第 2 次卤汁，卤过 1 次豆干等食材后便要丢弃。

◎豆干、白煮蛋、米血糕、海带结、圆片甜不辣等食材容易使卤汁变酸，因此不适合与肉类食材一起卤制。

◎重复使用第 1 次卤汁或第 2 次卤汁卤制前一定要先捞除表面的浮油，以免卤汁产生腥味，同时也能避免卤好的食材变质，延长保存期限。

◎焦糖酱请购买泡咖啡专用的焦糖酱，烘焙材料店及大型杂货店皆有售卖。

◎第 2 次卤汁的卤制食材刚好可依浸泡时间分成 2 组，因此卤制时建议将自行定制的提把卤锅（p33）架在上层。放入不需浸泡的豆干、海带结及圆片甜不辣，卤蛋及米血糕则放下层，卤好熄火后只要将上层的提把卤锅提起并滴干卤汁，就可直接架在大钢盆上放凉，其余食材则继续留在锅中浸泡即可。

焦糖卤汁

材　料

A 八角 ……… 10g
草果 ……… 15g
桂子 ……… 2g
三柰 ……… 15g
小茴香 …… 5g
甘草 ……… 5g
花椒粒 …… 10g
陈皮 ……… 5g
桂皮 ……… 2g
干朝天椒 … 5g

B 洋葱 ……… 2 个
老姜 ……… 150g
葱 ………… 150g

调味料

焦糖酱………… 300g
冰糖…………… 200g
冲绳黑糖……… 100g
盐 …………… 400g
味素…………… 100g
金味王酱油…… 1600mL
公卖局绍兴酒… 600mL
水 …………… 20L
焦糖色素……… 1 小匙
香草浓缩液…… 1 小匙

做　法

1. 材料 B 洗净后，将洋葱切除头尾后去外皮，再剖成对半；将老姜拍碎；将葱切除根部，再切成 3 段，备用。
2. 将材料 A、B 全部装入棉布袋中绑紧，即为焦糖卤包。
3. 大汤锅中先放入焦糖卤包及所有调味料，以大火煮滚后盖上锅盖，转中小火续煮 30 分钟至散发出中药香味，即完成焦糖卤汁（分量约 20L）。

第1次卤汁

卤制食材

牛腱、牛肚、猪耳朵、鸭翅、鸡腿、鸭尾椎骨、鸭脆肠、鸭舌、鸡胗、鸡心、鸡肝、鸡脚、鸡肠、两节鸡翅各适量（总计约10kg）

卤制方法

1. 请依照p49~p51【食材处理宝典】将所有食材处理好，备用。
2. 熬制一锅焦糖卤汁，先以中火再次煮滚后，立即放入牛腱加盖煮30分钟；再放入牛肚、猪耳朵加盖煮30分钟；拿掉锅盖，再放入鸭翅不加盖煮10分钟；再放入鸡腿、鸭尾椎骨不加盖煮10分钟；再放入鸭脆肠、鸭舌、鸡胗不加盖煮5分钟；转大火，再放入鸡心、鸡肝、鸡脚、鸡肠、两节鸡翅不加盖续煮5分钟，即可关火。全部卤煮过程共90分钟。
3. 将所有材料留在原锅中，不需加盖，浸泡1小时后捞出，放在上层有漏孔的双层大钢盆中，静置2~3小时，放凉并沥干卤汁，待凉后分类放入长方形不锈钢盘中，均匀涂上香油即可。

第2次卤汁

卤制食材

豆干、白煮蛋、米血糕、海带结、圆片甜不辣各适量（总计约10kg）

卤制方法

1. 依照p49~p51【食材处理宝典】将所有食材处理好，备用。
2. 将第1次卤汁表面的浮油捞除，开大火再次煮滚。
3. 保持大火，放入豆干加盖煮10分钟；再放入白煮蛋加盖煮20分钟；再放入米血糕、海带结加盖煮3分钟；再放入圆片甜不辣加盖煮7分钟，即可关火。全部卤煮过程共40分钟。
4. 拿掉锅盖，将豆干、海带结及圆片甜不辣捞出，放在上层有漏孔的双层大钢盆中，静置1~2小时，放凉并沥干卤汁，待凉后分类放入长方形不锈钢盘中，均匀涂上香油即可。
5. 将卤蛋、米血糕留在原锅中，不需加盖，浸泡2小时后捞出，放在上层有漏孔的双层大钢盆中，静置1~2小时，放凉并沥干卤汁，待凉后分类放入长方形不锈钢盘中，均匀涂上香油即可。

焦糖卤味卤制简表

第1次卤汁 品名	火候	加盖	卤制时间	浸泡时间
1 牛腱	中火	√	90分钟	1小时
2 牛肚	中火	√	1小时	1小时
3 猪耳朵	中火	√	1小时	1小时
4 鸭翅	中火	×	30分钟	1小时
5 鸡腿	中火	×	20分钟	1小时
6 鸭尾椎骨	中火	×	20分钟	1小时
7 鸭脆肠	中火	×	10分钟	1小时
8 鸭舌	中火	×	10分钟	1小时
9 鸡胗	中火	×	10分钟	1小时
10 鸡心	大火	×	5分钟	1小时
11 鸡肝	大火	×	5分钟	1小时
12 鸡脚	大火	×	5分钟	1小时
13 鸡肠	大火	×	5分钟	1小时
14 两节鸡翅	大火	×	5分钟	1小时
第2次卤汁 品名	**火候**	**加盖**	**卤制时间**	**浸泡时间**
15 豆干	大火	√	40分钟	×
16 卤蛋	大火	√	30分钟	2小时
17 米血糕	大火	√	10分钟	2小时
18 海带结	大火	√	10分钟	×
19 圆片甜不辣	大火	√	7分钟	×

售卖方式

1 将所有卤好的食材连同钢盘一同排入展售柜中，依【单品销售法】计价。

2 待客人点选后，将各种食材切成适当大小后排盘或装袋，再依客人喜好搭配酸菜心或葱花，附上适量鲜味酱（p43）及麻辣酱（p42）即可。

1. 牛腱

	计价分量	建议售价	材料成本	销售毛利	保存时间
现场售卖	100g	18 元	6 元	12 元	5 天
真空包装	200g	36 元	12 元	24 元	14 天

◎点用后处理法

→每块先纵向切对半，再横向切成厚约 0.3cm 的薄片后排盘或装袋即可。

2. 牛肚

	计价分量	建议售价	材料成本	销售毛利	保存时间
现场售卖	100g	18 元	5 元	13 元	5 天
真空包装	200g	36 元	10 元	26 元	14 天

◎点用后处理法

→每个先纵向切对半，再横向切成厚约 0.5cm 的薄片后排盘或装袋即可。

3. 猪耳朵

	计价分量	建议售价	材料成本	销售毛利	保存时间
现场售卖	100g	6 元	2 元	4 元	3 天
真空包装	300g	18 元	5 元	13 元	14 天

◎点用后处理法

→每个先纵向切对半，再横向切成厚约 0.5cm 的薄片后排盘或装袋即可。

4. 鸭翅

	计价分量	建议售价	材料成本	销售毛利	保存时间
现场售卖	1 只	6 元	3 元	3 元	3 天
真空包装	4 只	24 元	11 元	13 元	14 天

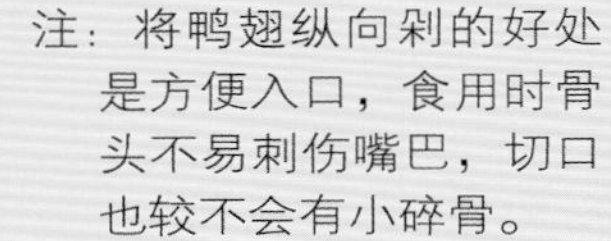

注：将鸭翅纵向剁的好处是方便入口，食用时骨头不易刺伤嘴巴，切口也较不会有小碎骨。

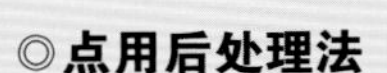

◎点用后处理法

→可以整只卖，也可将每只纵向剁成 4 块后排盘或装袋。

5. 鸡腿

	计价分量	建议售价	材料成本	销售毛利	保存时间
现场售卖	1 只	10 元	6 元	4 元	3 天
真空包装	4 只	40 元	24 元	16 元	7 天

◎点用后处理法

→将每只横向剁成 5~6 块后排盘或装袋即可。

6. 鸭尾椎骨

	计价分量	建议售价	材料成本	销售毛利	保存时间
现场售卖	6 只	10 元	4 元	6 元	3 天
真空包装	12 只	20 元	8 元	12 元	7 天

◎点用后处理法

→直接排盘或装袋即可。

7. 鸭脆肠

	计价分量	建议售价	材料成本	销售毛利	保存时间
现场售卖	100g	10 元	4 元	6 元	3 天
真空包装	200g	20 元	8 元	12 元	10 天

◎点用后处理法

→切成长 3~4cm 的小段后排盘或装袋即可。

8. 鸭舌

	计价分量	建议售价	材料成本	销售毛利	保存时间
现场售卖	1 只	3 元	1.5 元	1.5 元	3 天
真空包装	10 只	30 元	15 元	15 元	10 天

◎点用后处理法

→直接排盘或装袋即可。

9. 鸡胗

	计价分量	建议售价	材料成本	销售毛利	保存时间
现场售卖	100g	10 元	3 元	7 元	3 天
真空包装	200g	20 元	6 元	14 元	7 天

◎点用后处理法

→可以整个卖，也可纵向切成 3~4 片后排盘或装袋。

10. 鸡心

	计价分量	建议售价	材料成本	销售毛利	保存时间
现场售卖	100g	10元	3元	7元	3天
真空包装	200g	20元	6元	14元	7天

◎**点用后处理法**

→直接排盘或装袋即可。

11. 鸡肝

	计价分量	建议售价	材料成本	销售毛利	保存时间
现场售卖	1个	2元	0.5元	1.5元	3天
真空包装	6个	12元	3元	9元	7天

◎**点用后处理法**

→可整块卖，若客人要切，切成边长约2cm的方块后排盘或装袋即可。

12. 鸡脚

	计价分量	建议售价	材料成本	销售毛利	保存时间
现场售卖	1只	2元	1元	1元	3天
真空包装	10只	20元	8元	12元	7天

◎**点用后处理法**

→直接排盘或装袋即可。

13. 鸡肠

	计价分量	建议售价	材料成本	销售毛利	保存时间
现场售卖	100g	10元	4元	6元	3天
真空包装	200g	20元	8元	12元	7天

◎**点用后处理法**

→切成长3~4cm的小段后排盘或装袋即可。

14. 两节鸡翅

	计价分量	建议售价	材料成本	销售毛利	保存时间
现场售卖	1只	4元	2元	2元	3天
真空包装	8只	32元	12元	20元	7天

◎**点用后处理法**

→可整只卖，若客人要切，将每只横向剁成3块后排盘或装袋即可。

15. 豆干

	计价分量	建议售价	材料成本	销售毛利	保存时间
现场售卖	100g	4元	1元	3元	3天
真空包装	300g	12元	3元	9元	7天

◎**点用后处理法**

→每个对切再对切成4等份后排盘或装袋即可。

16. 卤蛋

	计价分量	建议售价	材料成本	销售毛利	保存时间
现场售卖	1个	2元	1元	1元	3天
真空包装	5个	10元	5元	5元	7天

◎**点用后处理法**

→可整个卖，若客人要切，每个对切成2半后排盘或装袋即可。

17. 米血糕

	计价分量	建议售价	材料成本	销售毛利	保存时间
现场售卖	100g	3元	1元	2元	8小时
真空包装	不适合真空包装				

◎**点用后处理法**

→每块均分切成8小块后排盘或装袋即可。

18. 海带结

	计价分量	建议售价	材料成本	销售毛利	保存时间
现场售卖	100g	4元	1元	3元	3天
真空包装	250g	10元	2元	8元	7天

◎**点用后处理法**

→直接排盘或装袋即可。

19. 圆片甜不辣

	计价分量	建议售价	材料成本	销售毛利	保存时间
现场售卖	4片	6元	3元	3元	8小时
真空包装	不适合真空包装				

◎**点用后处理法**

→每片均分切成4~5小片后排盘或装袋即可。

胶冻卤味

口感松软滑嫩、胶质丰富、略带酒香，冷藏或微波后食用风味皆佳，特别适合推荐给年长者和女性朋友。

售卖方式	保存温度	保存时间
现场销售	常温	4 小时
	冷藏 4℃以下	3~5 天
真空宅配	冷藏 4℃以下	7~14 天

开店秘技

◎胶冻卤汁的味道较浓郁，可以重复使用约 5 次。

◎卤制鸡脚冻、鸡翅冻时，必须小心控制火候，卤汁不可滚起或沸腾，最佳温度是维持在 90~95℃，如果火力太大，会使鸡皮破损、肉质老化，影响食材的卖相和口感。

◎鸡脚冻、鸡翅冻因为经过长时间焖煮，骨头已经熟透、松软，所以在包装时要特别小心。

◎传统在制作胶冻卤汁时，会加入猪皮以利于凝结。这里推荐的方法则是利用小火慢慢提炼出鸡皮本身的胶质，等冷却后就会看到卤汁完全凝结。这才是百分之百由鸡脚或鸡翅释放出的天然胶质，风味比传统的做法更加香醇，且热量较低。适合给正在发育的女孩子适量食用，有补充胶原蛋白，使其拥有好身材的作用。

◎鸡脚在采购时建议挑选较大只的，虽然成本会稍高，但较不易煮烂，且能让卖相及口感更佳。

胶冻卤汁

材　料

A 八角 ……… 10g
草果 ……… 15g
桂子 ……… 2g
三柰 ……… 15g
小茴香 …… 5g
甘草 ……… 5g
花椒粒 …… 10g
陈皮 ……… 5g
桂皮 ……… 2g
干朝天椒 … 5g
月桂叶 …… 1g

B 洋葱 ………… 2 个
老姜 ………… 150g

调味料

盐 ……………… 250g
味素 …………… 100g
冰糖 …………… 400g
酱油 …………… 1600mL
公卖局绍兴酒 …… 600mL
水 ……………… 20L
黄色 5 号食用色素 1 小匙

做　法

1. 材料B洗净后，将洋葱切除头尾后去外皮，再剖成对半；将老姜拍碎，备用。
2. 将材料 A、B 全部装入棉布袋中绑紧，即为胶冻卤包。
3. 大汤锅中先放入胶冻卤包及所有调味料，以大火煮滚后盖上锅盖，转中小火续煮 30 分钟至散发出中药香味，即完成胶冻卤汁（分量约 20L）。

胶冻卤味卤制简表				
品名	火候	加盖	卤制时间	浸泡时间
1 鸡脚冻	小火	×	2 小时	2 小时
2 鸡翅冻	小火	×	2 小时	2 小时

卤制食材

鸡脚、两节鸡翅各约 5kg

卤制方法

1. 请依照 p49~p51【食材处理宝典】将所有食材处理好，备用。
2. 熬制一锅胶冻卤汁，先分成两小锅（各约 10L），分别以大火再次煮滚后转小火，其中一锅放入鸡脚，另一锅放入两节鸡翅，不加盖各煮 2 小时，即可关火。
3. 将鸡脚、两节鸡翅留在原锅中，不需加盖，浸泡 2 小时后小心捞出，分装入 2 个大钢盆中，静置 2~3 小时放凉，再放入冰箱冷藏约 2 小时，使其自然凝结成胶冻状，即为鸡脚冻、鸡翅冻。

￥ 售卖方式

1. 请参考【单品销售法】，将鸡脚冻、鸡翅冻分装入透明塑料盒中，以盒计价。
2. 将包装好的鸡脚冻及鸡翅冻整齐排入冷藏展示柜中售卖即可。

单品销售法

1. 鸡脚冻

	计价分量	建议售价	材料成本	销售毛利	保存时间
现场售卖	1 盒 10 只	20 元	8 元	12 元	3 天
真空包装	1 盒 10 只	20 元	8 元	12 元	14 天

◎点用后处理法

→将包装好的鸡脚冻直接装袋或装盒即可。

2. 鸡翅冻

	计价分量	建议售价	材料成本	销售毛利	保存时间
现场售卖	1 盒 10 只	30 元	14 元	16 元	3 天
真空包装	1 盒 10 只	30 元	14 元	16 元	14 天

◎点用后处理法

→将包装好的鸡翅冻直接装袋或装盒即可。

药膳卤味

风味清淡温和，因而能凸显出中药的香醇，具有养生效果，适合推荐给女性朋友和年长者享用。

售卖方式	保存温度	保存时间
现场销售	常温	4 小时
	冷藏 4℃以下	3~5 天
真空宅配	冷藏 4℃以下	7~14 天

开店秘技

◎药膳卤汁的味道较清淡，只能重复使用约 2 次，便需丢弃。

◎这道卤味呈现的是淡淡的清香风味，不宜蘸食任何调味料，以免被抢味；由于卤汁不会太咸，因此售卖鸡胗、鸡心时可以浇淋些许卤汁，让食用时的口感更加滋润顺口。

◎所有的中药材需要冷藏，才可以保持新鲜，要选用优质的、有标示保存期限的药材。

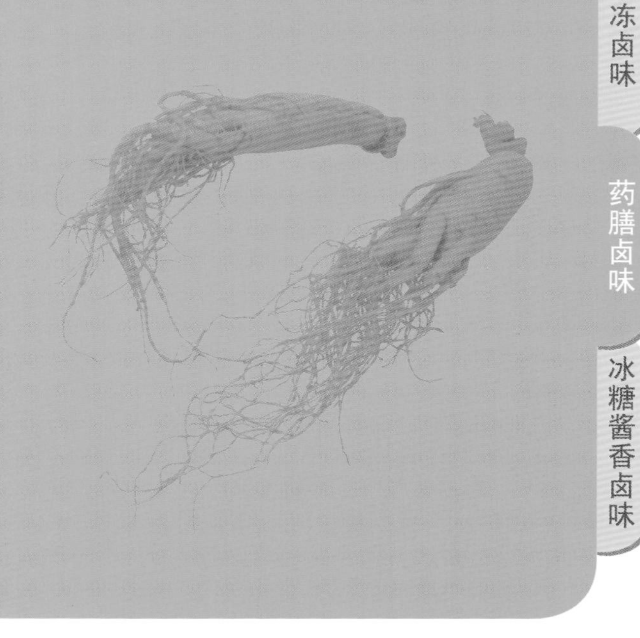

药膳卤汁

材　料

A 八角 ……… 1g
熟地 ……… 80g
桂枝 ……… 9g
黄芪 ……… 20g
人参须 …… 35g
川芎 ……… 5g
当归 ……… 5g
桂皮 ……… 5g
甘草 ……… 5g
罗汉果 …… 1/4 个

B 洋葱 ………… 2 个
老姜 ………… 300g
大辣椒 ……… 2 根

调味料

盐 ……………… 600g
冰糖……………… 600g
公卖局绍兴酒…… 600mL
公卖局红标米酒… 600mL
水 ……………… 20L

做　法

1. 材料 B 洗净后，将洋葱切除头尾后去外皮，再剖成对半；将老姜拍碎；将大辣椒去蒂，备用。
2. 罗汉果拍碎后，与其他材料 A 及处理好的材料 B 一起装入棉布袋中绑紧，即为药膳卤包。
3. 大汤锅中先放入药膳卤包及所有调味料，以大火煮滚后盖上锅盖，转中小火续煮 30 分钟至散发出中药香味，即完成药膳卤汁 (分量约 20L)。

卤制食材

棒棒鸡腿、鸡胗、鸡心、鸡脚、两节鸡翅各适量（总计约 10kg）

卤制方法

1. 请依照 p49~p51【食材处理宝典】将所有食材处理好，备用。
2. 熬制一锅药膳卤汁，先开大火再次煮滚后转中火，立即放入棒棒鸡腿加盖煮 10 分钟；拿掉锅盖，再放入鸡胗煮 5 分钟；再放入鸡心、鸡脚及两节鸡翅续煮 5 分钟，即可关火。全部卤煮过程共 20 分钟。
3. 将所有食材留在原锅中，不需加盖，浸泡 2 小时后捞出，放在上层有漏孔的双层大钢盆中，静置 2~3 小时，放凉并沥干卤汁，待凉后分类放入长方形不锈钢盘中，均匀涂上香油即可。

¥ 售卖方式

1. 将所有卤好的食材连同钢盘一同排入展售柜中，依【单品销售法】计价。
2. 待客人点选后，将各种食材切成适当大小后排盘或装袋即可。

药膳卤味卤制简表

品名	火候	加盖	卤制时间	浸泡时间
1 棒棒鸡腿	中火	前 10 分钟	20 分钟	2 小时
2 鸡胗	中火	×	10 分钟	2 小时
3 鸡心	中火	×	5 分钟	2 小时
4 鸡脚	大火	×	5 分钟	2 小时
5 两节鸡翅	大火	×	5 分钟	2 小时

1. 棒棒鸡腿

	计价分量	建议售价	材料成本	销售毛利	保存时间
现场售卖	1 只	10 元	5 元	5 元	3 天
真空包装	4 只	40 元	20 元	20 元	7 天

◎点用后处理法

→可整只卖，若客人要切，也可以每只横向剁成 6~7 块后排盘或装袋。

2. 鸡胗

	计价分量	建议售价	材料成本	销售毛利	保存时间
现场售卖	100g	10 元	3 元	7 元	3 天
真空包装	200g	20 元	6 元	14 元	7 天

◎点用后处理法

→直接排盘或装袋，再浇淋些许卤汁即可。

3. 鸡心

	计价分量	建议售价	材料成本	销售毛利	保存时间
现场售卖	100g	10 元	3 元	7 元	3 天
真空包装	200g	20 元	6 元	14 元	7 天

◎点用后处理法

→直接排盘或装袋，再浇淋些许卤汁即可。

4. 鸡脚

	计价分量	建议售价	材料成本	销售毛利	保存时间
现场售卖	1 只	2 元	1 元	1 元	3 天
真空包装	10 只	20 元	8 元	12 元	7 天

◎点用后处理法

→直接排盘或装袋即可。

5. 两节鸡翅

	计价分量	建议售价	材料成本	销售毛利	保存时间
现场售卖	1 只	4 元	2 元	2 元	3 天
真空包装	8 只	32 元	16 元	16 元	7 天

◎点用后处理法

→可整只卖，若客人要切，也可将每只横向剁成 3 块后排盘或装袋。

冰糖酱香卤味

风味香甜，适合偏爱甜食的顾客，可当成休闲小零食。

售卖方式	保存温度	保存时间
现场销售	常温	8 小时
	冷藏 4℃以下	3 天
真空宅配	冷藏 4℃以下	7~14 天

开店秘技

◎冰糖酱香卤汁的味道较浓郁，可以重复使用约 5 次。也因为卤汁会重复使用，因此汆烫全鸭时要另煮一锅滚水，以免鸭的腥味破坏了卤汁的品质。

◎卤制全鸭的时间，这里是以 1.5kg 的光鸭（指已处理好的去毛、去内脏的鸭）为标准，卤的时间为 50 分钟。若全鸭是 1.75kg，则卤的时间要改为 55 分钟，即每多 250g，时间要增加 5 分钟，以此类推。至于浸泡的时间皆为 1 小时，不必随着重量调整。

◎卤煮全鸭前需先用滚水汆烫，让滚水从鸭脖处的洞口流进鸭身内部，如此可使全鸭的内外温度一致，在卤煮时才会受热更均匀，不会有外部肉质过老、内部却不够熟的情形发生。

◎由于这道卤汁的味道重，所以浸泡时要尽量抓准时间，以免泡太久使成品过咸。

◎这道卤味冰凉后风味绝佳，因此卤制好放凉并刷上香油后，也可马上装袋，再放入冰箱冷藏至冰凉后再售卖。如以风味和口感来评比，刚卤好放室温的成品吃起来较顺口，香气逼人且口感滑嫩；冰过的口感清爽，风味则是越嚼越香，可让客人根据喜好选择。

冰糖酱香卤汁

材料

A 八角……50g
甘草……70g
陈皮……20g
桂皮……50g

B 洋葱……1 个
老姜……300g

调味料

冰糖……1400g
黑糖……900g
麦芽糖……600g
盐……20g
金味王酱油……3200mL
公卖局红标米酒……1200mL
水……20L
黄色 5 号食用色素 2 小匙
五香粉……1 大匙
焦糖色素……100g

做法

1. 材料 B 洗净后，将洋葱切除头尾后去外皮，再剖成对半；将老姜拍碎，备用。
2. 将材料 A、B 全部装入棉布袋中绑紧，即为冰糖酱香卤包。
3. 大汤锅中先放入冰糖酱香卤包及所有调味料，以大火煮滚后盖上锅盖，转中小火续煮 30 分钟至散发出中药香味，即完成冰糖酱香卤汁（分量约 20L）。

卤制食材

全鸭（每只约 1.5kg） 6 只，鸭头连脖子、鸭翅、鸭脚、鸡屁股、鸭胗、鸭舌、两节鸭翅、白煮蛋各适量（总计约 10kg）

卤制方法

1. 请依照 p49~p51【食材处理宝典】将所有食材处理好，再熬制 2 锅冰糖酱香卤汁（各约 20L），备用。
2. 先开大火将第 1 锅卤汁再次煮滚后转中火，另煮滚一锅水（约 10L），用手抓住全鸭的脖子最上方，将鸭身及一半的鸭脖浸入滚水中再提起，重复此动作 3~4 次，再迅速将全鸭轻轻放入卤汁中，不加盖煮 50 分钟后关火。
3. 第 2 锅卤汁也先以大火煮滚，转中火，立即放入鸭头连脖子、鸭翅、鸭脚不加盖煮 10 分钟；再放入鸡屁股、鸭胗不加盖煮 10 分钟；再放入鸭舌不加盖煮 5 分钟；再放入两节鸡翅、白煮蛋不加盖续煮 5 分钟，即可关火。全部卤煮过程共 40 分钟。
4. 第 1 锅的全鸭煮好后先留在原锅中，不需加盖，浸泡 1 小时后捞出，放在上层有漏孔的双层大钢盆中，静置 2~3 小时，放凉并沥干卤汁，待凉后放入长方形不锈钢盘中，均匀涂上香油即可。
5. 第 2 锅的食材煮好后也先留在原锅中，不需加盖，浸泡 40 分钟后先捞出鸭头连脖子；再浸泡 20 分钟后捞出其余食材；依捞出时间分装入数个上层有漏孔的双层大钢盆中，分别静置 2~3 小时，放凉并沥干卤汁，待凉后分类放入长方形不锈钢盘中，均匀涂上香油即可。

冰糖酱香卤味卤制简表

品名	火候	加盖	卤制时间	浸泡时间
1 全鸭	中火	×	50 分钟	1 小时
2 鸭头连脖子	中火	×	30 分钟	40 分钟
3 鸭翅	中火	×	30 分钟	1 小时
4 鸭脚	中火	×	30 分钟	1 小时
5 鸡屁股	中火	×	20 分钟	1 小时
6 鸭胗	中火	×	20 分钟	1 小时
7 鸭舌	中火	×	10 分钟	1 小时
8 两节鸭翅	中火	×	5 分钟	1 小时
9 卤蛋	中火	×	5 分钟	1 小时

售卖方式

1. 将卤好的全鸭取一整只或半只连同钢盘一同排入展售柜中，其余的放入冷藏柜中妥善保存以便随时取用（最好能封膜或装入塑料袋中以免表皮变干）。售卖全鸭时通常以整只、半只或 1/4 只为单位计价，若要作为面店兼卖的小吃，则可以称重方式或以盘计价（1 盘约 300g）。
2. 待客人点选后，将各种材料切成适当大小后排盘或装袋，依客人喜好均匀撒上适量白胡椒、盐、辣椒粉即可。

单品销售法

1. 全鸭

	计价分量	建议售价	材料成本	销售毛利	保存时间
现场售卖	300g	16 元	5 元	11 元	3 天
真空包装	1/4 只	24 元	8 元	16 元	14 天

◎点用后处理法

→每只先从脖子处剁开后，再将鸭头跟鸭脖子剁开，把鸭头对剖成两半，脖子则剁成长约 3cm 的小段；鸭身部分先对剖成半只，每半只先纵向剁成对半，再横向剁成厚约 2cm 的块状后排盘或装袋即可。

注：全鸭 1/4 只约 450g。

2. 鸭头连脖子

	计价分量	建议售价	材料成本	销售毛利	保存时间
现场售卖	1只	13元	3元	10元	3天
真空包装	4只	52元	12元	40元	14天

◎点用后处理法

→将鸭头跟脖子先剁开，把鸭头对剖两半，脖子剁成长约3cm的小段后排盘或装袋即可。

3. 鸭翅

	计价分量	建议售价	材料成本	销售毛利	保存时间
现场售卖	1只	6元	3元	3元	3天
真空包装	4只	24元	11元	13元	14天

◎点用后处理法

→可整只卖，也可将每只纵向剁成4块后排盘或装袋。

注：将鸭翅纵向剁的好处是方便入口，食用时骨头不易刺伤嘴，切口也较不会有小碎骨。

4. 鸭脚

	计价分量	建议售价	材料成本	销售毛利	保存时间
现场售卖	1只	1.5元	0.5元	1元	3天
真空包装	10只	15元	5元	10元	14天

◎点用后处理法

→直接排盘或装袋即可。

5. 鸡屁股

	计价分量	建议售价	材料成本	销售毛利	保存时间
现场售卖	1串5个	6元	2元	4元	3天
真空包装	200g	20元	6元	14元	14天

◎点用后处理法

→直接排盘或装袋即可。

6. 鸭胗

	计价分量	建议售价	材料成本	销售毛利	保存时间
现场售卖	1个	5元	2元	3元	3天
真空包装	150g	20元	6元	14元	14天

◎点用后处理法

→可整个卖，也可将每个纵向切成5~6片后排盘或装袋。

7. 鸭舌

	计价分量	建议售价	材料成本	销售毛利	保存时间
现场售卖	1只	3元	1.5元	1.5元	3天
真空包装	10只	30元	15元	15元	14天

◎点用后处理法

→直接排盘或装袋即可。

8. 两节鸡翅

	计价分量	建议售价	材料成本	销售毛利	保存时间
现场售卖	1只	4元	2元	2元	3天
真空包装	6只	24元	10元	14元	7天

◎点用后处理法

→可整只卖，也可将每只横向剁成3块后排盘或装袋。

9. 卤蛋

	计价分量	建议售价	材料成本	销售毛利	保存时间
现场售卖	1个	2元	1元	1元	3天
真空包装	5个	10元	5元	5元	7天

◎点用后处理法

→可整个卖，若客人要切，也可将每个对切成两半后排盘或装袋。

蜜汁卤味

风味浓郁甘甜，因为添加蜂蜜，使得成品格外清香、油亮、滑润，特别适合推荐给女性和小朋友。

售卖方式	保存温度	保存时间
现场销售	常温	8 小时
	冷藏 4℃以下	3~5 天
真空宅配	冷藏 4℃以下	7~14 天

开店秘技

◎这道卤味的第 1 次卤汁可以重复使用 5 次，再当成第 2 次卤汁，卤过 1 次小豆干等食材后便要丢弃。

◎小豆干、米血糕、圆片甜不辣等食材容易使卤汁变酸，因此不适合与肉类食材一起卤制。

◎重复使用第 1 次卤汁或第 2 次卤汁卤制前一定要先捞除表面的浮油，以免卤汁产生腥味，同时也能避免卤好的食材变质，延长保存期限。

◎蜂蜜建议选用纯正的龙眼蜜，在卤汁中添加蜂蜜，不但能让成品的风味清香，外表光亮诱人，同时也有保水、使口感滑润多汁的作用。

¥ 售卖方式

1 将所有卤好的食材连同钢盘一同排入展售柜中，依【单品销售法】计价。

2 待客人点选后，将各种食材切成适当大小后排盘或装袋，再依客人喜好搭配酸菜心（p46），附上适量麻辣酱（p42）即可。

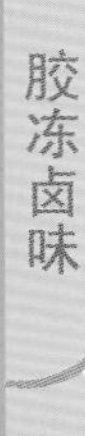

蜜汁卤汁

材　料

A 八角 ……… 10g
草果 ……… 15g
丁香 ……… 2g
三柰 ……… 15g
小茴香 …… 5g
甘草 ……… 5g
月桂叶 …… 1g
陈皮 ……… 5g
桂皮 ……… 2g
B 洋葱 ……… 2 个
老姜 ……… 150g

调味料

冰糖………………… 400g
蜂蜜………………… 200g
麦芽糖……………… 200g
盐 ………………… 400g
金味王酱油……… 1600mL
公卖局白葡萄酒… 300mL
水 ………………… 20L
焦糖色素………… 1 小匙
黄色 5 号食用色素 2 小匙

做　法

1. 材料 B 洗净后，将洋葱切除头尾后去外皮，再剖成对半；将老姜拍碎，备用。
2. 将材料 A、B 全部装入棉布袋中绑紧，即为蜜汁卤包。
3. 大汤锅中先放入蜜汁卤包及所有调味料，以大火煮滚后盖上锅盖，转中小火续煮 30 分钟至散发出中药香味，即完成蜜汁卤汁（分量约 20L）。

第1次卤汁

卤制食材

牛腱、鸭翅、棒棒鸡腿、鸭舌、鸡胗、鸡心、鸡肝、两节鸡翅各适量（总计约10kg）

卤制方法

1. 请依照p49~p51【食材处理宝典】将所有食材处理好，备用。
2. 熬制一锅蜜汁卤汁，先开大火再次煮滚后转中火，立即放入牛腱加盖煮55分钟；拿掉锅盖，再放入鸭翅不加盖煮15分钟；再放入棒棒鸡腿不加盖煮10分钟；再放入鸭舌、鸡胗不加盖煮5分钟；再放入鸡心、鸡肝、两节鸡翅不加盖续煮5分钟，即可关火。全部卤煮过程共90分钟。
3. 将所有食材留在原锅中，不需加盖，浸泡1小时后捞出，放在上层有漏孔的双层大钢盆中，静置2~3小时，放凉并沥干卤汁，待凉后分类放入长方形不锈钢盘中，均匀涂上香油即可。

第2次卤汁

卤制食材

豆干丁、米血糕、圆片甜不辣各适量（总计约10kg）

卤制方法

1. 请依照p49~p51【食材处理宝典】将所有食材处理好，备用。
2. 将第1次卤汁表面的浮油捞除，开大火再次煮滚。
3. 保持大火，放入豆干丁加盖煮30分钟；再放入米血糕，加盖煮3分钟；再放入圆片甜不辣加盖续煮7分钟，即可关火。全部卤煮过程共40分钟。
4. 拿掉锅盖，将豆干丁及圆片甜不辣捞出，放在上层有漏孔的双层大钢盆中，静置1~2小时，放凉并沥干卤汁，待凉后分类放入长方形不锈钢盘中，均匀涂上香油即可。
5. 将米血糕留在原锅中，不需加盖，浸泡2小时后捞出，放在上层有漏孔的双层大钢盆中，静置1~2小时，放凉并沥干卤汁，待凉后分类放入长方形不锈钢盘中，均匀涂上香油即可。

蜜汁卤味卤制简表

第1次卤汁 品名	火候	加盖	卤制时间	浸泡时间
1 牛腱	中火	√	90分钟	1小时
2 鸭翅	中火	×	35分钟	1小时
3 棒棒鸡腿	中火	×	20分钟	1小时
4 鸭舌	中火	×	10分钟	1小时
5 鸡胗	中火	×	10分钟	1小时
6 鸡心	中火	×	5分钟	1小时
7 鸡肝	中火	×	5分钟	1小时
8 两节鸡翅	中火	×	5分钟	1小时
第2次卤汁 品名	**火候**	**加盖**	**卤制时间**	**浸泡时间**
9 豆干丁	大火	√	40分钟	×
10 米血糕	大火	√	10分钟	2小时
11 圆片甜不辣	大火	√	7分钟	×

单品销售法

1. 牛腱

	计价分量	建议售价	材料成本	销售毛利	保存时间
现场售卖	100g	18元	6元	12元	5天
真空包装	200g	36元	12元	24元	14天

◎点用后处理法

→每块先纵向切对半，再横向切成厚约0.5cm的薄片后排盘或装袋，搭配酸菜心，附上适量麻辣酱即可。

2. 鸭翅

	计价分量	建议售价	材料成本	销售毛利	保存时间
现场售卖	1只	6元	2元	4元	3天
真空包装	4只	24元	10元	14元	14天

◎**点用后处理法**

→可整只卖，若客人要切，也可将每只横向剁成3块后排盘或装袋，搭配酸菜心，附上适量麻辣酱即可。

3. 棒棒鸡腿

	计价分量	建议售价	材料成本	销售毛利	保存时间
现场售卖	1只	10元	5元	5元	3天
真空包装	4只	40元	20元	20元	7天

◎**点用后处理法**

→每只横向剁成6~7块后排盘或装袋，搭配酸菜心，附上适量麻辣酱即可。

4. 鸭舌

	计价分量	建议售价	材料成本	销售毛利	保存时间
现场售卖	1只	3元	1.5元	1.5元	3天
真空包装	10只	30元	15元	15元	10天

◎**点用后处理法**

→直接排盘或装袋，搭配酸菜心，附上适量麻辣酱即可。

5. 鸡胗

	计价分量	建议售价	材料成本	销售毛利	保存时间
现场售卖	100g	10元	3元	7元	3天
真空包装	200g	20元	6元	14元	7天

◎**点用后处理法**

→可整个卖，若客人要切，也可纵向切成3~4片后排盘或装袋，搭配酸菜心，附上适量麻辣酱即可。

6. 鸡心

	计价分量	建议售价	材料成本	销售毛利	保存时间
现场售卖	100g	10元	3元	7元	3天
真空包装	200g	20元	6元	14元	7天

◎**点用后处理法**

→直接排盘或装袋，搭配酸菜心，附上适量麻辣酱即可。

7. 鸡肝

	计价分量	建议售价	材料成本	销售毛利	保存时间
现场售卖	1个	2元	0.5元	1.5元	3天
真空包装	6个	12元	3元	9元	7天

◎**点用后处理法**

→每个纵向切成厚约1cm的片状后排盘或装袋，搭配酸菜心，附上适量麻辣酱即可。

8. 两节鸡翅

	计价分量	建议售价	材料成本	销售毛利	保存时间
现场售卖	1只	5元	2元	3元	3天
真空包装	8只	40元	16元	24元	7天

◎**点用后处理法**

→可整只卖，若客人要切，也可将每只横向剁成3块后排盘或装袋，搭配酸菜心，附上适量麻辣酱即可。

9. 豆干丁

	计价分量	建议售价	材料成本	销售毛利	保存时间
现场售卖	100g	4元	1元	3元	3天
真空包装	300g	12元	3元	9元	7天

◎**点用后处理法**

→直接排盘或装袋，搭配酸菜心，附上适量麻辣酱即可。

10. 米血糕

	计价分量	建议售价	材料成本	销售毛利	保存时间
现场售卖	100g	3元	1元	2元	8小时
真空包装	不适合真空包装				

◎**点用后处理法**

→每块横向均分切成4~5小块后排盘或装袋，搭配酸菜心，附上适量麻辣酱即可。

11. 圆片甜不辣

	计价分量	建议售价	材料成本	销售毛利	保存时间
现场售卖	4片	5元	2元	3元	8小时
真空包装	不适合真空包装				

◎**点用后处理法**

→每片均分切成4~5小片后排盘或装袋，搭配酸菜心，附上适量麻辣酱即可。

红糟卤味

因添加红糟而散发出独特迷人的酒香，具有保健脾胃、促进血液循环的养生效果，最适合女性和年长朋友享用。

售卖方式	保存温度	保存时间
现场销售	常温	4 小时
	冷藏 4℃以下	3~5 天
真空宅配	冷藏 4℃以下	7~14 天

开店秘技

◎这道卤味的第 1 次卤汁可以重复使用 5 次，再当成第 2 次卤汁，卤过 1 次豆干等食材后便要丢弃。

◎豆干、白煮蛋、米血糕、海带结、圆片甜不辣等食材容易使卤汁变酸，因此不适合与肉类食材一起卤制。

◎重复使用第 1 次卤汁或第 2 次卤汁卤制前一定要先捞除表面的浮油，以免卤汁产生腥味，同时也能避免卤好的食材变质，延长保存期限。

红糟卤汁

材　料

A 八角 ········· 10g
　甘草 ········· 10g
　花椒粒 ······ 10g
　桂皮 ········· 10g
　干朝天椒 ··· 10g
B 老姜 ········· 200g
C 猪大骨 ······ 1000g
　鸡胸骨 ······ 1000g
　水 ············ 20L

调味料

红糟酱··············· 1200g
(做法见 p45)
盐 ················· 300g
冰糖················· 300g
公卖局红标米酒··· 1000mL
麻油················· 100mL

做　法

1. 将老姜洗净后拍碎，备用。
2. 将材料 A、B 全部装入棉布袋中绑紧，即为红糟卤包。
3. 将猪大骨及鸡胸骨放入滚水中，以大火煮 5 分钟后捞出，冲刷洗净备用。
4. 大汤锅中先放入材料 C，开大火煮滚，再转中火续煮 60 分钟即完成高汤。接着过滤高汤并捞除浮油，再放入红糟卤包及调味料，以大火煮滚后盖上锅盖，转中小火续煮 30 分钟至散发出中药香味，即完成红糟卤汁(分量约 20L)。

第1次卤汁

卤制食材

猪前蹄、鸭脖子、鸭翅、鸭脆肠、鸭舌、鸡脚各适量（总计约 10kg）

卤制方法

1. 请依照 p49~p51【食材处理宝典】将所有食材处理好，备用。
2. 熬制一锅红糟卤汁，先开大火再次煮滚后转中火，立即放入猪前蹄加盖煮 25 分钟；拿掉锅盖，放入鸭脖子不加盖煮 10 分钟；再放入鸭翅不加盖煮 15 分钟；再放入鸭脆肠、鸭舌不加盖煮 5 分钟；再放入鸡脚不加盖续煮 5 分钟，即可关火。全部卤煮过程共 1 小时。
3. 将所有食材留在原锅中，不需加盖，浸泡 1 小时后先捞出鸡脚；再浸泡 1 小时后，捞出其余食材；依捞出时间分装入数个上层有漏孔的双层大钢盆中，分别静置 2~3 小时，放凉并沥干卤汁，待凉后分类放入长方形不锈钢盘中，均匀涂上香油即可。

第2次卤汁

卤制食材

豆干、白煮蛋、米血糕、海带结、圆片甜不辣各适量（总计约 10kg）

卤制方法

1. 请依照 p49~p51【食材处理宝典】将所有食材处理好，备用。
2. 将第 1 次卤汁表面的浮油捞除，开大火再次煮滚。
3. 保持大火，放入豆干加盖煮 10 分钟；再放入白煮蛋加盖煮 20 分钟；再放入米血糕、海带结加盖煮 3 分钟；再放入圆片甜不辣加盖续煮 7 分钟，即可关火。全部卤煮过程共 40 分钟。
4. 拿掉锅盖，将豆干、海带结及圆片甜不辣捞出，放在上层有漏孔的双层大钢盆中，静置 1~2 小时，放凉并沥干卤汁，待凉后分类放入长方形不锈钢盘中，均匀涂上香油即可。
5. 将卤蛋、米血糕留在原锅中，不需加盖，浸泡 2 小时后捞出，放在上层有漏孔的双层大钢盆中，静置 1~2 小时，放凉并沥干卤汁，待凉后分类放入长方形不锈钢盘中，均匀涂上香油即可。

红糟卤味卤制简表

第 1 次卤汁 品名	火候	加盖	卤制时间	浸泡时间
1 猪前蹄	中火	√	1 小时	2 小时
2 鸭脖子	中火	×	35 分钟	2 小时
3 鸭翅	中火	×	25 分钟	2 小时
4 鸭脆肠	中火	×	10 分钟	2 小时
5 鸭舌	中火	×	10 分钟	2 小时
6 鸡脚	中火	×	5 分钟	1 小时
第 2 次卤汁 品名	**火候**	**加盖**	**卤制时间**	**浸泡时间**
7 豆干	大火	√	40 分钟	×
8 卤蛋	大火	√	30 分钟	2 小时
9 米血糕	大火	√	10 分钟	2 小时
10 海带结	大火	√	10 分钟	×
11 圆片甜不辣	大火	√	7 分钟	×

¥ 售卖方式

1 将所有卤好的食材连同钢盘一同排入展售柜中，依【单品销售法】计价。

2 待客人点选后，将各种食材切成适当大小后排盘或装袋，再依客人喜好搭配酸菜心（p46）或葱花即可。

单品销售法

◎**点用后处理法**

→每个均分剁成 6 小块后排盘或装袋，搭配酸菜心或葱花即可。

1. 猪前蹄

	计价分量	建议售价	材料成本	销售毛利	保存时间
现场售卖	150g	10 元	4 元	6 元	3 天
真空包装	300g	20 元	8 元	12 元	14 天

◎**点用后处理法**

→剁成长约 3cm 的小段后排盘或装袋，搭配酸菜心或葱花即可。

2. 鸭脖子

	计价分量	建议售价	材料成本	销售毛利	保存时间
现场售卖	1 只	5 元	1.5 元	3 元	3 天
真空包装	4 只	20 元	6 元	14 元	14 天

3. 鸭翅

	计价分量	建议售价	材料成本	销售毛利	保存时间
现场售卖	1 只	6 元	2 元	4 元	3 天
真空包装	4 只	24 元	10 元	14 元	14 天

◎**点用后处理法**

→可整只卖，也可将每只纵向剁成 4 块后排盘或装袋，搭配酸菜心或葱花即可。

注：将鸭翅纵向剁的好处是方便入口，食用时骨头不易刺伤嘴，切口也不会有小碎骨。

4. 鸭脆肠

	计价分量	建议售价	材料成本	销售毛利	保存时间
现场售卖	100g	10 元	3 元	7 元	3 天
真空包装	200g	20 元	6 元	14 元	14 天

◎**点用后处理法**

→切成长 3~4cm 的小段后排盘或装袋，搭配酸菜心或葱花即可。

5. 鸭舌

	计价分量	建议售价	材料成本	销售毛利	保存时间
现场售卖	1 只	3 元	1.5 元	1.5 元	3 天
真空包装	10 只	30 元	15 元	15 元	14 天

◎**点用后处理法**

→直接排盘或装袋，搭配酸菜心或葱花即可。

6. 鸡脚

	计价分量	建议售价	材料成本	销售毛利	保存时间
现场售卖	1 只	2 元	1 元	1 元	3 天
真空包装	10 只	20 元	8 元	12 元	14 天

◎**点用后处理法**

→直接排盘或装袋，搭配酸菜心或葱花即可。

7. 豆干

	计价分量	建议售价	材料成本	销售毛利	保存时间
现场售卖	100g	4 元	1 元	3 元	3 天
真空包装	300g	12 元	3 元	9 元	7 天

◎**点用后处理法**

→可整块卖，若客人要切，每个均分切成 5~6 小片后排盘或装袋，搭配酸菜心或葱花即可。

8. 卤蛋

	计价分量	建议售价	材料成本	销售毛利	保存时间
现场售卖	1 个	2 元	1 元	1 元	3 天
真空包装	5 个	10 元	5 元	5 元	7 天

◎**点用后处理法**

→可直接卖，若客人要切，每个对切成两半后排盘或装袋，搭配酸菜心或葱花即可。

9. 米血糕

	计价分量	建议售价	材料成本	销售毛利	保存时间
现场售卖	100g	3 元	1 元	2 元	不宜冷藏
真空包装	不适合真空包装				

◎**点用后处理法**

→每块先对切成两半，再斜切成三角形后排盘或装袋，搭配酸菜心或葱花即可。

10. 海带结

	计价分量	建议售价	材料成本	销售毛利	保存时间
现场售卖	100g	4 元	1 元	3 元	3 天
真空包装	250g	10 元	2.5 元	7.5 元	7 天

◎**点用后处理法**

→直接排盘或装袋，搭配酸菜心或葱花即可。

11. 圆片甜不辣

	计价分量	建议售价	材料成本	销售毛利	保存时间
现场售卖	4 片	5 元	2 元	3 元	不宜冷藏
真空包装	不适合真空包装				

◎**点用后处理法**

→可整片卖，若客人要切，也可将每片均分切成 4~5 小片后排盘或装袋，搭配酸菜心或葱花即可。

道口烧鸡

因受到慈禧青睐而名满天下，有着酥黄诱人的外表及深入骨髓的扑鼻卤香。

售卖方式	保存温度	保存时间
现场销售	常温	4 小时
	冷藏 4℃以下	3 天
真空宅配	冷藏 4℃以下	7 天

开店秘技

◎道口烧鸡卤汁很适合沿用陈年老卤卤汁（p56）的概念循环使用，即先制作一锅新卤汁当母锅，再舀取适量卤汁作为子锅（建议至少 10L）。每锅子锅可重复卤制食材约 5 次再丢弃；而母锅的卤汁变少时，可以再依比例加入新的卤汁混合煮滚，这样卤汁就会因一直循环滚煮，变得越来越香醇浓郁。

◎制作道口烧鸡用的全鸡建议选择仿土鸡，口感比肉鸡佳，成本也较合理；若欲使用土鸡，则售价可再提高些。购买全鸡时请买传统市场中已处理好的去毛、去内脏的光鸡，约 1.25kg 重的大小最适中。

◎卤制全鸡时必须小心控制火候，卤汁不可以滚起或沸腾，最佳温度是维持在 90~95℃，如果火力太大，会使鸡皮破损、肉质老化。

◎全鸡先炸过再卤，能为成品添加酥香风味，且外观会更酥黄油亮。此外也可让热油从鸡脖处的洞口流进体内，使全鸡的内外温度一致，在卤煮时受热更均匀。

◎道口烧鸡专用酱汁可冷藏保存 14 天，一定要完全放凉后再放入冰箱，每天只要取出当天适用的量，以小火加热煮滚后再放凉即可。

◎凉拌道口烧鸡是相当开胃的佳肴，夏季时可先冷藏至冰凉后再售卖，不但适合当卤味店、菜馆、面店的招牌小菜，也很适合个人用心学习，当作自己的拿手私房菜。

道口烧鸡卤汁

材　料

A 八角……100g
甘草……10g
花椒粒……20g
陈皮……10g
桂皮……100g
草果……30g
三柰……50g
小茴香……20g
砂仁……10g
丁香……5g
干朝天椒……10g

B 老姜……150g
葱……100g

调味料

A 盐……60g

B 冰糖……600g
味素……100g
公卖局花雕酒……600mL
公卖局红标米酒……600mL
水……20L
焦糖色素……2 大匙

做　法

1. 材料 B 洗净后，将老姜拍碎；将葱切除根部，再切成 3 段。
2. 将材料 A、B 全部装入棉布袋中绑紧，即为道口烧鸡卤包。
3. 取一中华炒锅，放入盐，用中小火不停拌炒，约 5 分钟后呈土黄色时，即可倒入大汤锅里，再加入道口烧鸡卤包及调味料 B，以大火煮滚后盖上锅盖，转中小火续煮 30 分钟至散发出中药香味，即完成道口烧鸡卤汁（分量约 20L）。

道口烧鸡卤制简表			
火候	加盖	卤制时间	浸泡时间
小火	×	30 分钟	1 小时

卤制食材

全鸡（每只约 1.25kg）8 只

调味料

盐 200g、百草粉 2 小匙

卤制方法

1. 请依照 p49~p51【食材处理宝典】将全鸡处理好，备用。
2. 把全鸡全身及肚内均匀涂抹上盐、百草粉，放入冰箱冷藏腌渍 2~3 小时。
3. 准备直径 55cm 的大铁锅，倒入油至八分满，开大火，烧热至 150℃，把腌渍好的全鸡沥干水分后放入热油里，炸至表皮呈金黄色后（8~10 分钟）取出，滴干油备用。
4. 熬制一锅道口烧鸡卤汁，先开大火再次煮滚后转小火，立即将全鸡轻轻放入卤汁中，不加盖煮 30 分钟后关火。
5. 将全鸡留在原锅中，不需加盖，浸泡 1 小时后捞出，放在上层有漏孔的双层大钢盆中，静置 2~3 小时，放凉并沥干卤汁，待凉后放入长方形不锈钢盘中，均匀涂上香油即可。

道口烧鸡专用酱汁

材料

芝麻酱 → 300g
二砂糖 → 300g
味素 → 50g
道口烧鸡卤汁 → 2000mL
公卖局红标米酒 → 200mL
水 → 2000mL

做法

取 2000mL 卤过 1 次全鸡的道口烧鸡卤汁放入锅中，先捞除表面浮油，再加入其余材料，开中火，用汤勺不停地搅拌，直到芝麻酱完全散开，再持续煮滚 5 分钟后关火，放凉后即可使用。

凉拌道口烧鸡

材　料

冷却的道口烧鸡……… 1 只
小黄瓜………………… 200g
粉皮…………………… 200g
香菜…………………… 50g
葱　…………………… 2 支
道口烧鸡专用酱汁…… 300mL

做　法

1. 带上手扒鸡手套，用手撕取烧鸡肉（连皮），成为长约 5cm、宽约 2cm 的小片状，备用。
2. 将小黄瓜洗净，与粉皮分别切丝；将香菜洗净，切成 2cm 小段；将葱洗净后切成葱花，备用。
3. 将撕好的烧鸡肉片与小黄瓜丝、粉皮丝、香菜段、葱花及道口烧鸡专用酱汁混合拌匀，再用小盘盛装即可（可做出 6~7 盘，每盘约 200g）。

¥ 售卖方式

1. 售卖时通常以整只、半只或 1/4 只为单位计价，可取几只卤好的道口烧鸡以铁钩吊挂在展售柜上吸引顾客，其余的放入冷藏柜中妥善保存，以便随时取用（最好先封膜或装袋以免表皮变干）。
2. 待客人点选后，将道口烧鸡剁成适当大小后排盘或装盒，附上适量道口烧鸡专用酱汁当蘸酱即可（若为现场点用，排盘时可放生菜叶垫底，以提升卖相）。
3. 凉拌道口烧鸡则可事先做好后装盘或装盒，放入冷藏展售柜中供顾客点选（建议一次不要做太多，以免放久了口感不佳，可以 6 盘为单位，卖完了再补上新的）。

单品销售法

此处中的计价分量是以最小单位为基准，分量大时请自行倍乘。若客人购买时是整只外带，由于可省去不少点用后的处理手续，因此可依参考售价的 9 折出售以吸引顾客购买。

1. 道口烧鸡

	计价分量	建议售价	材料成本	销售毛利	保存时间
现场售卖	200g	30 元	14 元	16 元	3 天
真空包装	1/2 只	70 元	30 元	40 元	14 天

◎点用后处理法

→每只先从脖子处剁开后，再将鸡头跟鸡脖子剁开，把鸡头对剖成两半，脖子则剁成长约 3cm 的小段；鸡身部分先对剖成半只，每半只纵向剁成对半，再横向剁成厚约 2cm 的块状后排盘或装袋，附上适量道口烧鸡专用酱汁当蘸酱即可。

注：每只鸡约需附上 1 杯卤汁，以此类推。

2. 凉拌道口烧鸡

	计价分量	建议售价	材料成本	销售毛利	保存时间
现场售卖	200g	30 元	14 元	16 元	3 天
真空包装	不适合真空包装				

◎点用后处理法

→营业前请依照左侧做法制作并装盘，待客人取用。

万峦猪脚

浓醇的卤汁香味凝结在猪脚内，一切开便散发诱人肉香，尝起来软中带一丝筋道，且香气四溢，是男女老少都着迷的美食。

售卖方式	保存温度	保存时间
现场销售	常温	4 小时
	冷藏 4℃以下	3 天
真空宅配	冷藏 4℃以下	7 天

开店秘技

◎万峦猪脚卤汁的味道较浓郁，可以重复使用约 5 次。

◎万峦猪脚卤汁很适合沿用陈年老卤卤汁（p56）的概念循环使用，即先制作一锅新卤汁当母锅，再舀取适量卤汁作为子锅（建议至少 10L），每锅子锅可重复卤制食材约 5 次再丢弃；而母锅的卤汁变少时，可以再依比例加入新的卤汁混合煮滚，这样卤汁就会因一直循环滚煮，变得越来越香醇浓郁。

◎若生意量较大，可将所有卤汁材料及调味料倍乘，做出较大锅的母锅，再依需求分出数个子锅；传统的做法会将母锅妥善保存，每隔 12 小时就会煮滚 1 次以便冷冻保存。

◎将猪后腿汆烫后再泡冰块水，可使肉质更筋道、更有弹性，同时也有去除油腻的效果。

◎猪后腿卤好后一定要浸泡足 1 小时，才能让卤汁充分渗入骨髓中，进而将骨头的腥味转化为香味。

◎万峦猪脚专用酱汁配方可做出 6 杯酱汁。由于冰凉后风味绝佳，且蒜泥放置在常温下超过 8 小时，就会开始发酵变质，因此建议做好后立即冷藏保存，最多可保存 30 天。

◎【单品销售法】中的计价分量是以最小单位为基准，分量大时请自行倍乘。若客人购买时是整只外带，由于可省去点用后的处理手续，因此可打 9 折以吸引顾客购买。

万峦猪脚卤汁

材 料

A 八角 ………… 20g
甘草 ………… 10g
花椒粒 ………… 10g
陈皮 ………… 10g
桂皮 ………… 20g
B 老姜 ………… 200g
葱 ………… 300g

调味料

A 冰糖 ………… 500g
金味王酱油 …… 1600mL
B 盐 ………… 300g
味素 ………… 100g
公卖局红标米酒 500mL
公卖局红露酒 … 100mL
水 ………… 20L
焦糖色素 ……… 1 大匙
黄色 5 号食用色素 2 小匙

做 法

1. 材料 B 洗净，将老姜拍碎；将葱切除根部，再切成 3 段。将材料 A、B 全部装入棉布袋中绑紧，即为万峦猪脚卤包。
2. 取一中华炒锅，放入调味料 A，开中火，不停地搅拌至冰糖溶化后，倒入大汤锅里，再加入万峦猪脚卤包及调味料 B，以大火煮滚后盖上锅盖，转中小火续煮 30 分钟至散发出中药香味，即完成万峦猪脚卤汁（分量约 20L）。

卤制食材

猪后腿 10kg

香　料

红葱头 30g

卤制方法

1. 请依照 p49~p51【食材处理宝典】将猪后腿处理好，备用。
2. 把处理好的猪后腿用滚水烫煮 10 分钟后捞起，立刻放入 10L 冰块水里浸泡 30 分钟，再放回滚水里烫煮 10 分钟，倒入冰块水里浸泡 30 分钟，再次洗净后沥干备用。
3. 红葱头去皮后洗净沥干，切成碎末，放入烧热至 150℃的热油里，炸至金黄色成红葱酥（5~6 分钟），即可捞出沥干油备用。
4. 熬制一锅万峦猪脚卤汁，先开大火再次煮滚后转中火，立即放入猪后腿，加盖煮 70 分钟后丢入红葱酥，立即关火。
5. 将猪后腿留在原锅中，不需加盖，浸泡 1 小时后捞出，放在上层有漏孔的双层大钢盆中，静置 2~3 小时，放凉并沥干卤汁，待凉后放入长方形不锈钢盘中，均匀涂上香油即可。

万峦猪脚卤制简表

火候	加盖	卤制时间	浸泡时间
中火	√	70 分钟	1 小时

万峦猪脚专用酱汁

（蒜泥酱）

材　料

蒜头 → 300g

味素 → 10g

金兰甘醇酱油膏 → 1200mL

做　法

1. 将蒜头去皮后洗净沥干。
2. 将所有材料放入果汁机中搅打成泥状即可（建议放入冰箱冷藏保存）。

售卖方式

1. 将卤好的猪后腿连同钢盘一同排入展售柜中，依【单品销售法】计价。
2. 待客人点选后，将猪后腿的骨头去除，再切成适当大小后排盘或装盒，依客人喜好搭配酸菜心（p46）、香菜或葱花，附上适量万峦猪脚专用酱汁当蘸酱即可（若为现场点用，排盘时可放生菜叶垫底以提升卖相）。

单品销售法

◎万峦猪脚

	计价分量	建议售价	材料成本	销售毛利	保存时间
现场售卖	150g	10 元	4 元	6 元	3 天
真空包装	300g	20 元	8 元	12 元	7 天

◎点用后处理法

→每只先划开一刀至骨头处，小心抽出骨头，再将后腿肉先纵向切对半，再横向切成厚约 1cm 的片状后，连同骨头一起排盘或装盒，搭配酸菜心、香菜或葱花，附上适量万峦猪脚专用酱汁当蘸酱即可。

注：500g 猪脚约需附上 1 杯卤汁，以此类推。

大溪小豆干

咸甜适中，口感扎实，有嚼劲，通过讲究的卤、煮、炒、焖程序，使成品格外入味，是素食者可以尽情享用的美味零食。

售卖方式	保存温度	保存时间
现场销售	常温	4 小时
	冷藏 4℃以下	3 天
真空宅配	冷藏 4℃以下	14 天

开店秘技

◎由于卤过小豆干后卤汁会变酸，因此不可重复使用。

◎大溪小豆干是针对素食者特别设计的美味零食。虽然制作时间较长，但因为材料取得都很容易，不但适合做生意者学习，一般人想在家制作也很方便。

◎到市场购买小豆干时请指名要豆干丁，通常会有较硬或较软的两种，建议选用较硬的，口感较佳。

◎小豆干卤煮前先冰冻一下，可以破坏其内部结构，如此一来，卤制时卤汁便能够完全渗入豆干里。

◎卤煮小豆干时，记得要每隔 20 分钟掀盖搅拌一次，这样可以防止烧焦，且会均匀入味。

大溪小豆干卤汁

材　料

八角……15g
甘草……20g
桂皮……10g

调味料

A 冰糖……1000g
　水……2600mL
B 色拉油……2600mL
　金味王酱油……1400mL

做　法

1. 将材料全部装入棉布袋中绑紧，即为大溪小豆干卤包。
2. 准备直径约 55cm 大铁锅，开中火，先放入调味料 A，不停地搅拌至冰糖溶化后，放入调味料 B 及大溪小豆干卤包煮滚后熄火，即完成大溪小豆干卤汁。

卤制食材

豆干丁 10kg

调味料

环球牌细辣椒粉 20g

大溪小豆干卤制简表				
火候	加盖	卤制时间	拌炒时间	焖泡时间
中火	√	1 小时	30 分钟	90 分钟

卤制方法

1. 将豆干丁洗净后沥干，放入冰箱冷冻约 24 小时使其结冰。
2. 熬制一锅大溪小豆干卤汁，用中火再度煮滚后，立即放入解冻后沥干的豆干丁，并搅拌拌匀。待卤汁再度滚起时，加盖焖煮 1 小时（每隔 20 分钟需掀盖搅拌均匀一次），1 小时后加入细辣椒粉拌匀，关火，盖上锅盖焖泡 30 分钟。
3. 待焖泡完成后拿掉锅盖，开中火拌炒 15 分钟，关火，盖上锅盖再焖泡 30 分钟。拿掉锅盖，开中火再拌炒 15 分钟后关火，盖上锅盖再焖泡 30 分钟即可。全部制作过程共 3 小时。
4. 拿掉锅盖，将小豆干捞出，放在上层有漏孔的双层大钢盆中，静置 1~2 小时，放凉并沥干卤汁，待凉后放入长方形不锈钢盘中即可。

售卖方式

1. 将卤好的大溪小豆干连同钢盘一同排入展售柜中，依【单品销售法】计价；也可参考【单品销售法】的计价分量，将大溪小豆干分装入透明塑料盒中，以盒计价。
2. 待客人点选后直接排盘或装袋，依客人喜好搭配适量酸菜心（p46）即可。

单品销售法

◎**小豆干**

	计价分量	建议售价	材料成本	销售毛利	保存时间
现场售卖	100g	6 元	2 元	4 元	3 天
真空包装	300g	18 元	6 元	12 元	14 天

◎**点用后处理法**

→直接排盘或装袋，搭配适量酸菜心即可。

Part 4

加热卤味篇

每次看到街上的加热卤味店在大排长龙，就不禁想着它的卤汁是如何调制的。味道要够香、够浓才能在短时间内让浸烫的食材沾染上香味，且历时不淡。秘诀到底在哪儿？要如何让客人吃得心满意足、舒适畅快而再次光临呢？想变化出咖喱、茶香、蔬果等口味的卤汁要如何做呢？每种食材要烫多久、每个要卖多少钱？要搭配酸菜心还是辛香料增味？要深入了解现在最流行的加热卤味相关信息，看这一篇就对了！

制作加热卤味的共通原则

基本制作流程表

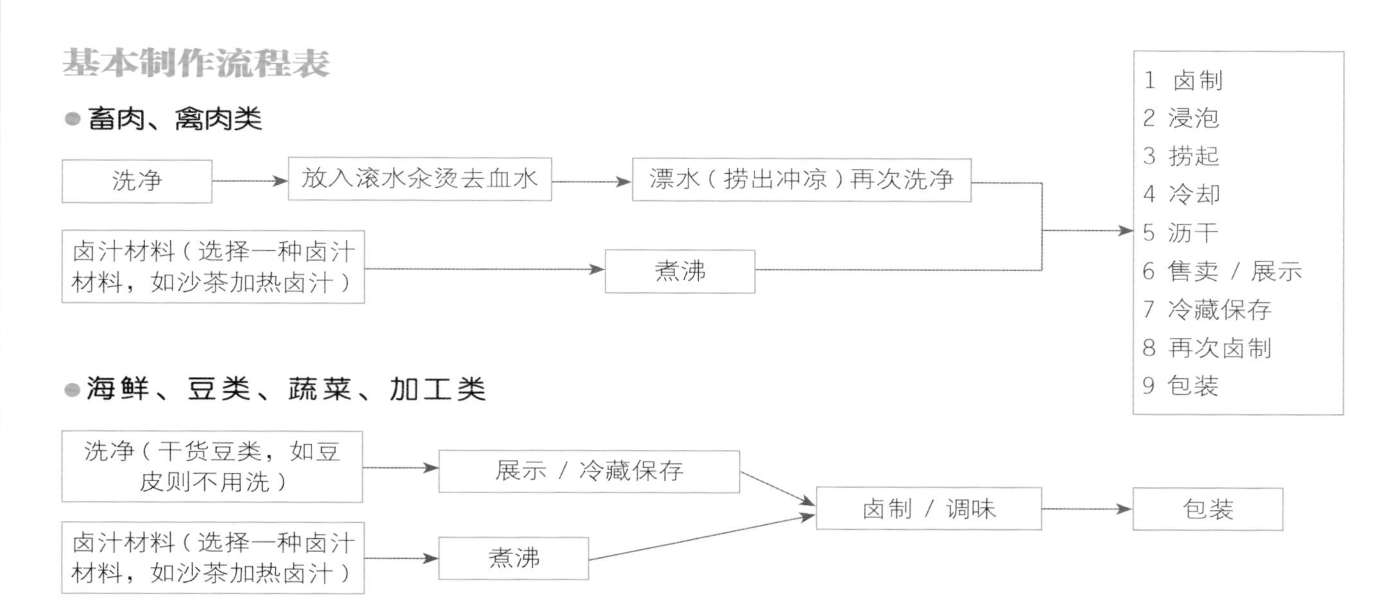

关于售卖

◎ 顾客口味喜好会有区域差异，例如台湾南部的人喜爱偏甜、传统的口味，如沙茶、五香卤味；北部的人则喜欢新鲜、有创意的口味，如麻辣味、咖喱味；蔬果口味的加热卤味成本高，但具养生概念，适合台北东区。以上可作为店家选择卤汁的参考依据。

◎ 各种材料可依【加热卤味食材图鉴】中的计价分量，称好并装袋后排入餐车，以便客人点选。或者也可直接排入餐车，排不下的材料，例如各式青菜类可分类放入大塑料方盆中，待客人点用时再装入小网篮里称重。

◎ 售卖时的加热卤制过程一律用大火。

◎ 为确保食材新鲜度，每种食材取出一些样品放餐车即可，待快用完时再补货。多备的料可分类放入长方形钢盆中，封膜后冷藏保存，也可分类置于塑料袋中。

关于卤制

◎ 不论是预卤或当场用，卤汁与卤料的比例约为 1(L) ∶ 500(g)，所以 10L 卤汁最多可卤 5kg 材料。

◎ 肉类无法在短时间内煮熟及入味，因此必须在营业前先进行预卤。甜不辣、米血糕、水晶饺等材料不需预卤，因为会破坏卤汁，使其走味或变质；预卤过的材料不易存放，若当天卖不完就得丢掉，等于是增加了食材的耗损。此外，这些材料先预卤，也很容易变得过咸。

◎ 尚未卤过食材的卤汁称为白卤汁，卤过食材的即为黑卤汁。白卤汁是作为预卤食材及营业中卤制或加热食材用；黑卤汁捞除浮油后需保留下来制作调味酱汁。

◎ 白卤汁请依实际营业状况准备，若生意好或碰到周末尖峰期可多备 2 ～ 3 桶，以便营业过程中随时补充。白卤汁、黑卤汁于每日营业完即需倒掉，不可再回收使用，以确保风味及品质。

◎ 由于调味酱汁未添加防腐剂，容易腐败，因此需当天制作当天用完，制作时请依生意量尽量掌握好分量。

◎ 第 1 至第 6 道卤汁适合卤各种食材，素食卤汁请参考【加热卤味食材图鉴】（p130 ～ p141）中打 * 的食材备料。

◎ 预卤食材需用大型风扇，使食材急速冷却（酱汁可诱发食材香味，基于时间考量，可用风扇达到急速冷却效果），待凉后均匀涂上香油（白萝卜不需涂抹香油），即可分类摆入餐车中备用。分类及摆货时请戴上手扒鸡手套，确保卫生。

沙茶 加热卤味

风味微咸且微甜，带有温和的香辣，是台湾人最喜爱且熟悉的口味，也是加热卤味中最普遍的一种。

售卖方式	保存温度	保存时间
现场销售	常温	8 小时

开店秘技

◎把炒好的红葱头酥及绞肉先装入大型棉布袋中再熬煮，可避免卤汁混浊，若 1 个棉布袋装不下，可分装入数个棉布袋中。

◎沙茶白卤汁、黑卤汁于每日营业完即需倒掉，不可再回收使用，以确保风味及品质。

◎由于沙茶调味酱汁未添加防腐剂，容易腐败，因此需当天制作当天用完，制作时请尽量掌握好每日用量。

◎白萝卜很容易吸收卤汁，所以要单独预卤，才不会影响其他食材的预卤效果。若想让白萝卜吃起来更加清爽，也可改用沙茶白卤汁来预卤。

沙茶白卤汁

材　料

A 桂皮 ············ 5g
白芷 ············ 5g
甘草 ············ 20g
陈皮 ············ 15g
草果 ············ 15g
罗汉果 ········· 3g（约 1/4 个）
桂枝 ············ 5g
丁香 ············ 5g

B 市售红葱头酥 50g
猪后腿绞肉（细）600g
色拉油 ········· 1/4 杯

调味料

A 金味王酱油 ··· 100mL

B 盐 ·············· 120g
冰糖 ············ 120g
味素 ············ 60g
大骨粉 ········· 60g
金味王酱油 ··· 1000mL
水 ················ 40L
百草粉 ········· 1/4 小匙

做　法

1. 将罗汉果拍碎后，与其他材料 A 一起装入棉布袋中绑紧，即为沙茶卤包 A。
2. 取一中华炒锅，开中火加热约 30 秒后，倒入色拉油 1/4 杯以锅铲轻拌，使油布满整个锅面，再放入红葱头酥及绞肉，拌炒至绞肉熟且香味四溢后，再加入调味料 A，拌炒均匀至酱油完全收干后，盛起装入棉布袋中绑紧，即为沙茶卤包 B。
3. 将 40L 水放入大汤锅中，开大火煮滚后放入沙茶卤包 A、沙茶卤包 B，盖上锅盖，转中火续煮 90 分钟，再加入调味料 B，拌匀后熄火，即完成沙茶白卤汁（分量约 40L）。

卤制食材

大肠头、猪大肠、猪皮、猪腱肉、猪舌头、猪嘴边肉、猪肝连、猪小肚、粉肠、大黑豆干、鸭脖子、鸭翅、鸭胗、豆干丁、鸡胗、鸡屁股、煮熟鹌鹑蛋、海带、鸭心、鸡心、鸡脖子、鸡翅、鸡脚各适量（总计约 5kg）

调味料

盐 ………………… 50g
冰糖 ………………… 20g
金味王酱油 ……… 500mL
沙茶白卤汁 ……… 10L

卤制方法

1. 请依照 p49~p51【食材处理宝典】将所有食材处理好，备用。
2. 将所有调味料放入大汤锅中，用大火煮滚后转中火，立即放入大肠头加盖煮 10 分钟；再放入猪大肠、猪皮加盖煮 20 分钟；拿掉锅盖，再放入猪腱肉、猪舌头、猪嘴边肉、猪肝连、猪小肚、粉肠、大黑豆干加盖煮 10 分钟；再放入鸭脖子、鸭翅、鸭胗、豆干丁不加盖煮 5 分钟；再放入鸡胗、鸡屁股、煮熟鹌鹑蛋不加盖煮 5 分钟；再放入海带不加盖煮 5 分钟；再放入鸭心、鸡心、鸡脖子、鸡翅、鸡脚不加盖续煮 5 分钟，即可关火。全部卤煮过程共 1 小时。
3. 将所有食材小心捞出，放在上层有漏孔的双层大钢盆中略摊开，用风扇吹凉后分类放入钢盆或钢盘中，均匀涂上香油即可。
4. 锅中剩余的卤汁不要丢弃，捞除浮油后即为沙茶黑卤汁，可用来制作调味酱汁，备用。

单独卤制：白萝卜

材　料

白萝卜………… 2.5kg
沙茶黑卤汁…… 5L

注：其余不需预卤的食材处理法请参见 p130~p141【加热卤味食材图鉴】。

做　法

1. 将白萝卜洗净后去皮，切成厚约 3cm 的圆形块状备用。
2. 将沙茶黑卤汁放入大汤锅里，开大火煮滚后转中火，放入白萝卜块加盖煮 50 分钟，即可关火。拿掉锅盖，将白萝卜捞出，放在上层有漏孔的双层大钢盆中略摊开，用风扇吹凉后放入钢盆或钢盘中即可。

售卖方式

1. 将所有售卖准备好的食材、葱花、香菜、炒酸菜（p47）、沙茶调味酱汁、香油及麻辣酱（p42）等排入餐车内，再将剩余的 30L 沙茶白卤汁倒入餐车卤汁桶内，以大火煮滚后转中火，使卤汁温度维持在 100℃左右，需烫卤食材时才转大火。
2. 待客人点选后，先将各种食材放置磅秤上称重，以便计价（以份计价的食材不用称），再将各种材料切成适当大小，放入卤汁中以大火加热或烫熟（详细切法及卤制时间请参考 p130~p141【加热卤味食材图鉴】）。
3. 将卤好的食材捞起沥干，放入小钢盆中，依总重量加入适量沙茶调味酱汁（每 100g 食材约加 1 大匙酱汁），依客人喜好加入适量葱花、香菜、炒酸菜、香油、麻辣酱拌匀，再装盘或装袋即可。

沙茶调味酱汁

材　料

A 牛头牌沙茶酱 → 100g
冰糖 → 20g
沙茶黑卤汁 → 4000mL
金兰酱油膏 → 1 杯
味素 → 1 大匙
香蒜粉 → 1 小匙
洋葱粉 → 1 小匙
B 再来米粉 → 80g
红薯淀粉 → 80g
水 → 1 杯

做　法

将材料 A 全部放入锅中，用中火以打蛋器边搅拌边煮，等煮滚后倒入拌匀的材料 B 勾芡，即完成沙茶调味酱汁。

五香 加热卤味

由花椒粒、丁香、八角、肉桂、陈皮等5种中药材调和出迷人的香气，略带辣味，是非常大众化的人气卤味。

售卖方式	保存温度	保存时间
现场销售	常温	8 小时

开店秘技

◎把炒好的红葱头酥及绞肉先装入大型棉布袋中再熬煮，可避免卤汁混浊，若 1 个棉布袋装不下，可分装入数个棉布袋中。

◎五香白卤汁、黑卤汁于每日营业完即需倒掉，不可再回收使用，以确保风味及品质。

◎由于五香调味酱汁未添加防腐剂，容易腐败，因此需当天制作当天用完，制作时请尽量掌握好每日用量。

◎白萝卜很容易吸收卤汁，所以要单独预卤，才不会影响其他食材的预卤效果。若想让白萝卜吃起来更加清爽，也可改用五香白卤汁来预卤。

五香白卤汁

材料

A 花椒粒 …… 20g
丁香 …… 2g
八角 …… 5g
肉桂 …… 10g
陈皮 …… 15g
黑胡椒粒 …… 10g
老姜 …… 50g
五香粉 …… 1 小匙

B 市售红葱头酥 …50g
猪后腿绞肉（细）600g
色拉油 …… 1/4 杯

调味料

A 金味王酱油 … 100mL

B 盐 …… 120g
冰糖 …… 120g
味素 …… 60g
大骨粉 …… 60g
金味王酱油 … 1000mL
水 …… 40L
百草粉 …… 1/4 小匙

做法

1. 将老姜洗净、拍碎后，与其他材料 A 一起装入棉布袋中绑紧，即为五香卤包 A。
2. 取一中华炒锅，开中火加热约 30 秒后，倒入色拉油 1/4 杯以锅铲轻拌，使油布满整个锅面，再放入红葱头酥及绞肉，拌炒至绞肉熟且香味四溢后，再加入调味料 A，拌炒均匀至酱油完全收干后，盛起装入棉布袋中绑紧，即为五香卤包 B。
3. 将 40L 水放入大汤锅中，开大火煮滚后放入五香卤包 A、五香卤包 B，盖上锅盖，转中火续煮 90 分钟，再加入调味料 B，拌匀后熄火，即完成五香白卤汁（分量约 40L）。

卤制食材

大肠头、猪大肠、猪皮、猪腱肉、猪舌头、猪嘴边肉、猪肝连、猪小肚、粉肠、大黑豆干、鸭脖子、鸭翅、鸭胗、豆干丁、鸡胗、鸡屁股、煮熟鹌鹑蛋、海带、鸭心、鸡心、鸡脖子、鸡翅、鸡脚各适量（总计约 5kg）

调味料

盐 ················ **50g**
冰糖 ················ **20g**
酱油 ················ **500mL**
五香白卤汁 ········ **10L**

卤制方法

1. 请依照 p49~p51【食材处理宝典】将所有食材处理好，备用。
2. 将所有调味料放入大汤锅中，用大火煮滚后转中火，立即放入大肠头加盖煮 10 分钟；再放入猪大肠、猪皮加盖煮 20 分钟；拿掉锅盖，再放入猪腱肉、猪舌头、猪嘴边肉、猪肝连、猪小肚、粉肠、大黑豆干不加盖煮 10 分钟；再放入鸭脖子、鸭翅、鸭胗、豆干丁不加盖煮 5 分钟；再放入鸡胗、鸡屁股、煮熟鹌鹑蛋不加盖煮 5 分钟；再放入海带不加盖煮 5 分钟；再放入鸭心、鸡心、鸡脖子、鸡翅、鸡脚不加盖续煮 5 分钟，即可关火。全部卤煮过程共 1 小时。
3. 将所有食材小心捞出，放在上层有漏孔的双层大钢盆中略摊开，用风扇吹凉后分类放入钢盆或钢盘中，均匀涂上香油即可。
4. 锅中剩余的卤汁不要丢弃，捞除浮油后即为五香黑卤汁，可用来制作调味酱汁，备用。

单独卤制：白萝卜

材料

白萝卜············ 2.5kg
五香黑卤汁······ 5L

注：其余不需预卤的食材处理法请参见 p130~p141【加热卤味食材图鉴】。

做法

1. 将白萝卜洗净后去皮，切成厚约 3cm 的圆形块状备用。
2. 将五香黑卤汁放入大汤锅里，开大火煮滚后转中火，放入白萝卜块加盖煮 50 分钟，即可关火。拿掉锅盖，将白萝卜捞出，放在上层有漏孔的双层大钢盆中略摊开，用风扇吹凉后放入钢盆或钢盘中即可。

售卖方式

1. 将所有售卖处理好的食材、葱花、香菜、炒酸菜（p47）、五香调味酱汁、香油及麻辣酱（p42）等排入餐车内，再将剩余的 30L 五香白卤汁倒入餐车卤汁桶内，以大火煮滚后转中火，使卤汁温度维持在 100℃左右，需烫卤食材时才转大火。
2. 待客人点选后，先将各种食材放置磅秤上称重，以便计价（以份计价的食材不用称），再将各种材料切成适当大小，放入卤汁中以大火加热或烫熟（详细切法及卤制时间请参考 p130~p141【加热卤味食材图鉴】）。
3. 将卤好的食材捞起沥干，放入小钢盆中，依总重量加入适量五香调味酱汁（每 100g 食材约加 1 大匙酱汁），依客人喜好加入适量葱花、香菜、炒酸菜、香油、麻辣酱拌匀，再装盘或装袋即可。

五香调味酱汁

材料

A 冰糖 → 20g
五香黑卤汁 → 4000mL
金兰酱油膏 → 3/2 杯
酱油 → 1 杯
味素 → 1 大匙
洋葱粉 → 1 小匙
百草粉 → 1/2 小匙

B 再来米粉 → 80g
红薯淀粉 → 80g
水 → 1 杯

做法

将材料 A 全部放入锅中，用中火以打蛋器边搅拌边煮，等煮滚后倒入拌匀的材料 B 勾芡，即完成五香调味酱汁。

麻辣 加热卤味

卤汁红亮、香气诱人，风味浓郁、偏咸、辣劲十足，是嗜辣一族的最爱，特别适合在冬天售卖。

售卖方式	保存温度	保存时间
现场销售	常温	8 小时

开店秘技

◎购买猪大骨时可先请肉贩代为敲成两截，以便大骨中的鲜美成分更容易充分释放。

◎麻辣白卤汁、黑卤汁于每日营业完即需倒掉，不可再回收使用，以确保风味及品质。

◎由于麻辣调味酱汁未添加防腐剂，容易腐败，因此需当天制作当天用完，制作时请尽量掌握好每日用量。

◎白萝卜很容易吸收卤汁，所以要单独预卤，才不会影响其他食材的预卤效果。若想让白萝卜吃起来更加清爽，也可改用麻辣白卤汁来预卤。

◎只要将两种辣椒的分量倍乘即为超辣，减半即为微辣，其余材料不变。

麻辣白卤汁

材 料

A 花椒粒 ········ 10g
八角 ············ 5g
甘草 ············ 20g
陈皮 ············ 15g
草果 ············ 15g
干辣椒 ·········· 20g
白胡椒粒 ········ 10g
麻辣酱 ·········· 300g
（做法见 p42）

B 洋葱 ············ 1 个
老姜 ············ 50g
葱 ·············· 600g
新鲜朝天椒 ······ 60g

C 猪大骨 ·········· 1200g
水 ·············· 40L

调味料

盐 ·················· 120g
冰糖 ················ 120g
味素 ················ 60g
大骨粉 ·············· 60g
百草粉 ·············· 1/4 小匙

做 法

1. 材料 B 洗净后，将洋葱切除头尾后去外皮，再剖成对半；将老姜拍碎；将葱沥干后切除根部，再切成 3 段，备用。
2. 取一中华炒锅，倒入半锅油，烧热至 180℃后放入葱段，炸至金黄色后捞起沥干油。
3. 将材料 A、B 全部装入棉布袋中绑紧，即为麻辣卤包。
4. 猪大骨放入滚水中煮 10 分钟后捞出，冲刷洗净备用。
5. 将材料 C 放入大汤锅中，开大火煮滚后放入麻辣卤包，盖上锅盖，转中火续煮 90 分钟，再加入所有调味料，拌匀后熄火，滤除猪大骨，即完成麻辣白卤汁（分量约 40L）。

卤制食材

大肠头、猪大肠、猪皮、猪腱肉、猪舌头、猪嘴边肉、猪肝连、猪小肚、粉肠、大黑豆干、鸭脖子、鸭翅、鸭胗、豆干丁、鸡胗、鸡屁股、煮熟鹌鹑蛋、海带、鸭心、鸡心、鸡脖子、鸡翅、鸡脚各适量（总计约 5kg）

调味料

盐 ………………… **50g**
冰糖………………… **20g**
金味王酱油……… **500mL**
麻辣白卤汁……… **10L**

卤制方法

1. 请依照 p49~p51【食材处理宝典】将所有食材处理好，备用。
2. 将所有调味料放入大汤锅中，用大火煮滚后转中火，立即放入大肠头加盖煮 10 分钟；再放入猪大肠、猪皮加盖煮 20 分钟；拿掉锅盖，再放入猪腱肉、猪舌头、猪嘴边肉、猪肝连、猪小肚、粉肠、大黑豆干不加盖煮 10 分钟；再放入鸭脖子、鸭翅、鸭胗、豆干丁不加盖煮 5 分钟；再放入鸡胗、鸡屁股、煮熟鹌鹑蛋不加盖煮 5 分钟；再放入海带不加盖煮 5 分钟；再放入鸭心、鸡心、鸡脖子、鸡翅、鸡脚不加盖续煮 5 分钟，即可关火。全部卤煮过程共 1 小时。
3. 将所有食材小心捞出，放在上层有漏孔的双层大钢盆中略摊开，用风扇吹凉后分类放入钢盆或钢盘中，均匀涂上香油即可。
4. 锅中剩余的卤汁不要丢弃，捞除浮油后即为麻辣黑卤汁，可用来制作调味酱汁，备用。

单独卤制：白萝卜

材　料

白萝卜………… 2.5kg
麻辣黑卤汁…… 5L

注：其余不需预卤的食材处理法请参见 p130~p141【加热卤味食材图鉴】。

做　法

1. 将白萝卜洗净后去皮，切成厚约 3cm 的圆形块状备用。
2. 将麻辣黑卤汁放入大汤锅里，开大火煮滚后转中火，放入白萝卜块加盖煮 50 分钟，即可关火。拿掉锅盖，将白萝卜捞出，放在上层有漏孔的双层大钢盆中略摊开，用风扇吹凉后放入钢盆或钢盘中即可。

售卖方式

1. 将所有售卖处理好的食材、葱花、香菜、炒酸菜（p47）、麻辣调味酱汁、香油及麻辣酱（p42）等一一排入餐车内，再将剩余的 30L 麻辣白卤汁倒入餐车卤汁桶内，以大火煮滚后转中火，使卤汁温度维持在 100℃左右，需烫卤食材时才转大火。
2. 待客人点选后，先将各种食材放置磅秤上称重，以便计价（以份计价的食材不用称），再将各种材料切成适当大小，放入卤汁中以大火加热或烫熟（详细切法及卤制时间请参考 p130~p141【加热卤味食材图鉴】）。
3. 将卤好的食材捞起沥干，放入小钢盆中，依总重量加入适量麻辣调味酱汁（每 100g 食材约加 1 大匙），依客人喜好加入适量葱花、香菜、炒酸菜、香油、麻辣酱拌匀，再装盒或装袋即可。

麻辣调味酱汁

材　料

A 新鲜朝天椒 → 300g
麻辣酱（做法见 p42）→ 150g
冰糖 → 20g
麻辣黑卤汁 → 4000mL
味素 → 1 大匙
香蒜粉 → 1 小匙
洋葱粉 → 1 小匙

B 再来米粉 → 80g
红薯淀粉 → 80g
水 → 1 杯

做　法

1. 将新鲜朝天椒洗净后去蒂，放入果汁机中打碎，备用。
2. 将材料 A 全部放入锅中，用中火以打蛋器边搅拌边煮，等煮滚后倒入拌匀的材料 B 勾芡，即完成麻辣调味酱汁。

咖喱 加热卤味

香味浓郁、色泽金黄，在视觉、嗅觉上都能引人垂涎，吃起来更是齿颊留香，适合喜爱重口味的顾客，建议开设于夜市、学区等年轻人较多的地段。

售卖方式	保存温度	保存时间
现场销售	常温	8 小时

开店秘技

◎购买猪大骨时可先请肉贩代为敲成两截，以便大骨中的鲜美成分更容易充分释放。

◎卤包中的材料A属于粉类的，分量少时可直接加入汤锅中卤。若分量较多的时候，因为会影响口感，所以需装入棉布袋中。

◎咖喱白卤汁、黑卤汁于每日营业完即需倒掉，不可再回收使用，以确保风味及品质。

◎由于咖喱调味酱汁未添加防腐剂，容易腐败，因此需当天制作当天用完，制作时请尽量掌握好每日用量。

◎白萝卜很容易吸收卤汁，所以要单独预卤，才不会影响其他食材的预卤效果。若想让白萝卜吃起来更加清爽，也可改用咖喱白卤汁来预卤。

咖喱白卤汁

材 料

A 咖喱粉 ········ 200g
匈牙利辣椒粉 50g
姜黄粉 ········ 10g
小豆蔻 ········ 1g
八角 ··········· 2g
甘草 ··········· 5g
丁香 ··········· 2g
小茴香 ········ 5g
肉桂 ··········· 2g
干辣椒 ········ 10g
黑胡椒粒 ····· 10g

B 洋葱 ··········· 2个
老姜 ··········· 50g
大辣椒 ········ 2根

C 猪大骨 ········ 1200g
水 ············· 40L

调味料

盐 ················ 120g
冰糖················ 120g
味素················ 60g
大骨粉············· 60g

做 法

1. 材料B洗净后，将洋葱切除头尾后去外皮，再剖成对半；将老姜拍碎，备用。
2. 将材料A、B全部装入棉布袋中绑紧，即为咖喱卤包。
3. 猪大骨放入滚水中煮10分钟后捞出，冲刷洗净备用。
4. 将材料C放入大汤锅中，开大火煮滚后放入咖喱卤包及猪大骨，盖上锅盖，转中火续煮90分钟，再加入所有调味料，拌匀后熄火，滤除猪大骨，即完成咖喱白卤汁（分量约40L）。

卤制食材

大肠头、猪大肠、猪皮、猪腱肉、猪舌头、猪嘴边肉、猪肝连、猪小肚、粉肠、大黑豆干、鸭脖子、鸭翅、鸭胗、豆干丁、鸡胗、鸡屁股、煮熟鹌鹑蛋、海带、鸭心、鸡心、鸡脖子、鸡翅、鸡脚各适量（总计约5kg）

调味料

咖喱粉……………… **100g**
盐 ……………… **100g**
冰糖……………… **20g**
咖喱白卤汁……… **10L**

卤制方法

1. 请依照p49~p51【食材处理宝典】将所有食材处理好，备用。
2. 将所有调味料放入大汤锅中，用大火煮滚后转中火，立即放入大肠头加盖煮10分钟；再放入猪大肠、猪皮加盖煮20分钟；拿掉锅盖，再放入猪腱肉、猪舌头、猪嘴边肉、猪肝连、猪小肚、粉肠、大黑豆干不加盖煮10分钟；再放入鸭脖子、鸭翅、鸭胗、豆干丁不加盖煮5分钟；再放入鸡胗、鸡屁股、煮熟鹌鹑蛋不加盖煮5分钟；再放入海带不加盖煮5分钟；再放入鸭心、鸡心、鸡脖子、鸡翅、鸡脚不加盖续煮 5分钟，即可关火。全部卤煮过程共1小时。
3. 将所有食材小心捞出，放在上层有漏孔的双层大钢盆中略摊开，用风扇吹凉后分类放入钢盆或钢盘中，均匀涂上香油即可。
4. 锅中剩余的卤汁不要丢弃，捞除浮油后即为咖喱黑卤汁，可用来制作调味酱汁，备用。

单独卤制：白萝卜

材 料

白萝卜………… 2.5kg
咖喱黑卤汁…… 5L

注：其余不需预卤的食材处理法请参见p130~p141【加热卤味食材图鉴】。

做 法

1. 将白萝卜洗净后去皮，切成厚约3cm的圆形块状备用。
2. 将咖喱黑卤汁放入大汤锅里，开大火煮滚后转中火，放入白萝卜块加盖煮50分钟，即可关火。拿掉锅盖，将白萝卜捞出，放在上层有漏孔的双层大钢盆中略摊开，用风扇吹凉后放入钢盆或钢盘中即可。

咖喱调味酱汁

材 料

A 日本佛蒙特咖喱块 → 250g
新鲜番茄 → 100g
冰糖 → 20g
咖喱黑卤汁 → 4000mL
金味王酱油 → 1/2杯
白葡萄酒 → 1/4杯
味霖 → 1/4杯
鸡粉 → 2大匙

B 再来米粉 → 80g
红薯淀粉 → 80g
水 → 1杯

做 法

1. 将新鲜番茄洗净去蒂后切小块，放入果汁机中打碎，备用。
2. 将材料A全部放入锅中，用中火以打蛋器边搅拌边煮，待咖喱块完全融化后，倒入拌匀的材料B勾芡，即完成咖喱调味酱汁。

售卖方式

1. 将所有售卖处理好的食材、葱花、炒酸菜（p47）、咖喱调味酱汁及麻辣酱（p42）等一一排入餐车内，再将剩余的30L咖喱白卤汁倒入餐车卤汁桶内，以大火煮滚后转中火，使卤汁温度维持在100℃左右，需烫卤食材时才转大火。
2. 待客人点选后，先将各种食材放置磅秤上称重，以便计价（以份计价的食材不用称），再将各种材料切成适当大小，放入卤汁中以大火加热或烫熟（详细切法及卤制时间请参考p130~p141【加热卤味食材图鉴】）。
3. 将卤好的食材捞起沥干，放入小钢盆中，依总重量加入适量咖喱调味酱汁（每100g食材约加1大匙酱汁），依客人喜好加入适量葱花、炒酸菜、麻辣酱拌匀，再装盒或装袋即可。

茶香 加热卤味

卤汁清爽淡雅，因而能突显出各种食材的鲜美原味，适合口味清淡、注重养生的顾客。

售卖方式	保存温度	保存时间
现场销售	常温	8 小时

开店秘技

◎卤包材料中的 40g 乌龙茶叶也可改为 10 小包立顿红茶包。

◎这道卤味强调的是食材的原味及清爽的卤汁，因此熬制茶香白卤汁时不需要添加调味料。

◎茶香白卤汁、黑卤汁于每日营业完即需倒掉，不可再回收使用，以确保风味及品质。

◎由于茶香调味酱汁未添加防腐剂，容易腐败，因此需当天制作当天用完，制作时请尽量掌握好每日用量。

◎白萝卜很容易吸收卤汁，所以要单独预卤，才不会影响其他食材的预卤效果。若想让白萝卜吃起来更加清爽，也可改用茶香白卤汁来预卤。

茶香白卤汁

材 料

A 乌龙茶叶 …… 40g
八角 ………… 5g
甘草 ………… 20g
陈皮 ………… 15g
丁香 ………… 2g
肉桂 ………… 10g
百草粉 ……… 1 小匙

B 水 ………… 40L

做 法

1. 将材料 A 全部装入棉布袋中绑紧，即为茶香卤包。
2. 将材料 B 放入大汤锅中，开大火煮滚后放入茶香卤包，盖上锅盖，转中火续煮 60 分钟后熄火，即完成茶香白卤汁（分量约 40L）。

卤制食材

大肠头、猪大肠、猪皮、猪腱肉、猪舌头、猪嘴边肉、猪肝连、猪小肚、粉肠、大黑豆干、鸭脖子、鸭翅、鸭胗、豆干丁、鸡胗、鸡屁股、煮熟鹌鹑蛋、海带、鸭心、鸡心、鸡脖子、鸡翅、鸡脚各适量（总计约5kg）

调味料

盐……………………50g
冰糖…………………20g
酱油…………………500mL
茶香白卤汁…………10L

卤制方法

1. 请依照p49~p51【食材处理宝典】将所有食材处理好，备用。
2. 将所有调味料放入大汤锅中，用大火煮滚后转中火，立即放入大肠头加盖煮10分钟；再放入猪大肠、猪皮加盖煮20分钟；拿掉锅盖，再放入猪腱肉、猪舌头、猪嘴边肉、猪肝连、猪小肚、粉肠、大黑豆干不加盖煮10分钟；再放入鸭脖子、鸭翅、鸭胗、豆干丁不加盖煮5分钟；再放入鸡胗、鸡屁股、煮熟鹌鹑蛋不加盖煮5分钟；再放入海带不加盖煮5分钟；再放入鸭心、鸡心、鸡脖子、鸡翅、鸡脚不加盖续煮5分钟，即可关火。全部卤煮过程共1小时。
3. 将所有食材小心捞出，放在上层有漏孔的双层大钢盆中略摊开，用风扇吹凉后分类放入钢盆或钢盘中，均匀涂上香油即可。
4. 锅中剩余的卤汁不要丢弃，捞除浮油后即为茶香黑卤汁，可用来制作调味酱汁，备用。

单独卤制：白萝卜

材　料

白萝卜…………2.5kg
茶香黑卤汁……5L

注：其余不需预卤的食材处理法请参见p130~p141【加热卤味食材图鉴】。

做　法

1. 将白萝卜洗净后去皮，切成厚约3cm的圆形块状备用。
2. 将茶香黑卤汁放入大汤锅里，开大火煮滚后转中火，放入白萝卜块加盖煮50分钟，即可关火。拿掉锅盖，将白萝卜捞出，放在上层有漏孔的双层大钢盆中略摊开，用风扇吹凉后放入钢盆或钢盘中即可。

售卖方式

1. 将所有售卖处理好的食材、葱花、香菜、炒酸菜（p47）、茶香调味酱汁、香油及麻辣酱（p42）等排入餐车内，再将剩余的30L茶香白卤汁倒入餐车卤汁桶内，以大火煮滚后转中火，使卤汁温度维持在100℃左右，需烫卤食材时才转大火。
2. 待客人点选后，先将各种食材放置磅秤上称重，以便计价（以份计价的食材不用称），再将各种材料切成适当大小，放入卤汁中以大火加热或烫熟（详细切法及卤制时间请参考p130~p141【加热卤味食材图鉴】）。
3. 将卤好的食材捞起沥干，放入小钢盆中，依总重量加入适量茶香调味酱汁（每100g食材约加1大匙酱汁），依客人喜好加入适量葱花、香菜、炒酸菜、香油、麻辣酱拌匀，再装盒或装袋即可。

茶香调味酱汁

材　料

A 冰糖 → 20g
茶香黑卤汁 → 4000mL
金兰酱油膏 → 3/2杯
金味王酱油 → 1杯
大骨粉 → 2大匙
味素 → 1大匙
洋葱粉 → 1小匙
香油 → 1大匙
B 再来米粉 → 80g
红薯淀粉 → 80g
水 → 1杯

做　法

将材料A全部放入锅中，用中火以打蛋器边搅拌边煮，等煮滚后倒入拌匀的材料B勾芡，即完成茶香调味酱汁。

蔬果 加热卤味

将中药材的清香、甘蔗的果香及黄玉米、洋葱的鲜甜巧妙融合，形成甘醇顺口的健康滋味，是不会给身体带来过多负担的养生卤味。

售卖方式	保存温度	保存时间
现场销售	常温	8 小时

开店秘技

◎购买猪大骨时可先请肉贩代为敲成两截，以便大骨中的鲜美成分更容易充分释放。

◎蔬果白卤汁、黑卤汁于每日营业完即需倒掉，不可再回收使用，以确保风味及品质。

◎当天用不完的万用调味酱汁需放入冰箱冷藏，可保存 2~3 天。

◎白萝卜很容易吸收卤汁，所以要单独预卤，才不会影响其他食材的预卤效果。若想让白萝卜吃起来更加清爽，也可改用蔬果白卤汁来预卤。

蔬果白卤汁

材 料

A 甘草 …… 20g
陈皮 …… 15g
丁香 …… 2g
八角 …… 5g
月桂叶 …… 2g

B 带皮甘蔗 …… 300g
黄玉米 …… 4 根
洋葱 …… 4 个

C 猪大骨 …… 1200g
水 …… 40L

调味料

盐 …… 120g
冰糖 …… 120g
味素 …… 60g
大骨粉 …… 60g
金味王酱油 …… 1000mL
百草粉 …… 1/4 小匙

做 法

1. 材料 B 洗净后，用松肉锤将甘蔗敲碎；将黄玉米去皮后切成 2~3 段；将洋葱切除头尾后去外皮，再剖成对半，备用。
2. 将材料 A、B 全部装入棉布袋中绑紧，即为蔬果卤包。
3. 猪大骨放入滚水中煮 10 分钟后捞出，冲刷洗净备用。
4. 将材料 C 放入大汤锅中，开大火煮滚后放入蔬果卤包，盖上锅盖，转中火续煮 90 分钟，再加入所有调味料，拌匀后熄火，滤除猪大骨，即完成蔬果白卤汁（分量约 40L）。

卤制食材

大肠头、猪大肠、猪皮、猪腱肉、猪舌头、猪嘴边肉、猪肝连、猪小肚、粉肠、大黑豆干、鸭脖子、鸭翅、鸭胗、豆干丁、鸡胗、鸡屁股、煮熟鹌鹑蛋、海带、鸭心、鸡心、鸡脖子、鸡翅、鸡脚各适量（总计约 5kg）

调味料

盐 ………………… 50g
冰糖………………… 20g
金味王酱油……… 500mL
蔬果白卤汁……… 10L

卤制方法

1. 请依照 p49~p51【食材处理宝典】将所有食材处理好，备用。
2. 将所有调味料放入大汤锅中，用大火煮滚后转中火，立即放入大肠头加盖煮 10 分钟；再放入猪大肠、猪皮加盖煮 20 分钟；拿掉锅盖，再放入猪腱肉、猪舌头、猪嘴边肉、猪肝连、猪小肚、粉肠、大黑豆干不加盖煮 10 分钟；再放入鸭脖子、鸭翅、鸭胗、豆干丁不加盖煮 5 分钟；再放入鸡胗、鸡屁股、煮熟鹌鹑蛋不加盖煮 5 分钟；再放入海带不加盖煮 5 分钟；再放入鸭心、鸡心、鸡脖子、鸡翅、鸡脚不加盖续煮 5 分钟，即可关火。全部卤煮过程共 1 小时。
3. 将所有食材小心捞出，放在上层有漏孔的双层大钢盆中略摊开，用风扇吹凉后分类放入钢盆或钢盘中，均匀涂上香油即可。
4. 锅中剩余的卤汁不要丢弃，捞除浮油后即为蔬果黑卤汁，备用。

单独卤制：白萝卜

材 料

白萝卜………… 2.5kg
蔬果黑卤汁…… 5L

注：其余不需预卤的食材处理法请参见 p130~p141【加热卤味食材图鉴】。

做 法

1. 将白萝卜洗净后去皮，切成厚约 3cm 的圆形块状备用。
2. 将蔬果黑卤汁放入大汤锅里，开大火煮滚后转中火，放入白萝卜块加盖煮 50 分钟，即可关火。拿掉锅盖，将白萝卜捞出，放在上层有漏孔的双层大钢盆中略摊开，用风扇吹凉后放入钢盆或钢盘中即可。

售卖方式

1. 将所有售卖处理好的食材、葱花、香菜、炒酸菜（p47）、万用调味酱汁、香油及麻辣酱（p42）等排入餐车内，再将剩余的 30L 蔬果白卤汁倒入餐车卤汁桶内，以大火煮滚后转中火，使卤汁温度维持在 100℃左右，需烫卤食材时才转大火。需烫卤食材时才转大火。
2. 待客人点选后，先将各种食材放置磅秤上称重，以便计价（以份计价的食材不用称），再将各种材料切成适当大小，放入卤汁中以大火加热或烫熟（详细切法及卤制时间请参考 p130~p141【加热卤味食材图鉴】）。
3. 将卤好的食材捞起沥干，放入小钢盆中，依总重量加入适量万用调味酱汁（每 100g 食材约加 1 大匙酱汁），依客人喜好加入适量葱花、香菜、炒酸菜、香油、麻辣酱拌匀，再装盒或装袋即可。

万用调味酱汁

材 料

蒜末 → 200g
细砂糖 → 60g
红辣椒末 → 20g
金兰酱油膏 → 4 杯
金味王酱油 → 1/2 杯
味素 → 4 大匙
香蒜粉 → 1/2 小匙
洋葱粉 → 1/2 小匙
香油 → 2 大匙
冷开水 → 2 杯

做 法

将材料全部放入干净容器中充分拌匀，即完成万用调味酱汁。

素食 加热卤味

红枣、人参须等多种中药材的香气，还有黄玉米的清甜及干香菇、昆布的鲜醇，使本道卤味不仅美味，也兼顾了健康，是专为素食者量身设计的卤味。

售卖方式	保存温度	保存时间
现场销售	常温	8 小时

开店秘技

◎擦拭昆布时要小心，不要擦掉白霜，那是昆布鲜醇甘美的来源。购买时要选宽厚、深墨绿色且表面满布白霜的昆布，吃起来口感和风味皆佳；昆布很容易受潮，必须放在干燥阴暗处密封保存。买时不妨轻拍昆布，若很容易就能拍散白霜，表示店家有妥善保存。

◎素食白卤汁、黑卤汁于每日营业完即需倒掉，不可再回收使用，以确保风味及品质。

◎由于素沙茶调味酱汁未添加防腐剂，容易腐败，因此需当天制作当天用完，制作时请尽量掌握好每日用量。

◎白萝卜不易久存，所以不必加香油，可延长保存期限。

◎加香菇精可提味。

素食白卤汁

材　料

A 熟地 ………… 40g
红枣 ………… 20g
人参须 ……… 20g
当归 ………… 2g
黄芪 ………… 10g
川芎 ………… 2g
甘草 ………… 5g
桂枝 ………… 5g
枸杞 ………… 2g

B 干香菇 ……… 50g
黄玉米 ……… 4 根
大辣椒 ……… 2 根

C 昆布 ………… 10g

调味料

盐 ………………… 120g
冰糖……………… 150g
香菇精…………… 60g
味素……………… 60g
水 ………………… 40L

做　法

1. 材料 B 洗净后，将黄玉米去皮后切成 2~3 截，备用。
2. 以拧干的湿抹布擦去昆布表面的灰尘，备用。
3. 将材料 A、B、C 全部装入棉布袋中绑紧，即为素食卤包。
4. 将 40L 水放入大汤锅中，开大火煮滚后，放入素食卤包，盖上锅盖，转中火续煮 90 分钟，再加入其余调味料，拌匀后熄火，即完成素食白卤汁（分量约 40L）。

卤制食材

白萝卜、大黑豆干、豆干丁、海带各适量（总计约 5kg）

调味料

盐 …………………… 50g
冰糖…………………… 20g
金味王酱油……… 500mL
素食白卤汁……… 10L

卤制方法

1. 请依照 p49~p51【食材处理宝典】将所有食材处理好，备用。
2. 将所有调味料放入大汤锅中，用大火煮滚后转中火，立即放入白萝卜加盖煮 20 分钟；拿掉锅盖，再放入大黑豆干不加盖煮 10 分钟；再放入豆干丁不加盖煮 10 分钟；再放入海带不加盖续煮 10 分钟，即可关火。全部卤煮过程共 50 分钟。
3. 将所有食材小心捞出，放在上层有漏孔的双层大钢盆中略摊开，用风扇吹凉后分类放入钢盆或钢盘中，均匀涂上香油（白萝卜除外）即可。

素沙茶调味酱汁

材料

A 素沙茶酱 → 1 杯
市售辣椒酱 → 120g
冰糖 → 20g
素食白卤汁 → 4000mL
金兰酱油膏 → 3/2 杯
香菇精 → 2 大匙
百草粉 → 1/4 小匙

B 再来米粉 → 80g
红薯淀粉 → 80g
水 → 1 杯

做法

将材料 A 全部放入锅中，用中火以打蛋器边搅拌边煮，等煮滚后倒入拌匀的材料 B 勾芡，即为素沙茶调味酱汁。

售卖方式

1. 将所有售卖处理好的食材、香菜、炒酸菜（p47）、素沙茶调味酱汁、香油及市售辣椒酱等排入餐车内，再将剩余的 30L 素食白卤汁倒入餐车卤汁桶内，以大火煮滚后转中火，使卤汁温度维持在 100℃左右，需烫卤食材时才转大火。
2. 待客人点选后，先将各种食材放置磅秤上称重，以便计价（以份计价的食材不用称），再将各种材料切成适当大小，放入卤汁中以大火加热或烫熟（详细切法及卤制时间请参考 p130~p141【加热卤味食材图鉴】）。
3. 将卤好的食材捞起沥干，放入小钢盆中，依总重量加入适量素沙茶调味酱汁（每 100g 食材约加 1 大匙酱汁），再依客人喜好加入适量香菜、炒酸菜、香油、市售辣椒酱拌匀，再装盒或装袋即可。

加热卤味 食材图鉴

开店秘技

◎ 食材名称后若标有 * 号，代表为素食加热卤味。

◎ 加热卤味的品类繁多，本单元仅列出最普遍的 90 种食材，各店家可依据季节、地域及顾客喜好自行增减食材。例如夏季可加卖茭白笋，冬季可加卖茼蒿，另外像是猪耳朵、香肠、素鸡、鸡蛋豆腐、鸡丝面等，也都是不错的选择。比较需要注意的是牛、羊类食材腥味较重，容易破坏卤汁风味，且台湾人不吃牛肉、羊肉的比例偏高，因此不推荐售卖牛、羊类，以免点用后需另外分锅制作，增加售卖时的困扰。

◎ 点用后制作一律使用大火。下列表格内的保存期限是以营业前处理时多准备的食材为准，至于点用后卤好的成品则需建议客人趁热食用完毕，隔餐不宜再食用。

◎ 已排入餐车的食材若当天卖不完，不建议回收使用。因此经过营业前处理的食材建议各取少量排入餐车即可，其余多备的料请分类放入塑料袋中绑好，依照表格内的保存期限妥善保存，以便随时取用。

◎ 将食材排入餐车时请依照类别分区摆放，以便客人点选，例如肉类放一区、蔬菜类放一区、豆类放一区，以此类推。

◎ 计价分量为一份多个的食材，如鳕鱼豆腐、黄金鱼蛋等，建议先用竹签串起以便拿取；叶菜类可处理好放入塑料篮中，也可依分量计价分装入小袋中；猪腱肉、猪嘴边肉等称重计价的食材，可以等客人点用后再切分，但在生意好的时段，建议分切成小块，以便客人点选。

◎ 建议在餐车汁桶内附挂 3~4 个铁丝网状漏勺，以便点用后制作时将食材分类隔开；生意好时也可用漏勺做区隔，同时制 2 个客人以上所点的食材。

◎ 由于鲜香菇及蘑菇的蒂头部分容易残留农药，建议售卖前先切除，否则就要多冲洗几次，比较健康。

◎ 调味酱汁及配料，请依照不同种类的卤味进行搭配即可。

生鲜肉类 【编号 1~19】

1. 猪腱肉

★营业前处理法

→预卤后放凉并刷上香油，排入餐车中即可。

★点用后处理法

→每块先纵向切对半，再横向切成厚约 0.5cm 的薄片，放入卤汁中加热后捞出，加入调味酱汁及配料拌匀即可。

营业前预卤时间	点用后卤制时间	计价分量	建议售价	材料成本	销售毛利	保存期限
30 分钟（中火不加盖）	2 分钟	1 份（100g）	12 元	5 元	7 元	2 天（冷藏）

2. 猪肝连

★营业前处理法

→预卤后放凉并刷上香油，排入餐车中即可。

★点用后处理法

→每块先纵向切对半，再横向切成厚约 0.5cm 的薄片，放入卤汁中加热后捞出，加入调味酱汁及配料拌匀即可。

营业前预卤时间	点用后卤制时间	计价分量	建议售价	材料成本	销售毛利	保存期限
30 分钟（中火不加盖）	3 分钟	1 份（100g）	12 元	5 元	7 元	2 天（冷藏）

3. 猪嘴边肉

★营业前处理法

→预卤后放凉并刷上香油，排入餐车中即可。

★点用后处理法

→每块先纵向切对半，再横向切成厚约 0.5cm 的薄片，放入卤汁中加热后捞出，加入调味酱汁及配料拌匀即可。

营业前预卤时间	点用后卤制时间	计价分量	建议售价	材料成本	销售毛利	保存期限
30 分钟（中火不加盖）	2 分钟	1 份（100g）	12 元	5 元	7 元	2 天（冷藏）

4. 猪舌头

★营业前处理法

→预卤后放凉并刷上香油，排入餐车中即可。

★点用后处理法

→每块横向切成厚约 0.5cm 的薄片，放入卤汁中加热后捞出，加入调味酱汁及配料拌匀即可。

营业前预卤时间	点用后卤制时间	计价分量	建议售价	材料成本	销售毛利	保存期限
30 分钟（中火不加盖）	2 分钟	1 份（100g）	12 元	5 元	7 元	2 天（冷藏）

5. 猪皮

★营业前处理法

→预卤后放凉并刷上香油，去除预卤时定型用的牙签，排入餐车中即可。

★点用后处理法

→切成一口大小，放入卤汁中加热后捞出，加入调味酱汁及配料拌匀即可。

营业前预卤时间	点用后卤制时间	计价分量	建议售价	材料成本	销售毛利	保存期限
50 分钟（中火加盖）	3 分钟	1 份（150g）	4 元	2 元	2 元	5 天（冷藏）

6. 猪大肠

★营业前处理法

→预卤后放凉并刷上香油，每 100g 剪成一段，排入餐车中即可。

★点用后处理法

→切成长约 3cm 的小段，放入卤汁中加热后捞出，加入调味酱汁及配料拌匀即可。

营业前预卤时间	点用后卤制时间	计价分量	建议售价	材料成本	销售毛利	保存期限
50 分钟（中火加盖）	2 分钟	1 份（100g）	12 元	5 元	7 元	2 天（冷藏）

7. 大肠头

★营业前处理法

→预卤后放凉并刷上香油，每 80g 剪成一段，排入餐车中即可。

★点用后处理法

→切成长约 3cm 的小段，放入卤汁中加热后捞出，加入调味酱汁及配料拌匀即可。

营业前预卤时间	点用后卤制时间	计价分量	建议售价	材料成本	销售毛利	保存期限
1 小时（中火加盖）	3 分钟	1 份（80g）	12 元	5 元	7 元	2 天（冷藏）

8. 粉肠

★营业前处理法

→预卤后放凉并刷上香油，每 80g 剪成一段，排入餐车中即可。

★点用后处理法

→切成长约 3cm 的小段，放入卤汁中加热后捞出，加入调味酱汁及配料拌匀即可。

营业前预卤时间	点用后卤制时间	计价分量	建议售价	材料成本	销售毛利	保存期限
30 分钟（中火不加盖）	2 分钟	1 份（80g）	10 元	4 元	6 元	2 天（冷藏）

9. 猪小肚

★营业前处理法

→预卤后放凉并刷上香油，排入餐车中即可。

★点用后处理法

→每块先纵向切对半，再横向切成一口大小，放入卤汁中加热后捞出，加入调味酱汁及配料拌匀即可。

营业前预卤时间	点用后卤制时间	计价分量	建议售价	材料成本	销售毛利	保存期限
30 分钟（中火不加盖）	2 分钟	1 份（100g）	10 元	4 元	6 元	2 天（冷藏）

10. 鸭脖子

★营业前处理法

→预卤后放凉并刷上香油，排入餐车中即可。

★点用后处理法

→剁成长约 3cm 的小段，放入卤汁中加热后捞出，加入调味酱汁及配料拌匀即可。

营业前预卤时间	点用后卤制时间	计价分量	建议售价	材料成本	销售毛利	保存期限
20 分钟（中火不加盖）	3 分钟	1 只	5 元	2 元	3 元	2 天（冷藏）

11. 鸭翅

★营业前处理法

→预卤后放凉并刷上香油，排入餐车中即可。

★点用后处理法

→每只纵向剁成 4 块，放入卤汁中加热后捞出，加入调味酱汁及配料拌匀即可。

营业前预卤时间	点用后卤制时间	计价分量	建议售价	材料成本	销售毛利	保存期限
20 分钟（中火不加盖）	3 分钟	1 只	6 元	2 元	4 元	2 天（冷藏）

12. 鸭心

★营业前处理法

→预卤后放凉并刷上香油，排入餐车中即可。

★点用后处理法

→每个纵向切成对半，放入卤汁中加热后捞出，加入调味酱汁及配料拌匀即可。

营业前预卤时间	点用后卤制时间	计价分量	建议售价	材料成本	销售毛利	保存期限
5 分钟（中火不加盖）	30 秒	3 个	6 元	2 元	4 元	2 天（冷藏）

13. 鸭胗

★营业前处理法

→预卤后放凉并刷上香油，排入餐车中即可。

★点用后处理法

→每个纵向切成 5~6 片，放入卤汁中加热后捞出，加入调味酱汁及配料拌匀即可。

营业前预卤时间	点用后卤制时间	计价分量	建议售价	材料成本	销售毛利	保存期限
20 分钟（中火不加盖）	3 分钟	1 个	5 元	2 元	3 元	2 天（冷藏）

14. 鸡脖子

★营业前处理法

→预卤后放凉并刷上香油，排入餐车中即可。

★点用后处理法

→剁成长约 3cm 的小段，放入卤汁中加热后捞出，加入调味酱汁及配料拌匀即可。

营业前预卤时间	点用后卤制时间	计价分量	建议售价	材料成本	销售毛利	保存期限
5 分钟（中火不加盖）	1 分钟	1 只	3 元	1 元	2 元	2 天（冷藏）

15. 鸡翅

★营业前处理法

→预卤后放凉并刷上香油，排入餐车中即可。

★点用后处理法

→每只横向剁成 3 块，放入卤汁中加热后捞出，加入调味酱汁及配料拌匀即可。

营业前预卤时间	点用后卤制时间	计价分量	建议售价	材料成本	销售毛利	保存期限
5 分钟（中火不加盖）	1 分钟	1 只	5 元	2 元	3 元	2 天（冷藏）

16. 鸡脚

★营业前处理法

→预卤后放凉并刷上香油，排入餐车中即可。

★点用后处理法

→每只横向剁成 2 截，放入卤汁中加热后捞出，加入调味酱汁及配料拌匀即可。

营业前预卤时间	点用后卤制时间	计价分量	建议售价	材料成本	销售毛利	保存期限
5 分钟（中火不加盖）	1 分钟	2 只	4 元	2 元	2 元	2 天（冷藏）

17. 鸡屁股

★营业前处理法

→预卤后放凉并刷上香油，排入餐车中即可。

★点用后处理法

→放入卤汁中加热后捞出，加入调味酱汁及配料拌匀即可。

营业前预卤时间	点用后卤制时间	计价分量	建议售价	材料成本	销售毛利	保存期限
15 分钟（中火不加盖）	3 分钟	1 份（3 个）	6 元	2 元	4 元	2 天（冷藏）

18. 鸡心

★营业前处理法

→预卤后放凉并刷上香油，排入餐车中即可。

★点用后处理法

→放入卤汁中加热后捞出，加入调味酱汁及配料拌匀即可。

营业前预卤时间	点用后卤制时间	计价分量	建议售价	材料成本	销售毛利	保存期限
5 分钟（中火不加盖）	1 分钟	1 份（5 个）	4 元	2 元	2 元	2 天（冷藏）

19. 鸡胗

★营业前处理法

→预卤后放凉并刷上香油，排入餐车中即可。

★点用后处理法

→每个纵向切成 3~4 片，放入卤汁中加热后捞出，加入调味酱汁及配料拌匀即可。

营业前预卤时间	点用后卤制时间	计价分量	建议售价	材料成本	销售毛利	保存期限
15 分钟（中火不加盖）	1 分钟	1 份（3 个）	4 元	2 元	2 元	2 天（冷藏）

蔬菜类

【编号 20~40】

20. 白萝卜*

★营业前处理法

→预卤后放凉，再排入餐车中即可。

★点用后处理法

→切成一口大小，放入卤汁中烫熟后捞出，加入调味酱汁及配料拌匀即可。

营业前预卤时间	点用后卤制时间	计价分量	建议售价	材料成本	销售毛利	保存期限
50 分钟（中火加盖）	3 分钟	1 份（200g）	4 元	2 元	2 元	3 天（冷藏）

21. 卷心菜 ⭑

★营业前处理法

→菜心洗净沥干，剥成小片状，再放入塑料篮中备用（可放少许于餐车中展示）。

★点用后处理法

→放入卤汁中汆熟后捞出，加入调味酱汁及配料拌匀即可。

营业前预卤时间	点用后卤制时间	计价分量	建议售价	材料成本	销售毛利	保存期限
×	3 分钟	1 份（150g）	6 元	2 元	4 元	1 天（冷藏）

22. 空心菜 ⭑

★营业前处理法

→切除根部、择除黄叶后洗净沥干，再放入塑料篮中备用（可放少许于餐车中展示）。

★点用后处理法

→切成 4~5cm 的小段，放入卤汁中汆熟后捞出，加入调味酱汁及配料拌匀即可。

营业前预卤时间	点用后卤制时间	计价分量	建议售价	材料成本	销售毛利	保存期限
×	3 分钟	1 份（150g）	6 元	2 元	4 元	1 天（冷藏）

23. 生菜 ⭑

★营业前处理法

→切除根部、择除黄叶后洗净沥干，再放入塑料篮中备用（可放少许于餐车中展示）。

★点用后处理法

→放入卤汁中汆熟后捞出，加入调味酱汁及配料拌匀即可。

营业前预卤时间	点用后卤制时间	计价分量	建议售价	材料成本	销售毛利	保存期限
×	2 分钟	1 份（200g）	6 元	2 元	4 元	1 天（冷藏）

24. 红薯叶 ⭑

★营业前处理法

→切除根部、择除黄叶后洗净沥干，再放入塑料篮中备用（可放少许于餐车中展示）。

★点用后处理法

→切成 4~5cm 的小段，放入卤汁中汆熟后捞出，加入调味酱汁及配料拌匀即可。

营业前预卤时间	点用后卤制时间	计价分量	建议售价	材料成本	销售毛利	保存期限
×	3 分钟	1 份（150g）	6 元	2 元	4 元	1 天（冷藏）

25. 绿花椰菜 ⭑

★营业前处理法

→切除底部粗硬部分，再削除较硬外皮后，切成小朵状，洗净沥干，放入塑料篮中备用（可放少许于餐车中展示）。

★点用后处理法

→放入卤汁中汆熟后捞出，加入调味酱汁及配料拌匀即可。

营业前预卤时间	点用后卤制时间	计价分量	建议售价	材料成本	销售毛利	保存期限
×	4 分钟	1 份（150g）	6 元	2 元	4 元	2 天（冷藏）

26. 四季豆 ⭑

★营业前处理法

→择除头尾后洗净沥干，每 100g 用橡皮筋捆成 1 把，垂直排入餐车中即可。

★点用后处理法

→去除橡皮筋，再将整把四季豆切成 3 小段，放入卤汁中汆熟后捞出，加入调味酱汁及配料拌匀即可。

营业前预卤时间	点用后卤制时间	计价分量	建议售价	材料成本	销售毛利	保存期限
×	3 分钟	1 份（100g）	6 元	2 元	4 元	5 天（冷藏）

27. 芦笋 ⭑

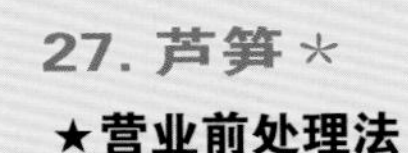

★营业前处理法

→切除末端约 1cm 的硬部分后洗净沥干，每 100g 用橡皮筋捆成 1 把，垂直排入餐车中即可。

★点用后处理法

→去除橡皮筋，再将整把芦笋切成 3 小段，放入卤汁中汆熟后捞出，加入调味酱汁及配料拌匀即可。

营业前预卤时间	点用后卤制时间	计价分量	建议售价	材料成本	销售毛利	保存期限
×	3 分钟	1 份（100g）	6 元	3 元	3 元	2 天（冷藏）

28. 小玉米笋 ⭑

★营业前处理法

→洗净沥干后放入小塑料篮内，再排入餐车中即可。

★点用后处理法

→放入卤汁中汆熟后捞出，加入调味酱汁及配料拌匀即可。

营业前预卤时间	点用后卤制时间	计价分量	建议售价	材料成本	销售毛利	保存期限
×	3 分钟	1 份（6 支）	6 元	3 元	3 元	2 天（冷藏）

29. 丝瓜 *

★营业前处理法

→洗净去皮后纵向切成对半，排入餐车中即可。

★点用后处理法

→每半条先纵向切成对半，再横向切成厚约 2cm 的片状，放入卤汁中烫熟后捞出，加入调味酱汁及配料拌匀即可。

营业前预卤时间	点用后卤制时间	计价分量	建议售价	材料成本	销售毛利	保存期限
×	5 分钟	半条（200g）	6 元	3 元	3 元	2 天（冷藏）

30. 青椒 *

★营业前处理法

→洗净沥干后去蒂，每个纵向剖半后再去籽，排入餐车中即可。

★点用后处理法

→每半个横向切成 3~4 块，放入卤汁中烫熟后捞出，加入调味酱汁及配料拌匀即可。

营业前预卤时间	点用后卤制时间	计价分量	建议售价	材料成本	销售毛利	保存期限
×	2 分钟	半个	3 元	1 元	2 元	3 天（冷藏）

31. 豆芽菜 *

★营业前处理法

→洗净沥干后放入塑料篮中备用（可放少许于餐车中展示）。

★点用后处理法

→放入卤汁中烫熟后捞出，加入调味酱汁及配料拌匀即可。

营业前预卤时间	点用后卤制时间	计价分量	建议售价	材料成本	销售毛利	保存期限
×	3 分钟	1 份（200g）	6 元	2 元	4 元	2 天（冷藏）

32. 小豆苗 *

★营业前处理法

→洗净沥干后放入塑料篮中即可（可放少许于餐车中展示）。

★点用后处理法

→放入卤汁中烫熟后捞出，加入调味酱汁及配料拌匀即可。

营业前预卤时间	点用后卤制时间	计价分量	建议售价	材料成本	销售毛利	保存期限
×	1 分钟	1 份（200g）	6 元	3 元	3 元	2 天（冷藏）

33. 芹菜 *

★营业前处理法

→切除根部、择除叶子后洗净沥干，每 80g 用橡皮筋捆成 1 把，垂直排入餐车中即可。

★点用后处理法

→去除橡皮筋，切成长约 5cm 的小段，放入卤汁中烫熟后捞出，加入调味酱汁及配料拌匀即可。

营业前预卤时间	点用后卤制时间	计价分量	建议售价	材料成本	销售毛利	保存期限
×	1 分钟	1 份（100g）	6 元	2 元	4 元	2 天（冷藏）

34. 鲜香菇 *

★营业前处理法

→去蒂头后洗净沥干，放入小塑料篮内，再排入餐车中即可。

★点用后处理法

→每朵切对半，放入卤汁中烫熟后捞出，加入调味酱汁及配料拌匀即可。

营业前预卤时间	点用后卤制时间	计价分量	建议售价	材料成本	销售毛利	保存期限
×	3 分钟	1 份（100g）	6 元	3 元	3 元	3 天（冷藏）

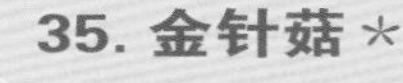

35. 金针菇 *

★营业前处理法

→切除根部黑色部分后洗净沥干，每 80g 用橡皮筋捆成 1 把，垂直排入餐车中即可。

★点用后处理法

→去除橡皮筋，再放入卤汁中烫熟后捞出，加入调味酱汁及配料拌匀即可。

营业前预卤时间	点用后卤制时间	计价分量	建议售价	材料成本	销售毛利	保存期限
×	3 分钟	1 份（80g）	6 元	3 元	3 元	2 天（冷藏）

36. 姬菇 *

★营业前处理法

→撕成小朵后洗净沥干，放入小塑料篮内，再排入餐车中即可。

★点用后处理法

→放入卤汁中烫熟后捞出，加入调味酱汁及配料拌匀即可。

营业前预卤时间	点用后卤制时间	计价分量	建议售价	材料成本	销售毛利	保存期限
×	3 分钟	1 份（100g）	6 元	3 元	3 元	3 天（冷藏）

37. 杏鲍菇 *

★营业前处理法

→修除末端粗糙部分后洗净沥干，排入餐车中即可。

★点用后处理法

→每个斜切成厚约 1cm 的片状，放入卤汁中烫熟后捞出，加入调味酱汁及配料拌匀即可。

营业前预卤时间	点用后卤制时间	计价分量	建议售价	材料成本	销售毛利	保存期限
×	3 分钟	1 份 (100g)	6 元	3 元	3 元	3 天（冷藏）

38. 洋菇 *

★营业前处理法

→去蒂头后洗净沥干，放入小塑料篮内，再排入餐车中即可。

★点用后处理法

→每朵切对半，放入卤汁中烫熟后捞出，加入调味酱汁及配料拌匀即可。

营业前预卤时间	点用后卤制时间	计价分量	建议售价	材料成本	销售毛利	保存期限
×	3 分钟	1 份 (100g)	6 元	3 元	3 元	2 天（冷藏）

39. 木耳 *

★营业前处理法

→洗净后泡清水 1 小时（中间需换水 2~3 次），待泡涨后取出沥干，放入小塑料篮内，再排入餐车中即可。

★点用后处理法

→切成宽 4~5cm 的小片状，放入卤汁中烫熟后捞出，加入调味酱汁及配料拌匀即可。

营业前预卤时间	点用后卤制时间	计价分量	建议售价	材料成本	销售毛利	保存期限
×	3 分钟	1 份 (80g)	4 元	2 元	2 元	5 天（冷藏）

40. 海带 *

★营业前处理法

→预卤后放凉并刷上香油，排入餐车中即可。

★点用后处理法

→每个横向切成厚 1~2cm 的片状，放入卤汁中加热后捞出，加入调味酱汁及配料拌匀即可。

营业前预卤时间	点用后卤制时间	计价分量	建议售价	材料成本	销售毛利	保存期限
10 分钟（中火不加盖）	3 分钟	1 份（2 个）	3 元	1 元	2 元	3 天（冷藏）

豆类 ▶▶▶ 【编号 41~49】

41. 大黑豆干 *

★营业前处理法

→预卤后放凉并刷上香油，排入餐车中即可。

★点用后处理法

→每块均分切成 10 片，放入卤汁中加热后捞出，加入调味酱汁及配料拌匀即可。

营业前预卤时间	点用后卤制时间	计价分量	建议售价	材料成本	销售毛利	保存期限
30 分钟（中火不加盖）	3 分钟	1 块	4 元	2 元	2 元	2 天（冷藏）

42. 豆干丁 *

★营业前处理法

→预卤后放凉并刷上香油，排入餐车中即可。

★点用后处理法

→放入卤汁中加热后捞出，加入调味酱汁及配料拌匀即可。

营业前预卤时间	点用后卤制时间	计价分量	建议售价	材料成本	销售毛利	保存期限
20 分钟（中火不加盖）	3 分钟	1 份（10 个）	4 元	1 元	3 元	2 天（冷藏）

43. 百页豆腐 *

★营业前处理法

→稍微冲洗后沥干，排入餐车中即可。

★点用后处理法

→每条纵向切对半后再切对半，横向切成边长约 2cm 的方块，放入卤汁中加热后捞出，加入调味酱汁及配料拌匀即可。

营业前预卤时间	点用后卤制时间	计价分量	建议售价	材料成本	销售毛利	保存期限
×	3 分钟	1 条	6 元	2 元	4 元	14 天（冷冻）

44. 兰花干 *

★营业前处理法

→稍微冲洗后沥干，排入餐车中即可。

★点用后处理法

→每块均分切成 6~8 小块，放入卤汁中加热后捞出，加入调味酱汁及配料拌匀即可。

营业前预卤时间	点用后卤制时间	计价分量	建议售价	材料成本	销售毛利	保存期限
×	3 分钟	1 块	4 元	2 元	2 元	3 天（冷藏）

45. 油豆腐 *

★营业前处理法

→稍微冲洗后沥干，每 3 个用竹签串成 1 串后，排入餐车中即可。

★点用后处理法

→去除竹签，放入卤汁中加热后捞出，加入调味酱汁及配料拌匀即可。

营业前预卤时间	点用后卤制时间	计价分量	建议售价	材料成本	销售毛利	保存期限
×	3 分钟	1 串（3 个）	3 元	1 元	2 元	2 天（冷藏）

46. 炸豆腐皮 *

★营业前处理法

→稍微冲洗后沥干，直接排入餐车即可。

★点用后处理法

→放入卤汁中加热后捞出，加入调味酱汁及配料拌匀即可。

营业前预卤时间	点用后卤制时间	计价分量	建议售价	材料成本	销售毛利	保存期限
×	1 分钟	1 片	3 元	1 元	2 元	2 天（冷藏）

47. 豆皮卷（小）*

★营业前处理法

→拆封后直接排入餐车即可。

★点用后处理法

→放入卤汁中加热后捞出，加入调味酱汁及配料拌匀即可。

营业前预卤时间	点用后卤制时间	计价分量	建议售价	材料成本	销售毛利	保存期限
×	5 分钟	1 份（6 块）	4 元	2 元	2 元	依包装标示

48. 豆皮卷（大）*

★营业前处理法

→拆封后直接排入餐车即可。

★点用后处理法

→切成一口大小，放入卤汁中加热后捞出，加入调味酱汁及配料拌匀即可。

营业前预卤时间	点用后卤制时间	计价分量	建议售价	材料成本	销售毛利	保存期限
×	5 分钟	1 份（2 块）	4 元	2 元	2 元	依包装标示

49. 冻豆腐 *

★营业前处理法

→每块均分切成 4 小块后包成 1 包，置于冷冻柜中备用，可在餐车中放置小立牌标示。

★点用后处理法

→从冷冻柜取出并拆封，放入卤汁中烫熟后捞出，加入调味酱汁及配料拌匀即可。

营业前预卤时间	点用后卤制时间	计价分量	建议售价	材料成本	销售毛利	保存期限
×	5 分钟	1 块	3 元	1 元	2 元	14 天（冷藏）

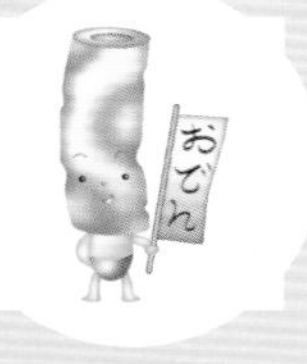

荤火锅料类

【编号 50~68】

50. 火锅猪肉片

★营业前处理法

→每 100g 包成 1 包置于冷冻柜中，并在餐车中放置小立牌标示。

★点用后处理法

→从冷冻柜取出并拆封，放入卤汁中烫熟后捞出，加入调味酱汁及配料拌匀即可。

营业前预卤时间	点用后卤制时间	计价分量	建议售价	材料成本	销售毛利	保存期限
×	3 分钟	1 份（100g）	8 元	3 元	5 元	14 天（冷藏）

51. 火锅鲷鱼片

★营业前处理法

→每 100g 包成 1 包，置于冷冻柜中备用，可在餐车中放置小立牌标示。

★点用后处理法

→从冷冻柜取出并拆封，放入卤汁中烫熟后捞出，加入调味酱汁及配料拌匀即可。

营业前预卤时间	点用后卤制时间	计价分量	建议售价	材料成本	销售毛利	保存期限
×	5 分钟	1 份（100g）	10 元	4 元	6 元	14 天（冷藏）

52. 米血糕

★营业前处理法

→依照计价分量先切片，再排入餐车中即可。

★点用后处理法

→每片均分切成 8 小块，放入卤汁中烫熟后捞出，加入调味酱汁及配料拌匀即可。

营业前预卤时间	点用后卤制时间	计价分量	建议售价	材料成本	销售毛利	保存期限
×	5 分钟	1 片（150g）	3 元	1 元	2 元	2 天（冷藏）

53. 圆片甜不辣

★营业前处理法

→稍微冲洗后沥干，排入餐车中即可。

★点用后处理法

→每片均分切成 4~5 小片，放入卤汁中加热后捞出，加入调味酱汁及配料拌匀即可。

营业前预卤时间	点用后卤制时间	计价分量	建议售价	材料成本	销售毛利	保存期限
×	5 分钟	1 份（3 片）	4 元	2 元	2 元	14 天（冷藏）

54. 黑轮

★营业前处理法

→拆封后直接排入餐车中即可。

★点用后处理法

→切成一口大小，放入卤汁中加热后捞出，加入调味酱汁及配料拌匀即可。

营业前预卤时间	点用后卤制时间	计价分量	建议售价	材料成本	销售毛利	保存期限
×	3 分钟	1 条	4 元	2 元	2 元	14 天（冷藏）

55. 竹轮

★营业前处理法

→拆封后直接排入餐车中即可。

★点用后处理法

→切成一口大小，放入卤汁中加热后捞出，加入调味酱汁及配料拌匀即可。

营业前预卤时间	点用后卤制时间	计价分量	建议售价	材料成本	销售毛利	保存期限
×	3 分钟	1 条	4 元	2 元	2 元	14 天（冷藏）

56. 鱼板

★营业前处理法

→拆封后直接排入餐车中即可。

★点用后处理法

→每块均分切成 8 小块，放入卤汁中加热后捞出，加入调味酱汁及配料拌匀即可。

营业前预卤时间	点用后卤制时间	计价分量	建议售价	材料成本	销售毛利	保存期限
×	3 分钟	1 块	4 元	2 元	2 元	14 天（冷藏）

57. 鹌鹑蛋

★营业前处理法

→预卤后放凉并刷上香油，排入餐车中即可。

★点用后处理法

→放入卤汁中加热后捞出，加入调味酱汁及配料拌匀即可。

营业前预卤时间	点用后卤制时间	计价分量	建议售价	材料成本	销售毛利	保存期限
15 分钟（中火不加盖）	2 分钟	1 份（5 个）	4 元	1 元	3 元	3 天（冷藏）

58. 贡丸

★营业前处理法

→稍微冲洗后沥干，排入餐车中即可。

★点用后处理法

→每个切成对半，放入卤汁中加热后捞出，加入调味酱汁及配料拌匀即可。

营业前预卤时间	点用后卤制时间	计价分量	建议售价	材料成本	销售毛利	保存期限
×	5 分钟	1 份（3 个）	6 元	3 元	3 元	14 天（冷藏）

59. 花枝丸

★营业前处理法

→稍微冲洗后沥干，排入餐车中即可。

★点用后处理法

→放入卤汁中加热后捞出，加入调味酱汁及配料拌匀即可。

营业前预卤时间	点用后卤制时间	计价分量	建议售价	材料成本	销售毛利	保存期限
×	3 分钟	1 份（3 个）	6 元	3 元	3 元	14 天（冷藏）

60. 鳕鱼豆腐

★营业前处理法

→稍微冲洗后沥干，每 4 个用竹签串成 1 串后，排入餐车中即可。

★点用后处理法

→去除竹签，放入卤汁中加热后捞出，加入调味酱汁及配料拌匀即可。

营业前预卤时间	点用后卤制时间	计价分量	建议售价	材料成本	销售毛利	保存期限
×	3 分钟	1 串（4 个）	6 元	3 元	3 元	14 天（冷藏）

61. 黄金鱼蛋

★营业前处理法

→稍微冲洗后沥干，每 4 个用竹签串成 1 串后，排入餐车中即可。

★点用后处理法

→去除竹签，放入卤汁中加热后捞出，加入调味酱汁及配料拌匀即可。

营业前预卤时间	点用后卤制时间	计价分量	建议售价	材料成本	销售毛利	保存期限
×	3 分钟	1 串（4 粒）	6 元	3 元	3 元	14 天（冷藏）

62. 蟹肉棒

★营业前处理法

→直接排入餐车中即可。

★点用后处理法

→去除塑料膜，放入卤汁中加热后捞出，加入调味酱汁及配料拌匀即可。

营业前预卤时间	点用后卤制时间	计价分量	建议售价	材料成本	销售毛利	保存期限
×	2 分钟	3 个	4 元	2 元	2 元	3 天（冷藏）

63. 日式鱼板

★营业前处理法

→拆封后将每条横向切成厚约 0.3cm 的薄片，直接排入餐车中即可。

★点用后处理法

→放入卤汁中加热后捞出，加入调味酱汁及配料拌匀即可。

营业前预卤时间	点用后卤制时间	计价分量	建议售价	材料成本	销售毛利	保存期限
×	3 分钟	1 份（6 片）	6 元	3 元	3 元	14 天（冷冻）

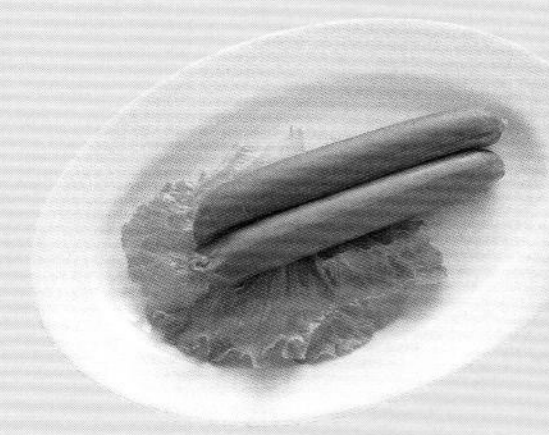

64. 香肠

★营业前处理法

→拆封后直接排入餐车中即可。

★点用后处理法

→切成一口大小，放入卤汁中加热后捞出，加入调味酱汁及配料拌匀即可。

营业前预卤时间	点用后卤制时间	计价分量	建议售价	材料成本	销售毛利	保存期限
×	3 分钟	1 条	3 元	2 元	1 元	14 天（冷冻）

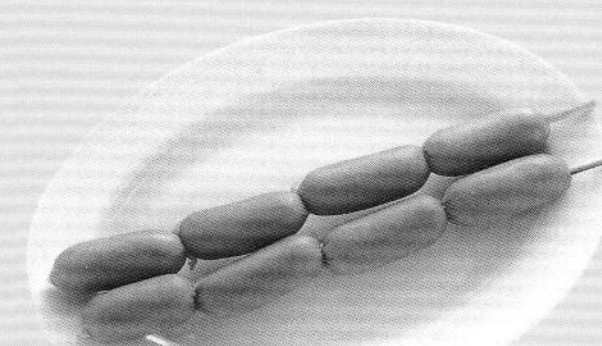

65. 脆皮肠

★营业前处理法

→拆封后每 4 个用竹签串成 1 串后，排入餐车中即可。

★点用后处理法

→去除竹签，放入卤汁中加热后捞出，加入调味酱汁及配料拌匀即可。

营业前预卤时间	点用后卤制时间	计价分量	建议售价	材料成本	销售毛利	保存期限
×	3 分钟	1 串（4 个）	4 元	2 元	2 元	14 天（冷冻）

66. 鱼饺

★营业前处理法

→拆封后每 4 个用竹签串成 1 串，置于冷冻柜中备用，可在餐车中放置小立牌标示。

★点用后处理法

→从冷冻柜中取出后去除竹签，放入卤汁中烫熟后捞出，加入调味酱汁及配料拌匀即可。

营业前预卤时间	点用后卤制时间	计价分量	建议售价	材料成本	销售毛利	保存期限
×	5 分钟	1 串（4 个）	6 元	3 元	3 元	14 天（冷冻）

67. 水晶饺

★营业前处理法

→直接排入餐车中即可。

★点用后处理法

→放入卤汁中加热后捞出，加入调味酱汁及配料拌匀即可。

营业前预卤时间	点用后卤制时间	计价分量	建议售价	材料成本	销售毛利	保存期限
×	5 分钟	1 份（3 个）	3 元	1 元	2 元	14 天（冷冻）

68. 鸭血

★营业前处理法

→洗净后依分量计价切块，放入小钢盆中，加入清水淹盖过鸭血，再排入餐车中即可。

★点用后处理法

→从水中捞起，放入卤汁中烫熟后捞出，加入调味酱汁及配料拌匀即可。

营业前预卤时间	点用后卤制时间	计价分量	建议售价	材料成本	销售毛利	保存期限
×	5 分钟	半块（150g）	4 元	2 元	2 元	3 天（泡水冷藏）

素火锅料类

【编号 69~79】

69. 素排骨 *

★营业前处理法

→拆封后直接排入餐车中即可。

★点用后处理法

→放入卤汁中加热后捞出，加入调味酱汁及配料拌匀即可。

营业前预卤时间	点用后卤制时间	计价分量	建议售价	材料成本	销售毛利	保存期限
×	3 分钟	1 份 (80g)	6 元	3 元	3 元	14 天 (冷冻)

70. 素鸡排 *

★营业前处理法

→拆封后直接排入餐车中即可。

★点用后处理法

→放入卤汁中加热后捞出，加入调味酱汁及配料拌匀即可。

营业前预卤时间	点用后卤制时间	计价分量	建议售价	材料成本	销售毛利	保存期限
×	3 分钟	1 份 (80g)	6 元	3 元	3 元	14 天 (冷冻)

71. 当归羊肉 *

★营业前处理法

→拆封后直接排入餐车中即可。

★点用后处理法

→放入卤汁中加热后捞出，加入调味酱汁及配料拌匀即可。

营业前预卤时间	点用后卤制时间	计价分量	建议售价	材料成本	销售毛利	保存期限
×	3 分钟	1 份 (80g)	6 元	3 元	3 元	14 天 (冷冻)

72. 素圆片甜不辣 *

★营业前处理法

→拆封后直接排入餐车中即可。

★点用后处理法

→每片均分切成 4~5 小片，放入卤汁中加热后捞出，加入调味酱汁及配料拌匀即可。

营业前预卤时间	点用后卤制时间	计价分量	建议售价	材料成本	销售毛利	保存期限
×	3 分钟	3 个	4 元	2 元	2 元	14 天 (冷冻)

73. 素米血糕 *

★营业前处理法

→依照计价分量先切片，再排入餐车中即可。

★点用后处理法

→每片均分切成 8 小块，放入卤汁中烫熟后捞出，加入调味酱汁及配料拌匀即可。

营业前预卤时间	点用后卤制时间	计价分量	建议售价	材料成本	销售毛利	保存期限
×	5 分钟	1 份 (150g)	3 元	1 元	2 元	2 天 (冷藏)

74. 素小香肠 *

★营业前处理法

→拆封后直接排入餐车中即可。

★点用后处理法

→放入卤汁中加热后捞出，加入调味酱汁及配料拌匀即可。

营业前预卤时间	点用后卤制时间	计价分量	建议售价	材料成本	销售毛利	保存期限
×	3 分钟	6 个	6 元	3 元	3 元	14 天 (冷冻)

75. 素腰花 *

★营业前处理法

→拆封后充分洗除咸水味，放入小钢盆中，加入清水淹盖过素腰花，排入餐车中即可。

★点用后处理法

→放入卤汁中加热后捞出，加入调味酱汁及配料拌匀即可。

营业前预卤时间	点用后卤制时间	计价分量	建议售价	材料成本	销售毛利	保存期限
×	3 分钟	6 个	6 元	3 元	3 元	5 天 (泡水冷藏)

76. 素小肚 ⋆

★营业前处理法

→拆封后直接排入餐车中即可。

★点用后处理法

→每个纵向切对半再切对半，横向切成边长约 2cm 的方块，放入卤汁中加热后捞出，加入调味酱汁及配料拌匀即可。

营业前预卤时间	点用后卤制时间	计价分量	建议售价	材料成本	销售毛利	保存期限
×	5 分钟	1 个	4 元	2 元	2 元	14 天（冷冻）

77. 素鱿鱼 ⋆

★营业前处理法

→拆封后充分洗除咸水味，放入小钢盆中，加入清水淹盖过素鱿鱼，排入餐车中即可。

★点用后处理法

→切成一口大小，放入卤汁中烫熟后捞出，加入调味酱汁及配料拌匀即可。

营业前预卤时间	点用后卤制时间	计价分量	建议售价	材料成本	销售毛利	保存期限
×	3 分钟	1 份（80g）	6 元	3 元	3 元	5 天（泡水冷藏）

78. 素花枝 ⋆

★营业前处理法

→拆封后充分洗除咸水味，放入小钢盆中，加入清水淹盖过素花枝，排入餐车中即可。

★点用后处理法

→切成一口大小，放入卤汁中烫熟后捞出，加入调味酱汁及配料拌匀即可。

营业前预卤时间	点用后卤制时间	计价分量	建议售价	材料成本	销售毛利	保存期限
×	3 分钟	1 份（80g）	6 元	3 元	3 元	5 天（泡水冷藏）

79. 素鱼丸 ⋆

★营业前处理法

→拆封后每 3 个用竹签串成 1 串，排入餐车中即可。

★点用后处理法

→去除竹签，放入卤汁中烫熟后捞出，加入调味酱汁及配料拌匀即可。

营业前预卤时间	点用后卤制时间	计价分量	建议售价	材料成本	销售毛利	保存期限
×	3 分钟	3 个	4 元	2 元	2 元	14 天（冷冻）

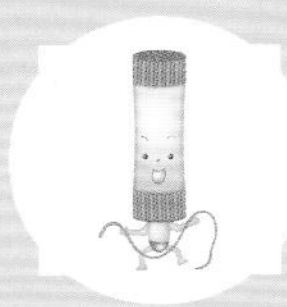

主食类

【编号 80~90】

80. 乌龙面 ⋆

★营业前处理法

→拆封后放入小塑料篮内，再排入餐车中即可。

★点用后处理法

→放入卤汁中烫熟后捞出，加入调味酱汁及配料拌匀即可。

营业前预卤时间	点用后卤制时间	计价分量	建议售价	材料成本	销售毛利	保存期限
×	3 分钟	1 包	4 元	2 元	2 元	2 天（冷藏）

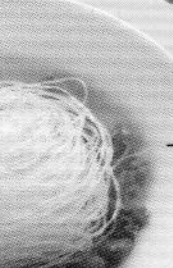

81. 细冬粉 ⋆

★营业前处理法

→泡冷水 30 分钟后捞起沥干，放入小塑料篮内，再排入餐车中即可。

★点用后处理法

→放入卤汁中烫熟后捞出，加入调味酱汁及配料拌匀即可。

营业前预卤时间	点用后卤制时间	计价分量	建议售价	材料成本	销售毛利	保存期限
×	3 分钟	1 卷	3 元	1 元	2 元	3 天（冷藏）

82. 宽冬粉 ⋆

★营业前处理法

→泡冷水 30 分钟后捞起沥干，放入小塑料篮内，再排入餐车中即可。

★点用后处理法

→放入卤汁中烫熟后捞出，加入调味酱汁及配料拌匀即可。

营业前预卤时间	点用后卤制时间	计价分量	建议售价	材料成本	销售毛利	保存期限
1 小时（中火加盖）	3 分钟	1 份（80g）	10 元	4 元	6 元	2 天（冷藏）

83. 方便面 *

★**营业前处理法**

→直接排入餐车中即可。

★**点用后处理法**

→拆封后放入卤汁中烫熟后捞出，加入调味酱汁及配料拌匀即可。

营业前预卤时间	点用后卤制时间	计价分量	建议售价	材料成本	销售毛利	保存期限
×	3 分钟	1 包	3 元	1 元	2 元	依包装标示

84. 意面 *

★**营业前处理法**

→直接排入餐车中即可。

★**点用后处理法**

→拆封后放入卤汁中烫熟后捞出，加入调味酱汁及配料拌匀即可。

营业前预卤时间	点用后卤制时间	计价分量	建议售价	材料成本	销售毛利	保存期限
×	2 分钟	1 包	4 元	2 元	2 元	依包装标示

85. 宁波年糕 *

★**营业前处理法**

→拆封后放入小塑料篮内，再排入餐车中即可。

★**点用后处理法**

→放入卤汁中烫熟后捞出，加入调味酱汁及配料拌匀即可。

营业前预卤时间	点用后卤制时间	计价分量	建议售价	材料成本	销售毛利	保存期限
×	3 分钟	1 份（150g）	4 元	2 元	2 元	2 天（冷藏）

86. 萝卜糕 *

★**营业前处理法**

→依计价分量先切片，再排入餐车中即可。

★**点用后处理法**

→每片均分切成 9 小块，放入卤汁中加热后捞出，加入调味酱汁及配料拌匀即可。

营业前预卤时间	点用后卤制时间	计价分量	建议售价	材料成本	销售毛利	保存期限
×	2 分钟	1 片（150g）	5 元	2 元	3 元	3 天（冷藏）

87. 芋粿 *

★**营业前处理法**

→依照计价分量先切条，再排入餐车中即可。

★**点用后处理法**

→切成一口大小，放入卤汁中加热后捞出，加入调味酱汁及配料拌匀即可。

营业前预卤时间	点用后卤制时间	计价分量	建议售价	材料成本	销售毛利	保存期限
×	5 分钟	1 条（200g）	4 元	2 元	2 元	14 天（冷冻）

88. 魔芋块 *

★**营业前处理法**

→拆封后充分洗除咸水味，切成三角形小块，放入小钢盆中，加入清水淹盖过魔芋块，排入餐车中即可。

★**点用后处理法**

→从水中捞起，放入卤汁中加热后捞出，加入调味酱汁及配料拌匀即可。

营业前预卤时间	点用后卤制时间	计价分量	建议售价	材料成本	销售毛利	保存期限
×	3 分钟	1 份（200g）	5 元	3 元	2 元	5 天（泡水冷藏）

89. 魔芋结 *

★**营业前处理法**

→拆封后充分洗除咸水味，放入小钢盆中，加入清水淹盖过魔芋结，排入餐车中即可。

★**点用后处理法**

→从水中捞起，放入卤汁中加热后捞出，加入调味酱汁及配料拌匀即可。

营业前预卤时间	点用后卤制时间	计价分量	建议售价	材料成本	销售毛利	保存期限
×	3 分钟	1 份（3 个）	4 元	2 元	2 元	7 天（泡水冷藏）

90. 糯米肠 *

★**营业前处理法**

→拆封后直接排入餐车中即可。

★**点用后处理法**

→切成一口大小，放入卤汁中烫熟后捞出，加入调味酱汁及配料拌匀即可。

营业前预卤时间	点用后卤制时间	计价分量	建议售价	材料成本	销售毛利	保存期限
×	3 分钟	1 条	4 元	2 元	2 元	2 天（冷藏）

Part 5

冰酿、烟熏、腌泡卤味篇

本篇将介绍冰凉好吃的冰酿卤味、特殊香味的烟熏卤味，以及浓郁的腌泡卤味，这些都是风味迥异的卤味哟！夏天是最适宜吃冰酿卤味的季节。冰酿卤味不仅甘美可口，还可以消除暑气，让人欲罢不能。烟熏卤味有茶香、松枝、甘蔗的口味可供选择，每种风味都令人垂涎。腌泡卤味则展现清脆口感，尤其添加酒香的卤味，总使人有微醺的迷恋感，是无法戒掉的好滋味哟！让我们来一一揭开它们的迷人魅力吧！

制作冰酿、烟熏、腌泡卤味的共通原则

关于冰酿卤味

◎ 冰酿卤味是因为宅配技术发达应运而生的一种卤味，所以销售时一律采用真空包装。为了方便带到国外或偏远地区，这类卤味一般制作的口味较重，以延长保存期限。

◎ 卤好的食材一定要等完全冷却，才可进行真空包装处理，包装好后，要马上放入 -18℃以下的超低温冷冻柜，让成品急速结冻，这样才能确保新鲜度，同时也更能完整封存各种食材的原汁原味。

◎ 由于成品经冷冻后风味会稍微变淡，所以冰酿卤味的卤汁要下足调味料，借由浸泡的过程让浓郁的卤汁渗入食材中，也因此冰酿卤味很适合慢慢吸吮咀嚼。

关于烟熏卤味

◎ 市售的大铁锅没办法大量制作烟熏卤味，像食谱中设定的成品量是 10kg，一般铁锅一次只能熏 2.5kg 食材，所以要分 4 次熏制。记得每次熏制完毕后都要换上新的铝箔纸及烟熏材料，产品的风味和色泽才会一致。

◎ 在烟熏好的食材上浇淋糖水，可冲淡因烟熏产生的焦苦味，让风味更加香醇顺口。

◎ 如果想一次大量制作，可以请木工制作一个像冰箱一样大小的箱子，里面要隔 4 ～ 5 层网状铁架，最底层也要做成网状铁架形式以利烟熏，在箱底放置小燃气炉及铁锅，使用时将 10kg 食材分层铺排在铁架上，铁锅里放入烟熏用的材料，如黑糖和松枝（底垫铝箔纸），开大火烟熏食材 5 分钟，转小火，继续焖熏 2 分钟后熄火，熄火后再焖熏 10 分钟至入味，就可以一次熏好 10kg 食材，掀盖淋上糖水再取出即可。

◎ 切记，在制作时，无论是用干锅、特制木箱或钢箱，都一定要全程观看，以免发生火灾。若想提高安全性，可以请铁匠制作不锈钢的箱子，这样比较安全，但价格会较高。

关于腌泡卤味

◎ 此类卤味的基本卤制原理是将食材先煮熟后，再放入冰凉的卤汁中，冷藏腌泡至入味。

◎ 真空包装时为使食材的口感更湿润顺口，建议添加适量泡过食材的特定腌泡卤汁（如醉鸡系列）。

◎ 重复使用腌泡卤汁时，在腌泡前一定要先捞除表面的浮油，以免卤汁产生腥味，同时也能避免卤好的食材变质，延长保存期限。

注：此三类都属冷卤味，因此其余的卤制注意事项，请参考制作冷卤味的共通原则（p55）。

原味冰酿 卤味

风味咸香且微甜，口感富有嚼劲，因卤好放凉后便急速冷冻封存，吃起来格外鲜美多汁。

售卖方式	保存温度	保存时间
真空宅配	冷冻于 -18℃以下	30 天

开店秘技

◎原味冰酿卤汁虽然风味浓郁，但若要运送到国外或偏远地区，则需长时间冷冻保存。建议卤汁重复使用2次就好，才能卤出最佳品质。

◎原味冰酿卤味本身味道浓郁，因此在售卖时不需要另外搭配调味酱或配料。

◎真空包装前最好先不要切分成小片或小段，这样不易流失原汁。建议店家设计专用包装袋或产品标签贴纸，详细注明各种产品的保存期限、解冻方法及购买后的处理方法（请参考【单品销售法】），以方便顾客享用。

◎食用冰酿卤味系列，请先放置在常温下自然解冻（约需30分钟）或先放在冰箱冷藏柜中解冻（需8~10小时）。建议解冻后立即享用，风味最佳。

◎真空包装拆封后，请在2小时内食用完毕，建议不要再放回冷冻柜，以免变质。

◎鸭塑身骨就是鸭的大腿骨，虽然肉不多，但其骨髓汁多味美，而且富含胶质和钙质，所以吃完肉之后，别忘了边咬边吸吮骨头，将髓汁充分吸干。

原味冰酿卤汁

材　料

A 八角 ………… 10g
草果 ………… 15g
桂子 ………… 2g
三柰 ………… 15g
小茴香 ……… 5g
甘草 ………… 5g
花椒粒 ……… 10g
桂皮 ………… 2g
干朝天椒 …… 5g
白芷 ………… 5g
B 老姜 ………… 150g

调味料

冰糖……………… 600g
盐 ……………… 450g
味素……………… 100g
金味王酱油……… 1600mL
公卖局绍兴酒…… 600mL
公卖局红标米酒… 200mL
水 ……………… 20L
焦糖色素………… 1小匙
黄色5号食用色素 1/2小匙

做　法

1. 将老姜洗净后拍碎，备用。
2. 将材料A、B全部装入棉布袋中绑紧，即为原味冰酿卤包。
3. 大汤锅中放入原味冰酿卤包及所有调味料，以大火煮滚后盖上锅盖，转中小火续煮30分钟至散发出中药香味，即完成原味冰酿卤汁（分量约20L）。

卤制食材

猪前蹄、牛腱、鸭翅、鸭脚、鸭胗、鸭塑身骨、鸭脆肠、鸭舌、鸭心、鸭脖子、鸡脚各适量（总计约10kg）

卤制方法

1. 请依照p49~p51【食材处理宝典】将所有食材处理好，备用。
2. 熬制一锅原味冰酿卤汁，先开大火再次煮滚后，立即放入猪前蹄、牛腱加盖煮1小时；拿掉锅盖，再放入鸭翅、鸭脚不加盖煮15分钟；再放入鸭胗、鸭塑身骨不加盖煮5分钟；再放入鸭脆肠、鸭舌不加盖煮5分钟；再放入鸭心、鸡脖子、鸡脚不加盖续煮5分钟，即可关火。全部卤煮过程共90分钟。
3. 将所有食材留在原锅中，不需加盖，浸泡1小时后先捞出牛腱、鸡脖子；再浸泡1小时后捞出猪前蹄、鸭翅、鸭脚、鸭塑身骨、鸭脆肠、鸭舌、鸡脚；继续浸泡3小时后捞出鸭胗、鸭心；依捞出时间分装入数个上层有漏孔的双层大钢盆中，分别静置2~3小时，放凉并沥干卤汁，待凉后立即分类，放入长方形不锈钢盘中，尽快密封冷冻。

原味冰酿卤味卤制简表

品名	火候	加盖	卤制时间	浸泡时间
1 猪前蹄	大火	√	90分钟	2小时
2 牛腱	大火	√	90分钟	1小时
3 鸭翅	大火	×	30分钟	2小时
4 鸭脚	大火	×	30分钟	2小时
5 鸭胗	大火	×	15分钟	5小时
6 鸭塑身骨	大火	×	15分钟	2小时
7 鸭脆肠	大火	×	10分钟	2小时
8 鸭舌	大火	×	10分钟	2小时
9 鸭心	大火	×	5分钟	5小时
10 鸡脖子	大火	×	5分钟	1小时
11 鸡脚	大火	×	5分钟	2小时

售卖方式

1. 请参考【单品销售法】的计价分量及卤制后处理法，将分类好的食材切成适当大小，尽快装入真空袋中，密封后放入冷冻柜，待结冻后即可售卖。
2. 依【单品销售法】计价，接到订单后以低温宅配方式运送真空冷冻产品。

单品销售法

1. 猪前蹄

	计价分量	建议售价	材料成本	销售毛利	保存时间
真空包装	4个	20元	9元	11元	30天

◎卤制后处理法

→每4个为一份，装入真空袋中，密封后放入冷冻柜，待结冻后即可售卖。

◎购买后处理法

→解冻后拆封，可以不切，也可剖半后再享用。

注：牛腱半块约为 200g。

2. 牛腱

	计价分量	建议售价	材料成本	销售毛利	保存时间
真空包装	1/2 块	36 元	12 元	24 元	30 天

◎卤制后处理法

→每块纵向切对半，每 1/2 块为一份，装入真空袋中，密封后放入冷冻柜，待结冻后即可售卖。

◎购买后处理法

→解冻后拆封，横向切成厚约 0.5cm 的薄片后即可享用。

3. 鸭翅

	计价分量	建议售价	材料成本	销售毛利	保存时间
真空包装	4 只	24 元	9 元	15 元	30 天

◎卤制后处理法

→每 4 只为一份，装入真空袋中，密封后放入冷冻柜，待结冻后即可售卖。

◎购买后处理法

→解冻后即可拆封享用。

4. 鸭脚

	计价分量	建议售价	材料成本	销售毛利	保存时间
真空包装	10 只	16 元	5 元	11 元	30 天

◎卤制后处理法

→每 10 只为一份，装入真空袋中，密封后放入冷冻柜，待结冻后即可售卖。

◎购买后处理法

→解冻后即可拆封享用。

5. 鸭胗

	计价分量	建议售价	材料成本	销售毛利	保存时间
真空包装	200g	20 元	8 元	12 元	30 天

◎卤制后处理法

→每 200g 为一份，装入真空袋中，密封后放入冷冻柜，待结冻后即可售卖。

◎购买后处理法

→解冻后拆封，可以不切，也可将每个纵向切成 5 ~ 6 片后再享用。

6. 鸭塑身骨

	计价分量	建议售价	材料成本	销售毛利	保存时间
真空包装	300g	20 元	6 元	14 元	30 天

◎卤制后处理法

→每 300g 为一份，装入真空袋中，密封后放入冷冻柜，待结冻后即可售卖。

◎购买后处理法

→解冻后即可拆封享用。

7. 鸭脆肠

	计价分量	建议售价	材料成本	销售毛利	保存时间
真空包装	200g	20 元	8 元	12 元	30 天

◎卤制后处理法

→每 200g 为一份，装入真空袋中，密封后放入冷冻柜，待结冻后即可售卖。

◎购买后处理法

→解冻后拆封，切成长 3~4cm 的小段后即可享用。

8. 鸭舌

	计价分量	建议售价	材料成本	销售毛利	保存时间
真空包装	10 只	28 元	14 元	14 元	30 天

◎卤制后处理法

→每 10 只为一份，装入真空袋中，密封后放入冷冻柜，待结冻后即可售卖。

◎购买后处理法

→解冻后即可拆封享用。

9. 鸭心

	计价分量	建议售价	材料成本	销售毛利	保存时间
真空包装	10 个	20 元	8 元	12 元	30 天

◎卤制后处理法

→每 10 个为一份，装入真空袋中，密封后放入冷冻柜，待结冻后即可售卖。

◎购买后处理法

→解冻后即可拆封享用。

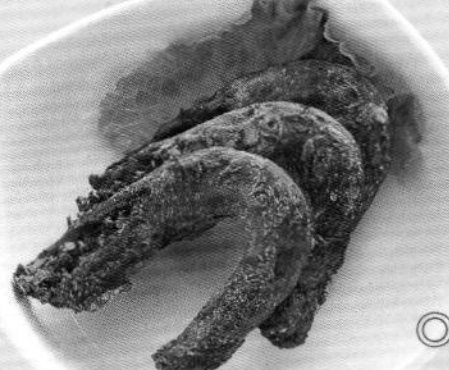

10. 鸡脖子

	计价分量	建议售价	材料成本	销售毛利	保存时间
真空包装	4 只	12 元	4 元	8 元	30 天

◎卤制后处理法

→每 4 只为一份，装入真空袋中，密封后放入冷冻柜，待结冻后即可售卖。

◎购买后处理法

→解冻后拆封，剁成长约 3cm 的小段后即可享用。

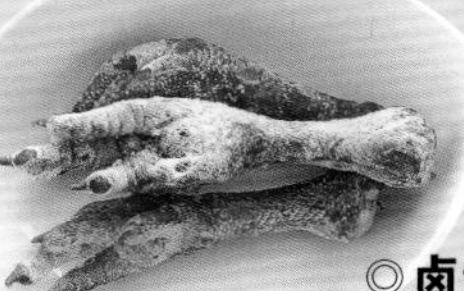

11. 鸡脚

	计价分量	建议售价	材料成本	销售毛利	保存时间
真空包装	10 只	20 元	8 元	12 元	30 天

◎卤制后处理法

→每 10 只为一份，装入真空袋中，密封后放入冷冻柜，待结冻后即可售卖。

◎购买后处理法

→解冻后即可拆封享用。

蜂蜜冰酿 卤味

咸度适中且带有淡淡的蜂蜜甜香，适合当成零食食用。由于卤汁中融入了酸酸甜甜的乌梅、山楂及冰梅酱，连小朋友也会吃得津津有味。

售卖方式	保存温度	保存时间
真空宅配	冷冻于 -18℃以下	30 天

开店秘技

◎若蜂蜜冰酿卤味要运送到偏远地区，那么需长时间冷冻保存。建议将卤汁重复使用 2 次就好，才能卤出最佳品质。

◎挑选蜂蜜时一定要购买纯正的蜂蜜，最简单的方法是选购瓶身贴有认证合格镭射标签的产品。另外也可用牙签或筷子蘸取蜂蜜，若能拉起成为长丝状，且蜜丝断掉后会自然缩起呈小球状，代表品质优良。

◎在卤包材料中加入乌梅和山楂，具有提升蜂蜜香气的效果；钜利冰梅酱是来自香港的老牌子，风味酸甜，带有迷人的梅子香，可提升卤味的口感。

◎蜂蜜冰酿卤味本身味道已足够，因此售卖时不需搭配调味酱或配料。

◎真空包装前最好先不要分切成小片或小段，这样不易流失原汁。建议店家设计专用包装袋或产品标签贴纸，详细注明各种产品的保存期限、解冻方法及购买后处理法（请参考【单品销售法】），以便顾客享用。

◎食用冰酿卤味前，请先放置在常温下自然解冻（约需 30 分钟），或先放在冰箱冷藏柜中解冻（需 8~10 小时）。

◎真空包装拆封后，请在 2 小时内食用完毕，建议不要再放回冷冻柜，以免变质。

蜂蜜冰酿卤汁

材　料

A 八角 ………… 10g
甘草 ………… 7g
白芷 ………… 5g
陈皮 ………… 20g
桂皮 ………… 10g
乌梅 ………… 100g
山楂 ………… 25g
B 老姜 ………… 150g

调味料

蜂蜜……………… 300g
冰糖……………… 300g
钜利冰梅酱……… 200g
盐 ……………… 350g
金味王酱油……… 1200mL
公卖局红标米酒… 600mL
公卖局白葡萄酒… 200mL
水 ……………… 20L
黄色 5 号食用色素 1/2 小匙

做　法

1. 将老姜洗净后拍碎，备用。
2. 将材料 A、B 全部装入棉布袋中绑紧，即为蜂蜜冰酿卤包。
3. 大汤锅中放入蜂蜜冰酿卤包及所有调味料，以大火煮滚后盖上锅盖，转中小火续煮 30 分钟至散发出中药香味，即完成蜂蜜冰酿卤汁（分量约 20L）。

卤制食材

鸭脖子、鸭翅、鸭脚、鸡胗、鸭塑身骨、鸭舌、鸭心、两节鸡翅、鸡脚各适量（总计约 10kg）

卤制方法

1. 请依照 p49~p51【食材处理宝典】将所有食材处理好，备用。
2. 熬制一锅蜂蜜冰酿卤汁，先开大火再次煮滚后转中火，立即放入鸭脖子、鸭翅、鸭脚不加盖煮 15 分钟；再放入鸡胗、鸭塑身骨不加盖煮 5 分钟；再放入鸭舌、鸭心、两节鸡翅、鸡脚不加盖续煮 10 分钟，即可关火。全部卤煮过程共 30 分钟。
3. 将所有食材留在原锅中，不需加盖，浸泡 1 小时后先捞出两节鸡翅；再浸泡 1 小时后捞出鸭脖子、鸭翅、鸭脚、鸭塑身骨、鸭舌、鸡脚；继续浸泡 3 小时后捞出鸡胗、鸭心；依捞出时间分装入数个上层有漏孔的双层大钢盆中，分别静置 2~3 小时，放凉并沥干卤汁，待凉后立即分类放入长方形不锈钢盘中，尽快密封冷冻。

蜂蜜冰酿卤味卤制简表

品名	火候	加盖	卤制时间	浸泡时间
1 鸭脖子	大火	×	30 分钟	2 小时
2 鸭翅	大火	×	30 分钟	2 小时
3 鸭脚	大火	×	30 分钟	2 小时
4 鸡胗	大火	×	15 分钟	5 小时
5 鸭塑身骨	大火	×	15 分钟	2 小时
6 鸭舌	大火	×	10 分钟	2 小时
7 鸭心	大火	×	10 分钟	5 小时
8 两节鸡翅	大火	×	10 分钟	1 小时
9 鸡脚	大火	×	10 分钟	2 小时

售卖方式

1. 请参考【单品销售法】的计价分量及卤制后处理法，将分类好的食材切成适当大小，尽快装入真空袋中，密封后放入冷冻柜，待结冻后即可售卖。
2. 依【单品销售法】计价，接获订单后以低温宅配方式运送真空冷冻产品。

单品销售法

1. 鸭脖子

	计价分量	建议售价	材料成本	销售毛利	保存时间
真空包装	4 只	20 元	6 元	14 元	30 天

◎**卤制后处理法**

→每 4 只为一份，装入真空袋中，密封后放入冷冻柜，待结冻后即可售卖。

◎**购买后处理法**

→解冻后拆封，剁成长约 3cm 的小段后即可享用。

2. 鸭翅

	计价分量	建议售价	材料成本	销售毛利	保存时间
真空包装	4 只	24 元	9 元	15 元	30 天

◎卤制后处理法

→每 4 只为一份，装入真空袋中，密封后放入冷冻柜，待结冻后即可售卖。

◎购买后处理法

→解冻后即可拆封享用。

3. 鸭脚

	计价分量	建议售价	材料成本	销售毛利	保存时间
真空包装	10 只	16 元	5 元	11 元	30 天

◎卤制后处理法

→每 10 只为一份，装入真空袋中，密封后放入冷冻柜，待结冻后即可售卖。

◎购买后处理法

→解冻后即可拆封享用。

4. 鸡胗

	计价分量	建议售价	材料成本	销售毛利	保存时间
真空包装	160g	20 元	8 元	12 元	30 天

◎卤制后处理法

→每 160g 为一份，装入真空袋中，密封后放入冷冻柜，待结冻后即可售卖。

◎购买后处理法

→解冻后拆封，可以不切，也可将每个纵向切成 3~4 片后享用。

5. 鸭塑身骨

	计价分量	建议售价	材料成本	销售毛利	保存时间
真空包装	350g	20 元	6 元	14 元	30 天

◎卤制后处理法

→每 350g 为一份，装入真空袋中，密封后放入冷冻柜，待结冻后即可售卖。

◎购买后处理法

→解冻后即可拆封享用。

6. 鸭舌

	计价分量	建议售价	材料成本	销售毛利	保存时间
真空包装	10 只	28 元	14 元	14 元	30 天

◎卤制后处理法

→每 10 只为一份，装入真空袋中，密封后放入冷冻柜，待结冻后即可售卖。

◎购买后处理法

→解冻后即可拆封享用。

7. 鸭心

	计价分量	建议售价	材料成本	销售毛利	保存时间
真空包装	10 个	20 元	8 元	12 元	30 天

◎卤制后处理法

→每 10 个为一份，装入真空袋中，密封后放入冷冻柜，待结冻后即可售卖。

◎购买后处理法

→解冻后即可拆封享用。

8. 两节鸡翅

	计价分量	建议售价	材料成本	销售毛利	保存时间
真空包装	8 只	30 元	16 元	14 元	30 天

◎卤制后处理法

→每8只为一份，装入真空袋中，密封后放入冷冻柜，待结冻后即可售卖。

◎购买后处理法

→解冻后即可拆封享用。

9. 鸡脚

	计价分量	建议售价	材料成本	销售毛利	保存时间
真空包装	10 只	20 元	8 元	12 元	30 天

◎卤制后处理法

→每 10 只为一份，装入真空袋中，密封后放入冷冻柜，待结冻后即可售卖。

◎购买后处理法

→解冻后即可拆封享用。

蒜味冰酿 卤味

风味浓郁偏咸，带有诱人蒜香，口感扎实有嚼劲，很适合当成下酒菜享用。

售卖方式	保存温度	保存时间
真空宅配	冷冻于 -18℃以下	30 天

开店秘技

◎蒜味冰酿卤汁虽然风味浓郁，但若要运送到国外或偏远地区，则需长时间冷冻保存。建议卤汁重复使用 2 次就好，才能卤出最佳品质。

◎由于新鲜蒜头容易腐坏，不适合长时间保存，因此建议使用经过干燥处理的香蒜粉来熬制卤汁。

◎虽然这道卤味是以蒜香味为主，但是调味时还是要拿捏得宜，建议照本书配方添加香蒜粉，不宜再增量，以免蒜味过浓反而会掩盖食材本身的鲜香味。

◎蒜味冰酿卤味本身味道浓郁，因此售卖时不需搭配调味酱或配料。

◎真空包装前最好先不要分切成小片或小段，这样不易流失原汁。建议店家设计专用包装袋或产品标签贴纸，详细注明各种产品的保存期限、解冻方法及购买后处理法（请参考【单品销售法】），以方便顾客享用。

◎食用冰酿卤味前，请先放置在常温下自然解冻（约需 30 分钟），或先放在冰箱冷藏柜中解冻（需 8~10 小时）。真空包装拆封后，在 2 小时内食用风味最佳。

◎制作猪蹄膀时要再次检查是否有毛没剔除干净，以免不卫生。

蒜味冰酿卤汁

材　料

A 八角 ………… 10g
草果 ………… 15g
桂子 ………… 2g
三柰 ………… 15g
小茴香 ……… 5g
甘草 ………… 5g
花椒粒 ……… 10g
陈皮 ………… 5g
桂皮 ………… 2g
干朝天椒 …… 5g
白芷 ………… 5g
香蒜粉 ……… 20g
洋葱粉 ……… 10g

B 老姜 ………… 150g

调味料

冰糖………………… 600g
盐 ………………… 450g
味素………………… 100g
金味王酱油……… 1600mL
公卖局红标米酒… 1200mL
水 ………………… 20L
焦糖色素………… 1 小匙
黄色 5 号食用色素 1/2 小匙

做　法

1. 将老姜洗净后拍碎，备用。
2. 将材料 A、B 全部装入棉布袋中绑紧，即为蒜味冰酿卤包。
3. 大汤锅中放入蒜味冰酿卤包及所有调味料，以大火煮滚后盖上锅盖，转中小火续煮 30 分钟至散发出中药香味，即完成蒜味冰酿卤汁（分量约 20L）。

卤制食材

猪蹄膀、牛肚、鸭翅、鸭脚、鸭尾椎骨、鸡胗、鸭脆肠、鸭舌、鸡脖子、鸡心、鸡脚各适量（总计约 10kg）

卤制方法

1. 请依照 p49~p51【食材处理宝典】将所有食材处理好，备用。
2. 熬制一锅蒜味冰酿卤汁，先开大火再次煮滚后转中火，立即放入猪蹄膀加盖煮 30 分钟；再放入牛肚加盖煮 30 分钟；拿掉锅盖，转大火，放入鸭翅、鸭脚不加盖煮 15 分钟；再放入鸭尾椎骨、鸡胗不加盖煮 5 分钟；再放入鸭脆肠、鸭舌不加盖煮 5 分钟；再放入鸡脖子、鸡心、鸡脚不加盖续煮 5 分钟，即可关火。全部卤煮过程共 90 分钟。
3. 将所有食材留在原锅中，不需加盖，浸泡 1 小时后先捞出猪蹄膀、牛肚、鸡脖子；再浸泡 1 小时后捞出鸭翅、鸭脚、鸭尾椎骨、鸭脆肠、鸭舌、鸡脚；继续浸泡 3 小时后捞出鸡胗、鸡心；依捞出时间分装入数个上层有漏孔的双层大钢盆中，分别静置 2~3 小时，放凉并沥干卤汁，待凉后立即分类，放入长方形不锈钢盘中，尽快密封冷冻。

蒜味冰酿卤味卤制简表

品名	火候	加盖	卤制时间	浸泡时间
1 猪蹄膀	中火	√	90 分钟	1 小时
2 牛肚	中火	√	1 小时	1 小时
3 鸭翅	大火	×	30 分钟	2 小时
4 鸭脚	大火	×	30 分钟	2 小时
5 鸭尾椎骨	大火	×	15 分钟	2 小时
6 鸡胗	大火	×	15 分钟	5 小时
7 鸭脆肠	大火	×	10 分钟	2 小时
8 鸭舌	大火	×	10 分钟	2 小时
9 鸡脖子	大火	×	5 分钟	1 小时
10 鸡心	大火	×	5 分钟	5 小时
11 鸡脚	大火	×	5 分钟	2 小时

售卖方式

1. 请参考【单品销售法】的计价分量及卤制后处理法，将分类好的食材切成适当大小，尽快装入真空袋中，密封后放入冷冻柜，待结冻后即可售卖。
2. 依【单品销售法】计价，接到订单后以低温宅配方式运送真空冷冻产品。

单品销售法

1. 猪蹄膀

	计价分量	建议售价	材料成本	销售毛利	保存时间
真空包装	1 个	60 元	24 元	36 元	30 天

◎卤制后处理法

→1 个为一份，装入真空袋中，密封后放入冷冻柜，待结冻后即可售卖。

◎购买后处理法

→ 解冻后拆封，先切成 4 等份，每份再切成厚 0.3~0.5cm 的薄片后即可享用。

注：由于猪蹄膀分量较大，也可以 1/2 个为单位售卖。售卖时可另外附上 1 小包蒜泥酱（p45）当作蘸酱。

2. 牛肚

	计价分量	建议售价	材料成本	销售毛利	保存时间
真空包装	200g	36 元	10 元	26 元	30 天

◎卤制后处理法

→每个先纵向切对半，再每 200g 切成一块，装入真空袋中，密封后放入冷冻柜，待结冻后即可售卖。

◎购买后处理法

→解冻后拆封，切成厚约 0.5cm 的薄片后即可享用。

3. 鸭翅

	计价分量	建议售价	材料成本	销售毛利	保存时间
真空包装	4 只	24 元	9 元	15 元	30 天

◎卤制后处理法

→每 4 只为一份，装入真空袋中，密封后放入冷冻柜，待结冻后即可售卖。

◎购买后处理法

→解冻后即可拆封享用。

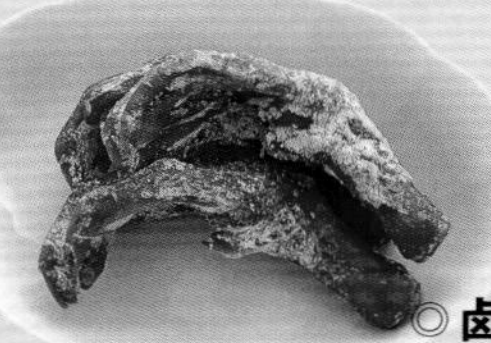

4. 鸭脚

	计价分量	建议售价	材料成本	销售毛利	保存时间
真空包装	10 只	16 元	5 元	11 元	30 天

◎卤制后处理法

→每 10 只为一份，装入真空袋中，密封后放入冷冻柜，待结冻后即可售卖。

◎购买后处理法

→解冻后即可拆封享用。

5. 鸭尾椎骨

	计价分量	建议售价	材料成本	销售毛利	保存时间
真空包装	10 只	16 元	4 元	12 元	30 天

◎卤制后处理法

→每 10 只为一份，装入真空袋中，密封后放入冷冻柜，待结冻后即可售卖。

◎购买后处理法

→解冻后即可拆封享用。

6. 鸡胗

	计价分量	建议售价	材料成本	销售毛利	保存时间
真空包装	160g	20 元	8 元	12 元	30 天

◎卤制后处理法

→每 160g 为一份，装入真空袋中，密封后放入冷冻柜，待结冻后即可售卖。

◎购买后处理法

→解冻后即可拆封享用。

7. 鸭脆肠

	计价分量	建议售价	材料成本	销售毛利	保存时间
真空包装	200g	20 元	8 元	12 元	30 天

◎卤制后处理法

→每 200g 为一份，装入真空袋中，密封后放入冷冻柜，待结冻后即可售卖。

◎购买后处理法

→解冻后拆封，切成长 3~4cm 的小段后即可享用。

8. 鸭舌

	计价分量	建议售价	材料成本	销售毛利	保存时间
真空包装	10 只	28 元	14 元	14 元	30 天

◎卤制后处理法

→每 10 只为一份，装入真空袋中，密封后放入冷冻柜，待结冻后即可售卖。

◎购买后处理法

→解冻后即可拆封享用。

9. 鸡脖子

	计价分量	建议售价	材料成本	销售毛利	保存时间
真空包装	4 只	12 元	4 元	8 元	30 天

◎卤制后处理法

→每 4 只为一份，装入真空袋中，密封后放入冷冻柜，待结冻后即可售卖。

◎购买后处理法

→解冻后拆封，剁成长约 3cm 的小段后即可享用。

10. 鸡心

	计价分量	建议售价	材料成本	销售毛利	保存时间
真空包装	150g	20 元	8 元	12 元	30 天

◎卤制后处理法

→每 150g 为一份，装入真空袋中，密封后放入冷冻柜，待结冻后即可售卖。

◎购买后处理法

→解冻后即可拆封享用。

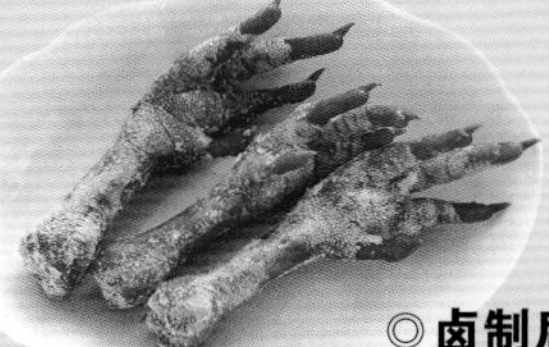

11. 鸡脚

	计价分量	建议售价	材料成本	销售毛利	保存时间
真空包装	10 只	20 元	8 元	12 元	30 天

◎卤制后处理法

→每 10 只为一份，装入真空袋中，密封后放入冷冻柜，待结冻后即可售卖。

◎购买后处理法

→解冻后即可拆封享用。

茶香烟熏 卤味

散发浓郁茶香及糖香，外观呈现诱人的茶褐色，适合在亲友聚餐时享用，更是喝茶、品酒时的最佳小菜。

售卖方式	保存温度	保存时间
现场销售	常温	4 小时
	冷藏 4℃以下	3~5 天
真空宅配	冷藏 4℃以下	7~14 天

开店秘技

◎茶香烟熏卤汁的风味清爽，不适合重复使用，但卤过 1 次全鹅或花枝后可捞除表面浮油，再当成陈年老卤卤汁或四川卤汁的高汤。

◎全鹅请购买传统市场中已处理好的去毛、去内脏的光鹅，约 2.5kg 重的大小最适中。卤制全鹅的时间，这里以 2.5kg 为标准，卤的时间为 75 分钟。若全鹅是 2.75kg，则卤的时间要改为 80 分钟，即每多 250g，时间要增加 5 分钟，以此类推。至于浸泡的时间则皆为 10 分钟，不必随重量调整。

◎卤制全鹅时必须小心控制火候，卤汁不可以滚起或沸腾（刚下锅时除外），最佳温度是维持在 90~95℃。若火力太大，会使鹅皮破损、肉质老化，影响食材的卖相和口感。

◎若一次不需要卤太多，可依需求将卤汁及烟熏用的调味料按等比例减量。如 2.5kg 花枝，就取 5L 卤汁，调味料也要同时缩减成 1/4 的分量，以此类推。

◎传统茶香烟熏卤味会使用红茶作为烟熏材料，不过本书建议用乌龙茶叶，风味会更香醇。

◎烟熏时，建议挑选新竹县宝山糖厂出产的黑糖，品质及风味较佳。

◎在熏好的成品上涂抹蜂蜜，具有添香、保湿及增添光泽的效果。

茶香烟熏卤汁

材　料

A 八角 ………… 20g
　甘草 ………… 10g
　花椒粒 ……… 10g
　桂皮 ………… 20g
B 老姜 ………… 300g
　葱 …………… 300g

调味料

冰糖 ………… 100g
味素 ………… 100g
公卖局红标米酒 … 300mL
水 …………… 20L

做　法

1. 材料 B 洗净后，将老姜拍碎，将葱切除根部，再切成 3 段，备用。
2. 将材料 A、B 全部装入棉布袋中绑紧，即为茶香烟熏卤包。
3. 大汤锅中放入茶香烟熏卤包及所有调味料，以大火煮滚后盖上锅盖，转中小火续煮 30 分钟至散发出中药香味，即完成茶香烟熏卤汁（分量约 20L）。

单独卤制：全鹅

卤制食材
全鹅 4 只（每只约 2.5kg）

腌料
粗盐 400g

烟熏材料
A 黑糖 100g、乌龙茶叶 50g
B 二砂糖 100g、水 1000mL
C 飞马牌胡椒盐 8 大匙、蜂蜜 400g

茶香烟熏卤味卤制简表			
火候	加盖	卤制时间	浸泡时间
小火	×	75 分钟	10 分钟

售卖方式
1 将蜜汁茶鹅和钢盘一同排入展售柜中（也可用铁钩将茶鹅吊挂在展售柜上吸引顾客），依【单品销售法】计价。
2 待客人点选后，将茶鹅切成适当大小装盒或装袋，再依客人喜好搭配嫩姜丝或黄瓜 片，附上适量辣豆瓣酱（p44）即可。

卤制方法
1. 请依照 p49~p51【食材处理宝典】将全鹅处理好，备用。
2. 把全鹅全身及肚内均匀涂抹上粗盐（每只各 100g），放入冰箱冷藏腌渍 8~10 小时。
3. 熬制一锅茶香烟熏卤汁，先开大火再次煮滚后，立即用手抓住全鹅的脖子上方，将鹅身及一半的鹅脖子浸入卤汁中再提起，重复此动作 3~4 次，再迅速将整只全鹅轻轻放入卤汁中。将所有鹅依相同方式放入锅中后，将卤汁再次煮滚后转小火，不加盖煮 75 分钟，即可关火。
4. 将全鹅留在原锅中，不需加盖，浸泡 10 分钟后捞出，放在上层有漏孔的双层大钢盆中，静置 2~3 小时，放凉并沥干卤汁，备用。
5. 将烟熏材料 A 放入钢盆中混合拌匀；再将烟熏材料 B 放入汤锅里，用小火边搅拌边煮，使糖完全溶化成糖水，备用。
6. 取一直径 55cm 的大铁锅，锅底铺上一张 30cm×30cm 的铝箔纸，再取 1/4 分量的烟熏材料 A 铺撒在铝箔纸上，接着摆上一个直径 35~40cm 的网状圆形铁架，完成烟熏准备工作。取 1 只放凉的全鹅放在铁架上，盖上锅盖，开大火烟熏 3 分钟，转小火，继续焖熏 2 分钟后熄火，再焖熏 10 分钟至入味，拿掉锅盖，在全鹅上均匀淋上 1/4 分量的糖水后取出，放入钢盆中，将鹅的全身及肚内先均匀涂抹上 2 大匙胡椒盐，再抹上 100g 蜂蜜，静置 2~3 小时放凉，即完成道地的蜜汁茶鹅。
7. 其余卤好的全鹅也依做法 6 的方式做成蜜汁茶鹅（需再分 3 次熏制），再放入长方形不锈钢盘中即可。

单品销售法

◎蜜汁茶鹅

	计价分量	建议售价	材料成本	销售毛利	保存时间
现场售卖	200g	24 元	10 元	14 元	3 天
真空包装	1/4 只	80 元	34 元	46 元	14 天

◎卤制后处理法

→每只先从脖子处剁开后，再将鹅头跟鹅脖子剁开，把鹅头对剖成两半，脖子则剁成长约 3cm 的小段；鹅身部分先对剖成半只，每半只再纵向切半成 1/4 只，接着将鹅腿及鹅翅剁下，鹅腿横向剁成厚约 2cm 的块状，鹅翅则纵向剁成 4 块，鹅胸部分先对半剁后再剁成一口大小，其余鹅身再横向剁成厚约 2cm 的块状后排盘或装袋，搭配嫩姜丝或黄瓜片，附上适量辣豆瓣酱即可。

注：白斩鹅 1/4 只约 750g。

茶香烟熏卤味卤制简表			
火候	加盖	卤制时间	浸泡时间
大火	×	5分钟	1小时

单品销售法

◎茶熏花枝

	计价分量	建议售价	材料成本	销售毛利	保存时间
现场售卖	200g	20元	8元	12元	3天
真空包装	1/4只(1只约800g)	75元	30元	45元	14天

◎卤制后处理法

→先将每只花枝头拉起后切小块，身体部分划开一刀后摊平，再纵向切成4等份长条，每条再横向以斜刀片成厚约0.3cm的薄片后，搭配嫩姜丝或黄瓜片，附上适量辣豆瓣酱即可。

单独卤制：花枝

卤制食材

花枝（或冷冻花枝板）10kg

烟熏材料

A 黑糖100g、乌龙茶叶50g

B 二砂糖100g、水1000mL

C 蜂蜜400g

卤制方法

1. 请依照p49~p51【食材处理宝典】将花枝处理好，备用。
2. 熬制一锅茶香烟熏卤汁，先开大火再次煮滚后，立即放入花枝，不加盖煮5分钟，即可关火。
3. 将花枝留在原锅中，不需加盖，浸泡1小时后捞出，放在上层有漏孔的双层大钢盆中，静置2~3小时，放凉并沥干卤汁，备用。
4. 将烟熏材料A放入钢盆中混合拌匀；再将烟熏材料B放入汤锅里，用小火边搅拌边煮，使糖完全溶化成糖水，备用。
5. 取一直径55cm的大铁锅，锅底铺上一张30cm×30cm的铝箔纸，再取1/4分量的烟熏材料A铺撒在铝箔纸上，接着摆上一个直径35~40cm的网状圆形铁架，完成烟熏准备工作。取2.5kg的花枝以不重叠的方式排在铁架上，盖上锅盖，开大火烟熏3分钟，转小火，继续焖熏2分钟后熄火，再焖熏10分钟至入味，拿掉锅盖，在花枝上均匀淋上1/4分量的糖水后取出，放入钢盆中，将花枝表面均匀涂抹上100g蜂蜜，静置2~3小时放凉，即完成道地的茶熏花枝。
6. 其余卤好的花枝也依做法5的方式做成茶熏花枝（需再分3次熏制），放入长方形不锈钢盘中即可。

售卖方式

1. 将茶熏花枝连同钢盘一同排入展售柜中，依【单品销售法】计价。
2. 待客人点选后，将各种食材切成适当大小后装盒或装袋，再依客人喜好搭配嫩姜丝或黄瓜片，附上适量辣豆瓣酱（p44）即可。

松枝烟熏 卤味

以先卤后烟熏的方式制成，一口咬下能尝到松枝的清香、红糖的甘醇及淡淡的烟熏香气，讨喜的滋味令人百吃不厌。

售卖方式	保存温度	保存时间
现场销售	常温	8 小时
	冷藏 4℃以下	3~5 天
真空宅配	冷藏 4℃以下	7~14 天

开店秘技

◎松枝烟熏卤汁的味道较浓郁，可以重复使用约 5 次。5 次后再卤 1 次豆干，之后便要丢弃。

◎百页豆腐有很多粗大的孔洞，很容易吸收卤汁，因此不适合浸泡，以免味道太咸。

◎将树上掉下来的松叶先洗净，再曝晒 2~3 天至土黄干扁状即为松枝。处理好的松枝可放在干燥通风处密封保存，约可存放 1 年。若不方便取得松枝也可不加，单纯的糖熏也很美味。

◎建议挑选新竹县宝山糖厂出产的黑糖，宝山糖厂已有百年历史，黑糖品质及风味较佳。

◎市售的大铁锅没办法大量制作松枝烟熏卤味，像本食谱设定的成品量是 10kg，一般铁锅一次只能熏 2.5kg 食材，所以要分 4 次熏制。记得每次熏制完毕后都要换上新的铝箔纸、红糖、松枝，风味才会一致。

◎在烟熏好的食材上浇淋糖水，可冲淡因烟熏产生的焦苦味，让风味更加香醇合口。

松枝烟熏卤汁

材　料

A 八角 ………… 10g
小茴香 ……… 10g
甘草 ………… 10g
花椒粒 ……… 10g
桂皮 ………… 5g
干辣椒 ……… 5g
丁香 ………… 2g
B 老姜 ………… 300g

调味料

盐 ……………… 600g
冰糖………………400g
味素………………100g
金味王酱油……… 800mL
公卖局红标米酒… 300mL
水 ……………… 20L
黄色 5 号食用色素 2 小匙

做　法

1. 将老姜洗净后拍碎，备用。
2. 将材料 A、B 全部装入棉布袋中绑紧，即为松枝烟熏卤包。
3. 大汤锅中先放入松枝烟熏卤包及所有调味料，以大火煮滚后盖上锅盖，转中小火续煮 30 分钟至散发出中药香味，即完成松枝烟熏卤汁（分量约 20L）。

第1次卤汁

卤制食材

鸭头连脖子、鸭翅、鸭脚、鸭胗、鸭心、鸭舌各适量（总计约10kg）

烟熏材料

A 黑糖200g、松枝50g

B 二砂糖200g、水2000mL

卤制方法

1. 请依照p49~p51【食材处理宝典】将所有食材处理好，备用。
2. 熬制一锅松枝烟熏卤汁，先开大火再次煮滚后，立即放入鸭头连脖子、鸭翅、鸭脚不加盖煮15分钟；再放入鸭胗、鸭心、鸭舌不加盖续煮10分钟，即可关火。全部卤煮过程共25分钟。
3. 将所有食材留在原锅中，不需加盖，浸泡1小时后捞出，放在上层有漏孔的双层大钢盆中，静置2~3小时，放凉并沥干卤汁，备用。
4. 将烟熏材料A放入钢盆中混合拌匀；再将烟熏材料B放入汤锅里，用小火边搅拌边煮，使糖完全溶化成糖水，备用。
5. 取一直径55cm的大铁锅，锅底铺上一张30cm×30cm的铝箔纸，再取1/4分量的烟熏材料A铺撒在铝箔纸上，接着摆上一个直径35~40cm的网状圆形铁架。
6. 取2.5kg卤好放凉的食材，以不重叠方式排在铁架上，盖上锅盖，开大火烟熏3分钟，转小火，继续焖熏2分钟后熄火，再焖熏10分钟至入味，拿掉锅盖，在食材上均匀淋上1/4分量的糖水后取出，放入钢盆中，静置2~3小时放凉，待凉后分类放入长方形不锈钢盘中即可。
7. 其余卤好的食材也依做法6的方式处理即可（需再分3次熏制）。

松枝烟熏卤味卤制简表

第1次卤汁 品名	火候	加盖	卤制时间	浸泡时间
1 鸭头连脖子	大火	×	25分钟	1小时
2 鸭翅	大火	×	25分钟	1小时
3 鸭脚	大火	×	25分钟	1小时
4 鸭胗	大火	×	10分钟	1小时
5 鸭心	大火	×	10分钟	1小时
6 鸭舌	大火	×	10分钟	1小时
第2次卤汁 品名	火候	加盖	卤制时间	浸泡时间
7 豆干	大火	√	40分钟	1小时
8 贡丸	大火	√	10分钟	1小时
9 百页豆腐	大火	√	10分钟	×

第2次卤汁

卤制食材

豆干、贡丸、百页豆腐各适量（总计约 10kg）

烟熏材料

A 黑糖 200g、松枝 50g

B 二砂糖 200g、水 2000mL

卤制方法

1. 请依照 p49~p51【食材处理宝典】将所有食材处理好，备用。
2. 将第 1 次卤汁表面的浮油捞除，开大火再次煮滚后，立即放入豆干加盖煮 30 分钟；再放入贡丸、百页豆腐加盖续煮 10 分钟，即可关火。全部卤煮过程共 40 分钟。
3. 拿掉锅盖，先捞出百页豆腐，放在上层有漏孔的双层大钢盆中，静置 1~2 小时，放凉并沥干卤汁，备用。
4. 将豆干、贡丸留在原锅中，不需加盖，浸泡 1 小时后捞出，放在上层有漏孔的双层大钢盆中，静置 1~2 小时，放凉并沥干卤汁，备用。
5. 将烟熏材料 A 放入钢盆中混合拌匀；再将烟熏材料 B 放入汤锅里，用小火边搅拌边煮，使糖完全溶化成糖水，备用。
6. 取一直径 55cm 的大铁锅，锅底铺上一张 30cm×30cm 的铝箔纸，再取 1/4 分量的烟熏材料 A 铺撒在铝箔纸上，接着摆上一个直径 35~40cm 的网状圆形铁架。
7. 取 2.5kg 卤好放凉的食材，以不重叠方式排在铁架上，盖上锅盖，开大火烟熏 3 分钟，转小火，继续焖熏 2 分钟后熄火，再焖熏 10 分钟才能入味，拿掉锅盖，在食材上均匀淋上 1/4 分量的糖水后取出，放入钢盆中，静置 2~3 小时放凉，待凉后分类放入长方形不锈钢盘中即可。
8. 其余卤好的食材同样以做法 7 的方式处理即可。（需再分 3 次熏制）

¥ 售卖方式

1 将所有熏好的食材连同钢盘一同排入展售柜中，依【单品销售法】计价。

2 待客人点选后，将各种食材切成适当大小后装盒或装袋即可。

单品销售法

1. 鸭头连脖子

	计价分量	建议售价	材料成本	销售毛利	保存时间
现场售卖	1 只	13 元	3 元	10 元	3 天
真空包装	4 只	52 元	11 元	41 元	14 天

◎点用后处理法

→将鸭头跟脖子先剁开，把鸭头对剖两半，脖子剁成长约 3cm 的斜段后装盒或装袋即可。

2. 鸭翅

	计价分量	建议售价	材料成本	销售毛利	保存时间
现场售卖	1 只	6 元	2 元	4 元	3 天
真空包装	4 只	24 元	10 元	14 元	14 天

◎点用后处理法

→可整只卖，若客人要切，也可将每只纵向剁成 4 块后装盒或装袋。

PS 注：将鸭翅纵向剁的好处是方便入口，食用时骨头不易刺伤嘴，切口也不会有小碎骨。

3. 鸭脚

	计价分量	建议售价	材料成本	销售毛利	保存时间
现场售卖	1 只	1.5 元	0.5 元	1 元	3 天
真空包装	10 只	15 元	5 元	10 元	14 天

◎点用后处理法

→直接装盒或装袋即可。

4. 鸭胗

	计价分量	建议售价	材料成本	销售毛利	保存时间
现场售卖	1 个	5 元	2 元	3 元	3 天
真空包装	150g	20 元	6 元	14 元	14 天

◎**点用后处理法**

→可整个卖，若客人要切，也可将每个纵向切成 5~6 片后装盒或装袋。

5. 鸭心

	计价分量	建议售价	材料成本	销售毛利	保存时间
现场售卖	1 个	2 元	1 元	1 元	3 天
真空包装	150g	20 元	8 元	12 元	14 天

◎**点用后处理法**

→直接装盒或装袋即可。

6. 鸭舌

	计价分量	建议售价	材料成本	销售毛利	保存时间
现场售卖	1 只	3 元	1.5 元	1.5 元	3 天
真空包装	10 只	30 元	15 元	15 元	14 天

◎**点用后处理法**

→直接装盒或装袋即可。

7. 豆干

	计价分量	建议售价	材料成本	销售毛利	保存时间
现场售卖	100g	4 元	1 元	3 元	3 天
真空包装	300g	12 元	3 元	9 元	14 天

◎**点用后处理法**

→可整块卖，若客人要切，也可将每块均分切成 5~6 小片，再装盒或装袋。

8. 贡丸

	计价分量	建议售价	材料成本	销售毛利	保存时间
现场售卖	3 粒	4 元	2 元	2 元	3 天
真空包装	10 粒	12 元	4 元	8 元	14 天

◎**点用后处理法**

→可以整个卖，若客人要切，也可将每个切成对半后装盒或装袋。

9. 百页豆腐

	计价分量	建议售价	材料成本	销售毛利	保存时间
现场售卖	半条	3 元	1 元	2 元	3 天
真空包装	2 条	12 元	5 元	7 元	14 天

◎**点用后处理法**

→每半条均分切成 4 片后装盒或装袋即可。

甘蔗烟熏 卤味

风味鲜甜而不腻，带有淡淡的甘蔗清香及烟熏味，是台湾人爱吃且耳熟能详的古早口味。

售卖方式	保存温度	保存时间
现场销售	常温	4 小时
	冷藏 4℃以下	3~5 天
真空宅配	冷藏 4℃以下	7~14 天

开店秘技

◎甘蔗烟熏卤汁的味道较浓郁，可以重复使用约 5 次。

◎甘蔗头的甜度很高，且比一般糖多了一股清香味，所以很适合拿来熬卤汁。由于甘蔗头容易堆积泥沙，因此使用前一定要彻底洗净后再敲碎，敲得越碎越好，香味才能充分释放出来。

◎全鸡请购买传统市场中已处理好的去毛、去内脏的光鸡，约 1.25kg 重的大小最适中。卤制全鸡的时间，这里是以 1.25kg 为标准，卤的时间为 50 分钟。若全鸡是 1.5kg，则卤的时间要改为 55 分钟，即每多 250g，时间要增加 5 分钟，以此类推。浸泡的时间皆为 10 分钟，不必随着重量调整。

◎由于全鸡、鸭翅及鹌鹑蛋的浸泡时间皆不相同，建议在卤时将自行定制的提把卤锅（p33）架在上层，中间再用不锈钢板隔开，分别放置鸭翅及鹌鹑蛋即可。

◎若生意量大，一次需卤较大量的食材时，可同时准备 2 锅卤汁，一锅专门卤全鸡，另一锅卤鸭翅及鹌鹑蛋。

◎在烟熏材料中添加面粉，会产生漂亮的黄烟，使成品的色泽较佳，但切记不能多放。至于面粉的筋度并无限制，选择常用的面粉即可。

◎在熏好的成品上涂抹麦芽糖，具有添香、保湿及增添光泽的效果。

甘蔗烟熏卤汁

材　料

A 八角 ………… 20g
甘草 ………… 10g
桂皮 ………… 20g
百草粉 ……… 1 小匙

B 甘蔗 ………… 600g
老姜 ………… 300g

调味料

二砂糖………………… 200g
冰糖………………… 100g
宝山黑糖………… 50g
味素………………… 100g
金味王酱油……… 1200mL
公卖局红标米酒… 300mL
水 ……………… 20L

做　法

1. 材料 B 洗净后，用松肉锤将甘蔗头拍碎；将老姜拍碎，备用。
2. 将材料 A、B 全部装入棉布袋中绑紧，即为甘蔗烟熏卤包。
3. 大汤锅中先放入甘蔗烟熏卤包及所有调味料，以大火煮滚后盖上锅盖，转中小火续煮 30 分钟至散发出中药香味，即为甘蔗烟熏卤汁（分量约 20L）。

甘蔗烟熏卤味卤制简表

品名	火候	加盖	卤制时间	浸泡时间
1 全鸡	小火	×	50 分钟	10 分钟
2 鸭翅	小火	×	30 分钟	1 小时
3 鹌鹑蛋	小火	×	10 分钟	2 小时

卤制食材

全鸡 4 只（每只约 1.25kg），鸭翅、鹌鹑蛋适量（总计约 5kg）

腌料

粗盐 200g

烟熏材料

A 二砂糖 100g、甘蔗皮 200g、面粉 20g

B 二砂糖 200g、水 2000mL

C 飞马牌胡椒盐 2 大匙、麦芽糖 400g

卤制方法

1. 请依照 p49~p51【食材处理宝典】将所有食材处理好，备用。
2. 把全鸡全身及肚内均匀涂抹上粗盐（每只各 50g），放入冰箱冷藏腌渍 2~3 小时。
3. 熬制一锅甘蔗烟熏卤汁，先开大火再次煮滚后，立即用手抓住全鸡的脖子上方，将鸡身及一半的鸡脖子浸入卤汁中再提起，重复此动作 3~4 次，再迅速将整只全鸡轻轻放入卤汁中。将所有鸡依相同方式放入锅中后，将卤汁再次煮滚后转小火，不加盖煮 20 分钟；再放入鸭翅，不加盖煮 20 分钟；再放入水煮鹌鹑蛋，不加盖续煮 10 分钟，即可关火。全部卤煮过程共 50 分钟。
4. 将所有材料留在原锅中，不需加盖，浸泡 10 分钟后先捞出全鸡；再浸泡 50 分钟后，捞出鸭翅；继续浸泡 1 小时后，捞出鹌鹑蛋；依捞出时间分装入 3 个上层有漏孔的双层大钢盆中，分别静置 2~3 小时，放凉并沥干卤汁，备用。
5. 将烟熏材料 A 放入钢盆中混合拌匀；再将烟熏材料 B 放入汤锅里，用小火边搅拌边煮，使糖完全溶化成糖水，备用。
6. 取一直径 55cm 的大铁锅，锅底铺一张 30cm × 30cm 的铝箔纸，再取 1/4 分量的烟熏材料 A 铺撒在纸上，接着摆上一个直径 35~40cm 的网状圆形铁架，完成烟熏准备工作。取 2.5kg 卤好放凉的食材，以不重叠方式排在铁架上，盖上锅盖，开大火烟熏 3 分钟，转小火，继续焖熏 2 分钟后熄火，再焖熏 10 分钟至入味，在食材上均匀浇淋 1/4 分量的糖水后取出，放入钢盆中。
7. 其余卤好食材也依做法 6 处理（再分 3 次熏制）。
8. 每只鸡熏好取出后，需趁热将全身及肚内先均匀涂抹上 1/2 大匙胡椒盐，再抹上 50g 麦芽糖，静置 2~3 小时放凉，待凉后放入长方形不锈钢盘中。
9. 将熏好的鸭翅及鹌鹑蛋取出后，同样需趁热均匀涂抹上麦芽糖，静置 2~3 小时放凉，待凉后放入长方形不锈钢盘中即可。

单品销售法

注：全鸡 1/4 只约 375g。

1. 全鸡

	计价分量	建议售价	材料成本	销售毛利	保存时间
现场售卖	200g	16 元	5 元	11 元	3 天
真空包装	1/4 只	30 元	9 元	21 元	14 天

◎**点用后处理法**

→先从脖子处剁开，再将鸡头跟鸡脖子剁开，把鸡头对剖成两半，脖子则剁成长约 3cm 的小段；鸡身部分先对剖成半只，每半只再纵向切半成 1/4 只。接着将鸡腿及鸡翅剁下，鸡腿剁成厚约 2cm 的块状，鸡翅则剁成 3 块，鸡胸部分先对半剁后再剁成一口大小，其余鸡身再横向剁成厚约 2cm 的块状后装盒或装袋，附上适量胡椒盐即可。

2. 鸭翅

	计价分量	建议售价	材料成本	销售毛利	保存时间
现场售卖	1 只	6 元	3 元	3 元	3 天
真空包装	4 只	24 元	9 元	15 元	14 天

◎**点用后处理法**

→可整只卖，也可将每只纵向剁成 4 块后装盒或装袋，撒上少许胡椒盐即可。

3. 鹌鹑蛋

	计价分量	建议售价	材料成本	销售毛利	保存时间
现场售卖	5 个	4 元	1 元	3 元	3 天
真空包装	25 个	20 元	6 元	14 元	14 天

◎**点用后处理法**

→直接装盒或装袋，撒上少许胡椒盐即可。

售卖方式

1. 将所有熏好的食材连同钢盘一同排入展售柜中（全鸡可另外用铁钩吊挂在展售柜上吸引顾客），依【单品销售法】计价。
2. 待客人点选后，将各种食材切成适当大小装盒或装袋（在店内食用时可排盘并放黄瓜雕花装饰盘缘），搭配适量胡椒盐即可。

姜蓉白切鸡

精选全鸡先以热水煮熟，让原味尽现，再放进冰凉的卤汁中，腌泡出滑嫩鲜甜的绝佳滋味，搭配咸香的姜蓉汁，格外开胃下饭。

售卖方式	保存温度	保存时间
现场销售	常温	4 小时
	冷藏 4℃以下	3 天
真空宅配	冷藏 4℃以下	7 天

开店秘技

◎姜蓉白切鸡卤汁可以重复使用约 5 次，每次腌泡完食材后一定要再煮滚一次，放凉后立即冷藏备用，这样才可长时间保存。

◎多少量的卤汁要搭配多少量的食材，有一定的比例，依本配方做出的 20L 卤汁可以腌泡 5 只全鸡（每只约 1.25kg）。切记每次腌泡时间都要一样，成品的口感、香味才会一致。

◎姜蓉白切鸡是广东菜的经典菜式，除了适合于餐厅售卖，也是广式烧腊便当店的必备菜品之一，制作时请选择仿土鸡或土鸡，口感较佳。

◎将全鸡在滚水中汆烫 3~4 次，可使滚水透过鸡脖处的孔洞进入腹部，让鸡的内外温度一致，如此肉质较不易老化或生熟不均。

◎刚煮好的全鸡要小心捞取以免破损，建议用长筷从两边翅膀下戳入后小心捞出，再用水冲凉帮助定型。

◎煮好的全鸡冲凉沥干后，要马上放入冰凉的腌泡卤汁里浸泡，这样肉质因热胀冷缩，会形成滑嫩又稍带嚼劲的绝佳口感。

◎姜蓉汁可冷藏保存 7 天，调制时可加入 30g 红葱头酥以增添香气。

◎由于姜蓉白切鸡的特色在于清爽滑嫩，建议掌握好每天生意量，当天制作当天卖完，才能确保最佳风味及口感。

姜蓉白切鸡卤汁

材　料

A 八角 ………… 10g
草果 ………… 15g
桂子 ………… 2g
三柰 ………… 15g
小茴香 ……… 5g
甘草 ………… 5g
花椒粒 ……… 10g
陈皮 ………… 5g
桂皮 ………… 2g
干辣椒 ……… 5g
丁香 ………… 2g
月桂叶 ……… 1g

B 老姜 ………… 300g
葱 …………… 600g

调味料

冰糖 ………… 600g
盐 …………… 600g
味素 ………… 150g
公卖局花雕酒 …… 600mL
水 …………… 20L

做　法

1. 材料 B 洗净后，将老姜拍碎；将葱切除根部，再切成 3 段，备用。
2. 将材料 A、B 全部装入棉布袋中绑紧，即为卤包。
3. 大汤锅中放入卤包及所有调味料，以大火煮滚后盖上锅盖，转中小火续煮 30 分钟至散发出中药香味后熄火，待完全冷却即完成姜蓉白切鸡卤汁（分量约 20L），放入冰箱冷藏保存，备用。

姜蓉白切鸡卤制简表				
火候	加盖	水煮时间	浸泡时间	腌泡时间
小火	×	50 分钟	10 分钟	4 小时

卤制食材

全鸡 5 只（每只约 1.25kg）

水煮材料

水 20L

卤制方法

1. 请依照 p49~p51【食材处理宝典】将全鸡处理好，备用。
2. 取一大汤锅，加入 20L 的水，开大火煮滚后，立即用手抓住全鸡的脖子上方，将鸡身及一半的鸡脖子浸入滚水中再提起，重复此动作 3~4 次，再迅速将整只鸡轻轻放入水中。所有鸡依相同方式放入锅中后，将水再次煮滚后转小火，不加盖煮 50 分钟即可关火。
3. 将全鸡留在原锅中，不需加盖，浸泡 10 分钟后小心捞出，放入大钢盆中，用自来水轻轻冲凉至不烫手后沥干。随即放入备妥的冰凉姜蓉白切鸡卤汁中，冷藏腌泡 4 小时至入味即可捞出，放在上层有漏孔的双层大钢盆中，待沥干卤汁后再放入长方形不锈钢盘中。

姜蓉汁

材　料

A 老姜 → 300g
　葱 → 200g
B 盐 → 30g
　味素 → 30g
　色拉油 → 500mL
　香油 → 100mL

做　法

1 材料 A 洗净后，将老姜去皮切片；将葱切除根部，后切成葱花，备用。

2 将所有材料放入果汁机中，搅打成泥状即可。

售卖方式

1 取 1~2 只腌泡好的全鸡连同钢盘一同排入展售柜中（也可用铁钩吊挂在展售柜上吸引顾客），依【单品销售法】计价，其余成品先放入冷藏柜中妥善保存以便随时取用（最好能封膜或装入塑料袋中以免表皮变干）。

2 待客人点选后，将全鸡切成适当大小后装盒，附上适量姜蓉汁当蘸酱即可（若为现场点用，排盘时可放生菜叶垫底以提升卖相）。

单品销售法

◎**姜蓉白切鸡**

	计价分量	建议售价	材料成本	销售毛利	保存时间
现场售卖	1/4 只	30 元	12 元	18 元	3 天
真空包装	半只	50 元	22 元	28 元	7 天

◎**卤制后处理法**

→每只先从脖子处剁开后，再将鸡头跟鸡脖子剁开，把鸡头对剖成两半，脖子则剁成长约 3cm 的小段；鸡身部分先对剖成半只，每半只再纵向切半成 1/4 只，接着将鸡腿及鸡翅剁下，鸡腿横向剁成厚约 2cm 的块状，鸡翅则横向剁成 3 块，鸡胸部分先对半剁后再剁成一口大小，其余鸡身再横向剁成厚约 2cm 的块状后装盒，附上适量姜蓉汁当蘸酱即可。

盐水卤味

风味偏咸会回甘，口感富有弹性，经吸吮咀嚼后会尝到淡淡的酒香及中药香，可当成零食或下酒菜享用。

售卖方式	保存温度	保存时间
现场销售	常温	8 小时
	冷藏 4℃以下	3 天
真空宅配	冷藏 4℃以下	7~21 天

开店秘技

◎盐水腌泡卤汁可以重复使用约5次，每次腌泡完食材后一定要再煮滚一次，放凉后立即冷藏备用，这样才可长时间保存。

◎多少量的卤汁要搭配多少量的食材，有一定的比例，依本配方做出的 20L 卤汁可以腌泡 10kg 的食材。切记每次腌泡时间都要一样，成品的口感、香味才会一致。

◎煮好的食材马上放入冰凉的盐水腌泡卤汁里浸泡，可使肉质因热胀冷缩，形成有嚼劲的口感。

◎腌泡好的食材先冷冻 30 分钟，可以让口感扎实且有弹性，此外也有锁住表面水分、避免干涩的作用。

◎由于花生较细碎且腌泡后会释放酸味，因此必须单独水煮及腌泡。卤汁使用过 1 次后便需丢弃。

◎售卖时需准备 1 小桶泡过 1 次食材的盐水腌泡卤汁，以便浇淋在切好的食材上，让口感更加鲜美滑润，浇淋至食材略微湿润即可，不宜太多，以免过咸。

◎若开店资金有限，可直接将卤好的食材全部放在 1 个大钢盆中分类排好（花生需另外用小钢盆盛装），放在可收纳或有滚轮的高脚小桌上展售。售卖时为求方便，也可直接用剪刀将食材剪成一口大小，再参考【点用后处理法】调味即可。

盐水腌泡卤汁

材 料

A 八角 ………… 40g
三奈 ………… 20g
甘草 ………… 20g
桂皮 ………… 20g
丁香 ………… 2g
月桂叶 ……… 1g

B 老姜 ………… 300g
葱 …………… 300g

调味料

盐 ……………… 500g
冰糖……………… 200g
味素……………… 100g
公卖局红标米酒… 600mL
白酱油…………… 500mL
公卖局黄酒……… 300mL
水 ……………… 20L

做 法

1. 材料 B 洗净后，将老姜拍碎；将葱切除根部，再切成 3 段，备用。
2. 将材料 A、B 全部装入棉布袋中绑紧，即为盐水卤包。
3. 大汤锅中先放入盐水卤包及所有调味料，以大火煮滚后盖上锅盖，转中小火续煮 30 分钟至散发出中药香味后熄火，待完全冷却即完成盐水腌泡卤汁（分量约 20L）。放入冰箱冷藏保存，备用。

第1次卤汁

卤制食材

鸭翅、鸭脚、鸭胗、鸡胸、鸡腿、鸭舌、鸭心、鸡肝、两节鸡翅各适量（总计约10kg）

水煮材料

水 20L

卤制方法

1. 请依照 p49~p51【食材处理宝典】将所有食材处理好，备用。
2. 取一大汤锅，倒入20L的水，以大火煮滚后，立即放入鸭翅、鸭脚不加盖煮5分钟；再放入鸭胗、鸡胸、鸡腿不加盖煮10分钟；再放入鸭舌、鸭心、鸡肝、两节鸡翅不加盖续煮10分钟，即可关火。全部水煮过程共25分钟。
3. 将所有食材留在原锅中，不需加盖，浸泡10分钟后捞出沥干。随即放入备妥的冰凉盐水腌泡卤汁中，冷藏腌泡3小时至入味后，捞起放在上层有漏孔的双层大钢盆中，放入冷冻柜中冰冻30分钟使肉质收缩并沥干卤汁，取出分类后放入长方形不锈钢盘中即可。

单独卤制：花生

卤制食材

新鲜花生 2.5kg

卤制方法

1. 将花生放入到为花生总重量4~5倍的水里，浸泡8~10小时后取出，洗净沥干备用。
2. 取5L熬煮过鸭翅等食材的汤汁放入锅中，将表面的浮油捞除后，开大火再次煮滚，转中火，放入花生加盖煮90分钟，即可关火，捞起沥干备用。
3. 取5L冰凉的盐水腌泡卤汁放入小汤锅中，放入刚煮好并沥干的花生，冷藏腌泡3小时至入味，捞起放在上层有漏孔的双层大钢盆中，放入冷冻柜中冰冻30分钟使花生爽脆并沥干卤汁，取出后再放入小钢盆中即可。

盐水卤味卤制简表

第1次制 品名	火候	加盖	水煮时间	浸泡时间	腌泡时间
1 鸭翅	大火	×	25分钟	10分钟	3小时
2 鸭脚	大火	×	25分钟	10分钟	3小时
3 鸭胗	大火	×	20分钟	10分钟	3小时
4 鸡胸	大火	×	20分钟	10分钟	3小时
5 鸡腿	大火	×	20分钟	10分钟	3小时
6 鸭舌	大火	×	10分钟	10分钟	3小时
7 鸭心	大火	×	10分钟	10分钟	3小时
8 鸡肝	大火	×	10分钟	10分钟	3小时
9 两节鸡翅	大火	×	10分钟	10分钟	3小时
单独制 品名	**火候**	**加盖**	**卤制时间**	**浸泡时间**	**腌泡时间**
10 花生	中火	√	90分钟	×	3小时

售卖方式

1. 将所有卤好的食材连同钢盘或钢盆一同排入展售柜中，依【单品销售法】计价。
2. 待客人点选后，将各种食材切成适当大小，放入小钢盆中，依客人喜好撒上适量胡椒盐、辣椒粉、香油，淋上适量盐水腌泡卤汁，加上适量葱花、辣椒片拌匀后，再装盒或装袋即可。

1. 鸭翅

	计价分量	建议售价	材料成本	销售毛利	保存时间
现场售卖	1只	6元	3元	3元	3天
真空包装	4只	24元	9元	15元	14天

◎点用后处理法

→可整只卖，也可将每只先对半剁，再横向剁成4~5小块，放入小钢盆中，再依售卖方式2（p165）处理。

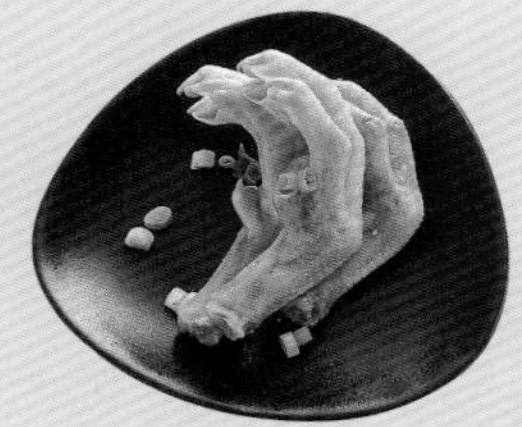

2. 鸭脚

	计价分量	建议售价	材料成本	销售毛利	保存时间
现场售卖	1只	1.5元	0.5元	1元	3天
真空包装	10只	15元	5元	10元	14天

◎点用后处理法

→可整只卖，也可将每只横向剁成2~3小段，放入小钢盆中，再依售卖方式2（p165）处理。

3. 鸭胗

	计价分量	建议售价	材料成本	销售毛利	保存时间
现场售卖	1个	5元	2元	3元	3天
真空包装	150g	20元	6元	14元	21天

◎点用后处理法

→将每个纵向切成5~6片后，放入小钢盆中，再依售卖方式2（p165）处理。

4. 鸡胸

	计价分量	建议售价	材料成本	销售毛利	保存时间
现场售卖	半块	10元	4元	6元	3天
真空包装	1块	20元	8元	12元	14天

◎点用后处理法

→横向剁成厚1.5~2cm的块状，放入小钢盆中，再依售卖方式2（p165）处理。

5. 鸡腿

	计价分量	建议售价	材料成本	销售毛利	保存时间
现场售卖	1只	12元	6元	6元	3天
真空包装	4只	48元	24元	24元	7天

◎点用后处理法

→将每只横向剁成厚1.5~2cm的块状，放入小钢盆中，再依售卖方式2（p165）处理。

6. 鸭舌

	计价分量	建议售价	材料成本	销售毛利	保存时间
现场售卖	1只	3元	1.5元	1.5元	3天
真空包装	10只	30元	15元	15元	10天

◎点用后处理法

→直接放入小钢盆中，依客人喜好撒上胡椒盐、辣椒粉、香油，淋上盐水腌泡卤汁，加上葱花、辣椒片拌匀后，再装盒或装袋。

7. 鸭心

	计价分量	建议售价	材料成本	销售毛利	保存时间
现场售卖	1个	2元	1元	1元	3天
真空包装	6个	12元	6元	6元	7天

◎点用后处理法

→将每个纵向切成4等份，放入小钢盆中，再依售卖方式2（p165）处理。

8. 鸡肝

	计价分量	建议售价	材料成本	销售毛利	保存时间
现场售卖	1个	2元	0.5元	1.5元	3天
真空包装	6个	12元	2元	10元	7天

◎点用后处理法

→切成2~3cm的方块，放入小钢盆中，再依售卖方式2（p165）处理。

9. 两节鸡翅

	计价分量	建议售价	材料成本	销售毛利	保存时间
现场售卖	1只	5元	2元	3元	3天
真空包装	8只	40元	16元	24元	7天

◎点用后处理法

→将每只横向剁成3块，放入小钢盆中，再依售卖方式2（p165）处理。

10. 花生

	计价分量	建议售价	材料成本	销售毛利	保存时间
现场售卖	100g	6元	3元	3元	3天
真空包装	400g	24元	12元	12元	7天

◎点用后处理法

→直接放入小钢盆中，依客人喜好撒上胡椒盐、辣椒粉、香油，淋上盐水腌泡卤汁，加上葱花、辣椒片拌匀后，再装盒或装袋。

贵妃醉鸭 卤味

酒香适中，冰凉开胃，是上海餐馆里常见的冷盘菜，适合家庭聚餐时享用。

售卖方式	保存温度	保存时间
现场销售	常温	4 小时
	冷藏 4℃以下	5 天
真空宅配	冷藏 4℃以下	14 天

开店秘技

◎醉鸭腌泡卤汁不适合重复使用。

◎多少量的卤汁要搭配多少量的食材，有一定的比例，依本配方做出的 4.5L 卤汁可以腌泡 2.5kg 食材，切记每次腌泡时间都要一样，成品的口感、香味才会一致。

◎由于本道卤味需经过长时间腌泡，因此腌泡卤汁不需要先煮过，卤包的香气在腌泡时自然会释放出来。

◎适合制作这道卤味的酒类除了黄酒外，也可采用绍兴酒或红露酒。以黄酒做出的卤味酒味适中，接受的人最多；以卤味酒做出的成品酒味较浓烈，一般人不太敢吃；以红露酒做出的卤味酒味较清淡，适合不爱喝酒的人。店家可依顾客的喜好选择酒类，无论使用哪种酒，都可添加部分米酒调和，一来可让风味更合口，二来也可以节省成本。

◎真空包装时，每包需先加入 60mL 的醉鸭腌泡卤汁，再封口。

◎贵妃醉鸭卤味的成本较高，适合以份计价，且建议以真空宅配或在餐馆内售卖，销路较佳。

◎由于贵妃醉鸭卤味冷藏后食用风味较佳，因此售卖时建议置于冷藏展售柜中。

醉鸭腌泡卤汁

材　料

当归……5g
川芎……2g
人参须……10g
枸杞……10g

调味料

盐……120g
味素……30g
公卖局黄酒……2000mL
公卖局红标米酒……500mL
冷开水……2000mL

做　法

1. 将材料全部装入棉布袋中绑紧，即为醉鸭卤包。
2. 大汤锅中先放入所有调味料，混合搅拌至盐完全溶化后，放入醉鸭卤包，即完成醉鸭腌泡卤汁（分量约 4.5L），放入冰箱冷藏保存，备用。

卤制食材

鸭翅、鸭脚、鸭胗、鸭舌、鸭心共 2.5kg

水煮材料

老姜 50g、水 10L

卤制方法

1. 请依照 p49~p51【食材处理宝典】将所有食材处理好；将老姜拍碎，备用。
2. 取一大汤锅，加入老姜及 10L 的水，以大火煮滚后转中火，立即放入鸭翅不加盖煮 5 分钟；再放入鸭脚、鸭胗不加盖煮 15 分钟；再放入鸭舌、鸭心不加盖续煮 10 分钟，即可关火。全部水煮过程共 30 分钟。
3. 将所有食材留在原锅中，浸泡约 15 分钟后捞出，放在上层有漏孔的双层大钢盆中，放凉并沥干，待完全冷却后放进备妥的冰凉醉鸭腌泡卤汁中，冷藏腌泡 36 小时至入味，捞起后（不需沥干）分类放入长方形不锈钢盘中即可。

售卖方式

1. 将所有腌泡好的食材连同钢盘一同排入冷藏展售柜中，依【单品销售法】计价。
2. 待客人点选后，将各种食材切成适当大小后装盒或装袋，搭配适量嫩姜丝即可。

贵妃醉鸭卤味卤制简表

品名	火候	加盖	水煮时间	浸泡时间	腌泡时间
1 鸭翅	中火	×	30 分钟	15 分钟	36 小时
2 鸭脚	中火	×	25 分钟	15 分钟	36 小时
3 鸭胗	中火	×	25 分钟	15 分钟	36 小时
4 鸭舌	中火	×	10 分钟	15 分钟	36 小时
5 鸭心	中火	×	10 分钟	15 分钟	36 小时

1

4

2

5

3

1. 鸭翅

	计价分量	建议售价	材料成本	销售毛利	保存时间
现场售卖	4 只	28 元	14 元	14 元	5 天
真空包装	4 只	28 元	14 元	14 元	14 天

◎点用后处理法

→可整只卖，若客人要切，也可将每只纵向剁成 4 块后装盒或装袋，搭配适量嫩姜丝即可。

注：将鸭翅纵向剁的好处是方便入口，食用时骨头不易刺伤嘴，切口也不会有小碎骨。

2. 鸭脚

	计价分量	建议售价	材料成本	销售毛利	保存时间
现场售卖	10 只	20 元	9 元	11 元	5 天
真空包装	10 只	20 元	9 元	11 元	14 天

◎点用后处理法

→直接装盒或装袋，搭配适量嫩姜丝即可。

3. 鸭胗

	计价分量	建议售价	材料成本	销售毛利	保存时间
现场售卖	4 个	24 元	12 元	12 元	5 天
真空包装	4 个	24 元	12 元	12 元	14 天

◎点用后处理法

→可整个卖，若客人要切，也可将每个纵向切成 5~6 片后装盒或装袋，搭配适量嫩姜丝即可。

4. 鸭舌

	计价分量	建议售价	材料成本	销售毛利	保存时间
现场售卖	10 只	32 元	16 元	16 元	5 天
真空包装	10 只	32 元	16 元	16 元	14 天

◎点用后处理法

→直接装盒或装袋，搭配适量嫩姜丝即可。

5. 鸭心

	计价分量	建议售价	材料成本	销售毛利	保存时间
现场售卖	8 个	20 元	10 元	10 元	5 天
真空包装	8 个	20 元	10 元	10 元	14 天

◎点用后处理法

→可整个卖，若客人要切，也可将每个纵向切成对半后装盒或装袋，搭配适量嫩姜丝即可。

贵妃醉鸡 卤味

以高级中药材的香气结合淡雅的酒香制成的美味，滋味清爽，冰凉后食用风味绝佳。

售卖方式	保存温度	保存时间
现场销售	常温	4 小时
	冷藏 4℃以下	5 天
真空宅配	冷藏 4℃以下	14 天

开店秘技

◎醉鸡腌泡卤汁不适合重复使用。

◎多少量的卤汁要搭配多少量的食材，有一定的比例，依本配方做出的 4L 卤汁可以腌泡 2.5kg 食材。切记每次腌泡时间都要一样，成品的口感、香味才会一致。

◎由于本道卤味需经过长时间腌泡，因此腌泡卤汁不需要先煮过，卤包的香气在腌泡时自然会释放出来。

◎人参的中药味较浓，若喜欢较清爽的风味，也可全部用人参须来替代。

◎购买食材时请选用肉鸡的鸡脚、鸡翅即可。

◎为使口感更湿润滑顺，无论现场售卖还是真空包装，每份都需添加 60mL 醉鸡腌泡卤汁。

◎贵妃醉鸡卤味的成本较高，较适合以份计价，且建议以真空宅配或在餐馆内售卖，销路较佳。

◎由于贵妃醉鸡卤味冷藏后食用风味较佳，因此售卖时建议置于冷藏展售柜中。

醉鸡腌泡卤汁

材　料

当归………………… 5g
黄芪………………… 2g
川芎………………… 2g
人参须……………… 10g
枸杞………………… 5g

调味料

盐　………………… 300g
味素………………… 30g
公卖局红标米酒… 3000mL
冷开水……………… 1000mL

做　法

1. 将材料全部装入棉布袋中绑紧，即为醉鸡卤包。
2. 大汤锅中先放入所有调味料，混合搅拌至盐完全溶化后，放入醉鸡卤包，即完成醉鸡腌泡卤汁（分量约 4L），放入冰箱冷藏保存，备用。

贵妃醉鸡卤味卤制简表					
品名	火候	加盖	水煮时间	浸泡时间	腌泡时间
1 鸡脚	大火	×	8 分钟	×	36 小时
2 两节鸡翅	中火	×	8 分钟	×	36 小时

卤制食材

鸡脚 2.5kg、两节鸡翅 2.5kg

水煮材料

老姜 100g、水 20L

卤制方法

1. 做好 2 锅醉鸡腌泡卤汁，放入冰箱冷藏保存，备用。
2. 将鸡脚洗净，用剪刀把鸡脚趾尖剪掉，再用剪刀从鸡脚末端内膜剪开到掌心处后，取出骨头后再次洗净，进行汆烫；两节鸡翅洗净后入滚水汆烫 2 分钟，捞出冲凉，并彻底检查表面是否还有毛，将毛完全去除干净后，再次洗净；将老姜洗净后拍碎，备用。
3. 准备 2 个大汤锅，分别放入 50g 老姜和 10L 水，以大火煮滚后，其中一锅立即放入鸡脚，再度煮滚后不加盖续煮 8 分钟，即可关火；另一锅立即放入两节鸡翅，再度煮滚后转中火，不加盖续煮 8 分钟，即可关火。
4. 将煮好的鸡脚和鸡翅捞出，分别放在上层有漏孔的双层大钢盆中放凉并沥干，待完全冷却后，分别放入备妥的两锅冰凉醉鸡腌泡卤汁中，冷藏腌泡 36 小时至入味，捞起后分别放在大钢盆中即可。

¥ 售卖方式

1 将腌泡好的鸡脚、两节鸡翅连同钢盆一起放入冷藏展售柜中，依【单品销售法】计价。

2 待客人点选后，直接装盒或装袋，再加入 60mL 醉鸡腌泡卤汁即可。

单品销售法

1. 鸡脚

	计价分量	建议售价	材料成本	销售毛利	保存时间
现场售卖	10 只	24 元	11 元	13 元	5 天
真空包装	10 只	24 元	11 元	13 元	14 天

◎点用后处理法

→直接装盒或装袋，再加入 60mL 醉鸡腌泡卤汁即可。

2. 两节鸡翅

	计价分量	建议售价	材料成本	销售毛利	保存时间
现场售卖	8 只	40 元	16 元	24 元	5 天
真空包装	8 只	40 元	16 元	24 元	14 天

◎点用后处理法

→直接装盒或装袋，再加入 60mL 醉鸡腌泡卤汁即可。

醉鸡腿

将肉质鲜美、口感嫩中带劲的仿土鸡腿，用中药和黄酒制成的卤汁进行腌泡，做成爽口不油腻的佳肴，是宴席里备受喜爱的冷盘菜。

售卖方式	保存温度	保存时间
现场销售	常温	4 小时
	冷藏 4℃以下	5 天
真空宅配	冷藏 4℃以下	14 天

开店秘技

◎醉鸡腿腌泡卤汁不适合重复使用。

◎多少量的卤汁要搭配多少量的食材，有一定的比例，依本配方做出的 5L 卤汁可以腌泡 2.5kg 鸡腿。切记每次腌泡时间都要一样，成品的口感、香味才会一致。

◎由于本道卤味需经过长时间腌泡，因此腌泡卤汁不需要先煮过，卤包的香气在腌泡时自然会释放出来。

◎购买鸡腿时请选用仿土鸡的鸡腿，外形较大且卖相佳，口感也较有嚼劲。

◎为使口感更湿润顺滑，无论现场售卖还是真空宅配，每只鸡腿都需添加 60mL 醉鸡腿腌泡卤汁。

◎由于醉鸡腿冷藏后食用风味较佳，因此售卖时建议置于冷藏展售柜中。

◎若想让酒香更浓郁，可用绍兴酒取代黄酒。

◎若想提升成品的卖相及质感，可改用去骨鸡腿。用棉线绑成圆筒状后依相同方式水煮和腌泡，待客人点用后再取下棉线切成圆片状即可。

醉鸡腿腌泡卤汁

材 料

当归……5g
川芎……2g
人参须……10g
枸杞……10g

调味料

盐……120g
味素……30g
公卖局黄酒……3000mL
冷开水……2000mL

做 法

1. 将材料全部装入棉布袋中绑紧，即为醉鸡腿卤包。
2. 大汤锅中先放入所有调味料，混合搅拌至盐完全溶化后，放入醉鸡腿卤包，即完成醉鸡腿腌泡卤汁（分量约 5L），放入冰箱冷藏保存，备用。

卤制食材

鸡腿 2.5kg

水煮材料

老姜 50g、水 10L

卤制方法

1. 依照 p49~p51【食材处理宝典】将鸡腿处理好，老姜洗净后拍碎，备用。
2. 取一大汤锅，加入水煮材料，以大火煮滚后转中火，放入鸡腿，再煮滚后不加盖续煮约 15 分钟，即可关火。
3. 把鸡腿留在原锅中，不需加盖，继续浸泡约 15 分钟后捞出，放在上层有漏孔的双层大钢盆中，放凉并沥干。待完全冷却后，再放入备妥的冰凉醉鸡腿腌泡卤汁中，浸泡 36 小时至入味后捞出，放入长方形不锈钢盘中即可。

¥ 售卖方式

1 将腌泡好的鸡腿连同钢盘一同排入冷藏展售柜中，依【单品销售法】计价。

2 待客人点选后，将鸡腿切成适当大小后装盒，搭配适量嫩姜丝，每只再淋上 60mL 醉鸡腿腌泡卤汁即可。

单品销售法

◎醉鸡腿

	计价分量	建议售价	材料成本	销售毛利	保存时间
现场售卖	1 只	50 元	25 元	25 元	5 天
真空包装	2 只	100 元	50 元	50 元	14 天

◎卤制后处理法

→每只横向剁成厚 2~3cm 的块状后装盒，搭配适量嫩姜丝，加入 60mL 醉鸡腿腌泡卤汁即可。

醉鸡腿卤制简表

火候	加盖	水煮时间	浸泡时间	腌泡时间
中火	×	15 分钟	15 分钟	36 小时

醉元宝

精选胶质丰富的猪前蹄，搭配酒香浓郁的绍兴酒制成，香气四溢，嫩滑爽口，是许多老饕的最爱。

售卖方式	保存温度	保存时间
现场销售	常温	4 小时
	冷藏 4℃以下	5 天
真空宅配	冷藏 4℃以下	14 天

开店秘技

◎醉元宝腌泡卤汁不适合重复使用。

◎多少量的卤汁要搭配多少量的食材，有一定的比例，依本配方做出的 4L 卤汁可以腌泡 2.5kg 猪前蹄。切记每次腌泡时间都要一样，成品的口感、香味才会一致。

◎由于本道卤味需经过长时间腌泡，因此腌泡卤汁不需要先煮过，卤包的香气在腌泡时自然会释放出来。

◎猪蹄上的毛一定要彻底清除干净，以免影响卖相，处理时可先用小刀刮干净，再用液化气喷枪烧净。

◎刚煮好的猪前蹄可用筷子戳透且熟软，冰过后便会紧缩，形成嫩中带劲的口感；若没煮软就冷藏腌泡，成品的口感会太硬。

◎为使口感更湿润顺滑，无论现场售卖还是真空宅配，每份都需添加 120mL 醉元宝腌泡卤汁。

◎若喜欢较淡雅的酒味，可用红露酒取代绍兴酒。

◎由于醉元宝冰凉后食用风味较佳，因此售卖时建议置于冷藏展售柜中。

醉元宝腌泡卤汁

材　料

当归……………… 5g
黄芪……………… 2g
川芎……………… 2g
人参须…………… 10g
枸杞……………… 5g

调味料

盐　……………… 300g
味素……………… 30g
公卖局绍兴酒…… 3000mL
冷开水…………… 1000mL

做　法

1. 将材料全部装入棉布袋中绑紧，即为醉元宝卤包。
2. 大汤锅中先放入所有调味料，混合搅拌至盐完全溶化后，放入醉元宝卤包，即完成醉元宝腌泡卤汁（分量约 4L），放入冰箱冷藏保存，备用。

卤制食材

猪前蹄 2.5kg

水煮材料

老姜 50g、葱 50g、水 10L

卤制方法

1. 请依照 p49~p51【食材处理宝典】将猪前蹄处理好；将老姜洗净后拍碎；将葱洗净后切除根部，再切成 3 段，备用。
2. 取一大汤锅，加入水煮材料，以大火煮滚后，立即放入猪前蹄，再煮滚后不加盖续煮约 90 分钟，即可关火。捞出放在上层有漏孔的双层大钢盆中，放凉并沥干，待完全冷却后，再放入备妥的冰凉醉元宝腌泡卤汁中，浸泡 36 小时至入味后捞出，放入长方形不锈钢盘中即可。

售卖方式

1. 将腌泡好的猪前蹄连同钢盘一同排入冷藏展售柜中，依【单品销售法】计价。
2. 待客人点选后，将猪前蹄切成适当大小后排盘或装盒，每份需淋上 120mL 醉元宝腌泡卤汁，搭配 10g 嫩姜丝，再附上 50g 辣豆瓣酱（p44）即可。

单品销售法

◎醉元宝

	计价分量	建议售价	材料成本	销售毛利	保存时间
现场售卖	600g	40 元	18 元	22 元	5 天
真空包装	600g	40 元	18 元	22 元	14 天

◎卤制后处理法

→每只先纵向剖成对半，再横向剁成厚约 3cm 的小块状后装盒，每份需淋上 120mL 醉元宝腌泡卤汁，搭配 10g 嫩姜丝，再附上 50g 辣豆瓣酱（p44）即可。

醉元宝卤制简表

火候	加盖	水煮时间	浸泡时间	腌泡时间
大火	×	90 分钟	×	36 小时

溏心蛋

茶褐色的蛋白中包裹着半熟的嫩滑蛋黄，尝起来微甜微咸中带有绿茶芳香，是老少皆宜的美味。

售卖方式	保存温度	保存时间
现场销售	常温	1~2 小时
	冷藏 4℃以下	3 天
真空宅配	冷藏 4℃以下	7 天

开店秘技

◎ 溏心蛋又名黄金蛋，它的特色在于蛋白部分类似卤蛋但比较有弹性，蛋黄则是煮至刚好凝结的半熟状态，看起来就像糖蜜般金黄光亮。不仅外表诱人，口感也比煮熟的蛋黄更嫩滑细腻，因而广受欢迎。

◎ 溏心蛋腌泡卤汁可以重复使用约 10 次，不用每次都重新煮过，但是用过 2~3 次后就必须煮滚 1 次，放凉后立即冷藏备用，这样才可长时间保存。

◎ 多少量的卤汁要搭配多少量的食材，有一定的比例，依本配方做出的 8L 卤汁可以腌泡 50 个鸭蛋。切记每次腌泡时间都要一样，成品的口感、香味才会一致。

◎ 一般水煮蛋是将蛋放入冷水中再一起加热，但这里为了让蛋黄不会完全熟透，所以放入煮滚的水中。主要目的是要让蛋白能快速凝结，不过仍会有鸭蛋一入滚水就破，请大家要有心理准备。建议先将鸭蛋在常温下放一会儿再煮。

◎ 煮鸭蛋时需边煮边搅动，能让蛋白由外而内地受热，如此蛋黄也容易保持在中央的位置。

◎ 溏心蛋的蛋白较为软嫩，因此剥壳时动作要轻一些。

◎ 溏心蛋的蛋黄并未完全熟透，最好置于冷藏展售柜中售卖，较能确保新鲜。

溏心蛋腌泡卤汁

材　料

麦芽糖··················**600g**
冰糖····················**300g**
金味王酱油············**2400mL**
水　······················**4800mL**
焦糖色素··············**2 大匙**
绿茶粉（抹茶粉）···**2 小匙**
五香粉··················**1 小匙**

做　法

将所有材料放入大汤锅中，以大火煮滚后立刻关火，放凉至完全冷却，即完成溏心蛋腌泡卤汁（分量约 8L），放入冰箱冷藏保存，备用。

卤制食材

鸭蛋 50 个（常温每个 50~55g）

水煮材料

水 25L

卤制方法

1. 将鸭蛋壳表面洗净，备用。
2. 向大汤锅中倒入 25L 的水，开大火煮滚后，把鸭蛋轻轻放入，持续用长筷子轻轻搅动鸭蛋，待搅动 2 分钟后立即熄火，盖上锅盖焖约 5 分钟，再捞出冲凉，轻轻剥除外壳，放在上层有漏孔的双层大钢盆中，沥干并放凉至完全冷却。
3. 将冷却的鸭蛋放入备妥的冰凉溏心蛋腌泡卤汁中，冷藏腌泡 1 小时至入味即可捞出，放在上层有漏孔的双层大钢盆中，沥干卤汁后放入长方形不锈钢盘中即可。

售卖方式

1 将卤好的溏心蛋连同钢盘一同排入冷藏展售柜中，依【单品销售法】计价。

2 待客人点选后，将溏心蛋切成适当大小后装盒或装袋，附上适量胡椒盐即可。

单品销售法

◎溏心蛋

	计价分量	建议售价	材料成本	销售毛利	保存时间
现场售卖	1 个	4 元	2 元	2 元	3 天
真空包装	4 个	16 元	6 元	10 元	7 天

◎卤制后处理法

→将溏心蛋装盒或装袋（现场食用可切成对半，外带建议不要切，以免蛋黄粘黏），附上适量胡椒盐即可。

溏心蛋卤制简表

火候	加盖	水煮时间	浸泡时间	腌泡时间
大火	×	2 分钟	5 分钟	1 小时

酱油猪肝

风味甘醇且微甜，口感滑嫩细腻，很适合当开胃菜。

售卖方式	保存温度	保存时间
现场销售	常温	4 小时
	冷藏 4℃以下	3 天
真空宅配	冷藏 4℃以下	7 天

开店秘技

◎多少量的卤汁要搭配多少量的食材，有一定的比例，依本配方做出的 8L 卤汁可以腌泡 4 副猪肝。切记每次腌泡时间都要一样，成品的口感、香味才会一致。

◎酱油猪肝腌泡卤汁可以重复使用约 10 次，不用每次都重新煮过，但是用过 2~3 次后就必须煮滚 1 次，放凉后立即冷藏备用，这样才可长时间保存。

◎猪肝洗净后泡水冷藏 10 小时，为的是让猪肝吸足水分，这样做出来的猪肝口感才会滑嫩、细腻。

◎猪肝内部积存许多带有腥味的血水，一定要特别仔细地清洗。清洗时也可利用针筒将水灌入猪肝的血管内再轻轻挤出，反复地灌水、挤水，直到挤出的水不再带有血水后再次洗净，即可泡水冷藏。

◎由于酱油猪肝不宜在室温中放太久，因此，建议售卖时置放在冷藏展售柜中，可以保持新鲜。

酱油猪肝腌泡卤汁

材 料

甘草……………………10g
绿茶粉（抹茶粉）…2 小匙
五香粉…………………1 小匙
百草粉…………………1 小匙

调味料

麦芽糖……………600g
冰糖………………600g
盐 ………………50g
金味王酱油………2400mL
水 ………………4800mL
焦糖色素…………2 大匙

做 法

1. 将材料全部装入棉布袋中绑紧，即为酱油猪肝卤包。
2. 将酱油猪肝卤包及所有调味料放入大汤锅中，以大火煮滚后立刻关火，放凉至完全冷却，即完成酱油猪肝腌泡卤汁（分量约 8L），放入冰箱冷藏保存，备用。

卤制食材

猪肝 4 副 (约 6kg)

水煮材料

白芷 2g、公卖局红标米酒 600mL、水 25L

卤制方法

1. 将猪肝放在水龙头下，用流水冲洗约30分钟，将血水充分洗除，再浸泡在清水里冷藏约10小时，备用。
2. 取一大汤锅，放入备好的水煮材料，以大火煮滚后，放入猪肝，待再度煮滚后续煮10分钟立即关火，盖上锅盖焖约2小时，捞出沥干。随即放入备妥的冰凉酱油猪肝腌泡卤汁中，冷藏浸泡12小时至入味即可捞出，放在上层有漏孔的双层大钢盆中并冷藏沥干（约需1小时），再放入长方形不锈钢盘中即可。

售卖方式

1 将腌泡好的猪肝连同钢盘一同排入冷藏展售柜中，依【单品销售法】计价。

2 待客人点选后，将猪肝切成适当大小后装盒，搭配适量嫩姜丝即可。

单品销售法

◎酱油猪肝

	计价分量	建议售价	材料成本	销售毛利	保存时间
现场售卖	300g	30元	10元	20元	3天
真空包装	300g	30元	10元	20元	7天

◎卤制后处理法

→将每副猪肝先纵向切成6大块长条，再横向切成一口大小的薄片状后装盒，搭配适量嫩姜丝即可。

酱油猪肝卤制简表

火候	加盖	水煮时间	浸泡时间	腌泡时间
大火	×	10分钟	2小时	12小时

Part 6

真空宅配产品篇

如果你的店有采取真空宅配方式做销售，那么其实有些商品也可以搭配售卖，如黑胡椒毛豆、豆豉辣椒小鱼干、日式龙虾沙拉、韩式泡菜、日食糖醋鱼，以及非常解腻的冰镇桂花乌梅汁等。只要经过卫生安全的封装，就能封锁这些美味的原味，把它们运送到各地的食客手中，为你增加无远弗届的营业额喔！

豆豉辣椒小鱼干

分量：20 包 (500g/ 包)
建议售价：30 元 / 包
材料成本：12 元 / 包
销售毛利：18 元 / 包

材　料

小鱼干………… 3600g
湿豆豉………… 1200g
朝天椒………… 1200g
蒜末…………… 300g

调味料

A 细砂糖 ……………100g
　味素 ………………50g
　甘草 ………………5g
　公卖局红标米酒 …500mL
B 匈牙利辣椒粉 ……100g
　香油 ………………1000mL

食用方法 开封后可直接食用，也可用来拌炒青菜。

真空包抽空气时间：10 秒	
保存温度	冷藏 4℃
配送温度	冷藏 4℃
保存时间	30 天

做　法

1. 将小鱼干洗净后沥干；将朝天椒洗净后沥干，切成小圆片，备用。
2. 在大铁锅中加入 2500mL 色拉油，用中火加热至 160℃后，放入小鱼干，转大火炸 3~5 分钟，待呈干扁状时捞出，沥干油分备用（因小鱼干量较多，需分 6 次炸，每次约炸 600g)。
3. 将豆豉放在干净钢盆里，加入调味料 A，混合拌匀后，放入蒸笼里用大火蒸约 15 分钟后取出，挑除甘草片备用。
4. 另准备大铁锅，放入色拉油 9000mL，用中火加热至 160℃，放入蒜末炸至金黄色（约需 10 分钟）。再转中小火，放入朝天椒片、蒸好的豆豉及其汤汁继续拌炒约 20 分钟，待辣椒水分完全蒸发（锅内的油会变得清澈见底）后关火，加入炸好的小鱼干及调味料 B 并混合拌匀，待完全放凉（约 12 小时）后，每 500g 为一份（含 200g 的油分），装入真空袋中，密封后立即冷藏保存。

开店秘技

◎ 小鱼干请选购体形较小的，香气足，口感也佳；豆豉请选湿豆豉，风味甘醇。
◎ 这道小菜最重要的步骤是处理豆豉，豆豉蒸过后会释放出豆香味，这是甘味的来源，所以这点绝对不可以马虎。
◎ 售卖时也可用充分洗净并晾干的玻璃瓶来盛装。

材 料

A 乌梅 ········· 600g
  山楂 ········· 300g
  甘草 ········· 20g
B 水 ············ 44L

调味料

二砂糖············ 4800g
桂花酱············ 30g

做 法

1. 将材料A装入棉布袋中绑紧，备用。
2. 把做法1的棉布袋放入大汤锅内，加入材料B，用大火煮滚后续煮30分钟，再转小火，盖上锅盖，继续煮2.5小时，即可关火。把棉布袋捞出，再加入调味料混合拌匀，待完全放凉（约5小时）后，每1000mL为一份，装入干净塑料瓶中，加盖转紧后立即冷藏保存。

开店秘技

◎盛装乌梅汁的塑料瓶请采用无毒的食品级塑料瓶，且使用前需确认塑料瓶是完全干净、干燥的，才能保持产品稳定的品质。
◎这道饮品除了可以宅配方式售卖外，也适合搭配麻辣卤味现场销售。

冰镇桂花乌梅汁

分量：35瓶（1000mL/瓶）
建议售价：18元/瓶
材料成本：7元/瓶
销售毛利：11元/瓶

食用方法 不宜加热，开封后可直接饮用。

不适合真空包装	
保存温度	冷藏4℃
配送温度	冷藏3℃
保存时间	14天

黑胡椒毛豆

分量：20包（300g/包）
建议售价：10元/包
材料成本：3元/包
销售毛利：7元/包

食用方法 不宜加热，开封后可直接食用。

真空包抽空气时间：20秒		
保存温度	冷藏4℃	冷冻-18℃
配送温度	冷藏4℃	冷冻-18℃
保存时间	5天	14天

材 料

毛豆··············· 5kg
八角··············· 10g

调味料

A 盐 ············ 300g
  小苏打 ······ 2大匙
B 黑胡椒粒 ··· 4大匙

做 法

1. 将毛豆洗净，备用。
2. 准备一大汤锅，倒入水10L，大火煮滚后放入毛豆、八角及调味料A，持续用大火煮6~8分钟后，捞出沥干水分，铺放在大平盘里摊开，用电风扇吹凉，备用。
3. 将冷却的毛豆撒上黑胡椒粒拌匀，每300g为一份，装入真空袋中，密封后立即冷藏或冷冻保存。

开店秘技

◎煮毛豆时加入小苏打，可使毛豆色泽更翠绿。
◎煮熟的毛豆切记不可再冲水，以免容易腐败。
◎制作黑胡椒毛豆时，需快速处理以免变质，全程都必须戴上手套，这样才能确保卫生。

凉拌海蜇皮

分量：20 包（300g/ 包）
建议售价：36 元 / 包
材料成本：16 元 / 包
销售毛利：20 元 / 包

不宜加热，开封后可直接食用。

真空包抽空气时间：10 秒	
保存温度	冷藏 4℃
配送温度	冷藏 4℃
保存时间	5 天

材　料

海蜇皮…………3000g
淡榨菜丝………1200g
小黄瓜…………1200g
红萝卜…………600g
大辣椒…………200g
蒜末……………100g

调味料

A 盐　…………4 小匙
B 细砂糖　……600g
鸡精粉　……4 大匙
盐　…………2 大匙
白醋　………600mL
香油　………300mL

做　法

1. 将海蜇皮切成 1cm 宽的长条状后洗净，放入滚水中关火浸泡 5 秒钟，迅速捞出冲凉，再放入流动的冷水中浸泡一夜使其发涨，捞出充分搓洗掉细沙，沥干水分备用。
2. 将淡榨菜丝用冷开水浸泡 1 小时去除盐分，洗净备用。
3. 将红萝卜去皮后和小黄瓜一起洗净后切成细丝，再加入调味料 A，拌匀腌渍 30 分钟，用冷开水洗净去除盐分备用。
4. 大辣椒去籽后洗净，切成细丝备用。
5. 将所有材料及调味料 B 放入干净钢盆里，全部混合拌匀后，每 300g 为一份，装入真空袋中，密封后立即冷藏保存。

开店秘技

◎海蜇皮用流动的冷水（最小水量）泡一夜，除了可使其发涨，也有冲淡咸味的效果。
◎海蜇皮不能汆烫太久，因为遇热导致收缩，口感会不脆。

日式龙虾沙拉

分量：20 包（250g/ 包）
建议售价：90 元 / 包
材料成本：45 元 / 包
销售毛利：45 元 / 包

不宜加热，开封后需尽快食用完毕。

材 料

冷冻草虾……… 1000g
寿司专用虾卵… 200g
水 …………… 20L

调味料

黄芥末………… 250g
松井芥末酱…… 125g
美乃滋………… 2400g
盐 …………… 1 大匙

做 法

1. 将冷冻草虾放在室温下完全解冻后沥干水分，备用。
2. 将大汤锅内倒入 20L 水，用大火煮滚后放入草虾，持续用大火煮 3~4 分钟后关火，盖上锅盖焖约 3 分钟，捞出草虾，放入冰块水中。
3. 待虾变冰凉后捞出，剥除虾壳，再从虾背部剖开成 2 片后，洗净肠泥，再用餐巾吸干水分，放入钢盆里，加入虾卵及调味料混合拌匀。每 250g 为一份，装入真空袋中，密封后立即冷藏保存。

不适合真空包装	
保存温度	冷藏 4℃
配送温度	冷藏 4℃
保存时间	14 天

开店秘技

◎这道龙虾沙拉建议使用冷冻草虾，其品质及价格比较稳定；松井芥末酱是采用阿里山所产的新鲜山葵制成的，带有清新独特的辛呛味，非常美味可口。
◎制作时，需快速处理，以免虾变质，并且全程都必须戴上手套，这样才能确保卫生。
◎肠泥等将虾剖开后再洗除，这时容易清除干净。

韩式泡菜

分量：20 包 (400g/ 包)
建议售价：36 元 / 包
材料成本：16 元 / 包
销售毛利：20 元 / 包

食用方法 开封后切成一口大小的块状食用，也可用来拌炒牛肉（猪肉或海鲜），或制作泡菜火锅。

不适合真空包装	
保存温度	冷藏 4℃
配送温度	冷藏 4℃
保存时间	14 天

材　料

A 山东大白菜 18kg
　白萝卜 …… 1800g
　韭菜 ……… 300g
B 小黄瓜 …… 600g
　葱 ………… 900g
　苹果 ……… 600g
　水梨 ……… 600g
　蒜头 ……… 180g

调味料

A 盐 …………… 1500g
B 金橘 ………… 600g
　韩国鱼露 …… 60mL
C 细砂糖 ……… 2 大匙
　盐 …………… 2 小匙
　韩国辣椒粉（粒）450g

做　法

1. 将大白菜破损处及黄叶择除后，用刀子从白菜根部中间切十字刀，深度约 5cm，然后用手撕开成 4 等份。将每片菜叶均匀撒上调味料 A 后，整齐地摆入大钢盆中，静置腌渍 2 小时使其脱水软化。再加入 13.5L 水，上方用重物压置，让大白菜可以完全浸泡在水中。静置 8 ~ 10 小时后取出，放在清水中冲洗掉表面的盐分（约需 10 分钟)后，放入营业用单槽脱水机中脱干水分（约需 8~10 分钟），取出备用。
2. 将白萝卜去皮后洗净切丝；将韭菜洗净，切成 2cm 的小段；将小黄瓜洗净，纵向剖开后挖除瓜瓤，再切成一口大小的块状；将葱洗净去根部后切小段；将苹果、水梨洗净后去皮去核，切小块；将蒜头去外膜；将金橘剖半后榨汁，备用。
3. 取 360mL 的金橘汁，与材料 B 及韩国鱼露一起放入果汁机里，搅打成细泥状后倒入干净钢盆中，再加入调味料 C 及白萝卜丝、韭菜段一起混合拌匀成泡菜酱，备用。
4. 将处理好的大白菜每叶均匀涂抹上泡菜酱，然后卷起成球状，塞入干净的玻璃瓶中密封。常温发酵 2~5 天后，移到冰箱冷藏腌渍 24 小时，使其充分入味后取出。每 400g 为一份，装入真空袋中，密封后立即冷藏保存。

开店秘技

◎泡菜放在常温下发酵，会因温度不同，需要的时间也有所不同，10~15℃约需 5 天，16~21 ℃约需 4 天，22~27℃约需 3 天，28~35℃约需 2 天。
◎售卖时也可用充分洗净并晾干的玻璃瓶来盛装。

道地手工卤肉

分量：20 包（600g/ 包）
建议售价：30 元 / 包
材料成本：12 元 / 包
销售毛利：18 元 / 包

材 料

A 猪后腿肉 ………6000g
市售红葱头酥 …300g
大辣椒 …………2 根
水 ………………5800mL

B 八角 ……………5g
桂皮 ……………10g
老姜 ……………60g

调味料

A 冰糖 …………240g
金味王酱油 …1200mL

B 味素 …………20g
五香粉 ………1 小匙

食用方法 食用前，不拆封连真空袋一起放入蒸笼内，以大火蒸约 20 分钟后小心取出，开封倒入大汤碗中。若将卤肉淋到热腾腾的米饭上，那么这就是道地古早味卤肉饭了。

做 法

1. 请肉贩用机器将猪后腿肉切成长约 3cm、宽约 0.5cm 的条状；将大辣椒洗净切成 2 半；将老姜洗净后去皮切片，备用。
2. 准备一大铁锅，不用加油，直接放入调味料 A，开中小火拌煮至冰糖溶化后，放入猪肉条拌炒至酱汁收干时盛起，倒入陶锅里，加入辣椒、材料 B 及调味料 B 拌匀，备用。
3. 将做法 2 的炒肉锅内加入水 5800mL，用大火煮滚后也倒入陶锅内。将陶锅用大火煮滚后转小火，盖上锅盖焖煮 45 分钟后，加入红葱头酥拌匀，再续煮 5 分钟，即可关火。待完全放凉（约 12 小时）后，每 600g 为一份，装入袋中，真空密封后立即冷藏保存。

真空包抽空气时间：10 秒		
保存温度	冷藏 4℃	冷冻 -18℃
配送温度	冷藏 3℃	冷冻 -18℃
保存时间	7 天	18 天

开店秘技

◎炒过的猪肉条放入陶锅时还是热的，所以熬煮时一定要加热水。如果加入冷水，会使肉的毛孔急速收缩，导致调味料及其他材料的香味无法渗透到猪肉内，而使卤肉肉质干涩、口感不佳、香味不足。

咸猪肉

分量：20 包（1 条 / 包）
建议售价：36 元 / 包
材料成本：17 元 / 包
销售毛利：19 元 / 包

真空包抽空气时间：20 秒		
保存温度	冷藏 4℃	冷冻 -18℃
配送温度	冷藏 4℃	冷冻 -18℃
保存时间	14 天	30 天

食用方法 开封后用微波炉以中火力加热约 1 分钟，或在平底锅中加入少许油，以中小火将两面各煎 2 分钟，取出切薄片；可以自行准备切片蒜苗搭配食用，另外也可准备 5g 蒜末，与附赠蘸酱混合拌匀后蘸食，这样可以去除咸猪肉的盐分，非常美味哟！

材　料

五花肉………… 6000g

调味料

A 盐 ………… 150g
味素 ……… 150g
肉桂粉 …… 50g
百草粉 …… 50g
洋葱粉 …… 10g
香蒜粉 …… 10g
金门高粱酒 300mL

B 细砂糖 …… 500g
盐 ………… 50g
白醋 ……… 500mL

做　法

1. 准备一干净大钢盆，放入调味料 A，用打蛋器混合搅拌成腌酱备用。
2. 五花肉洗净，切成宽约 2.5cm，厚约 1.5cm 的长条，共 20 条。将每块肉条放入腌酱里，均匀地裹上腌酱，每隔 1 小时戴上手套翻动一次，一共翻 3 次后移到冰箱冷藏，继续腌渍 10~12 小时后取出。
3. 将肉条放进蒸笼，用大火蒸 20~25 分钟后取出放凉备用。
4. 上火式烤箱开中小火，放入肉条，慢烤约 10 分钟后，翻面续烤 10 分钟，待肉条表面烤干即可取出，待完全放凉（约 4~6 小时）后，一条为一份，装入真空袋中，密封后立即冷藏保存。
5. 制作蘸酱：将调味料 B 放入汤锅里，开中火煮至糖、盐溶化后马上关火，完全放凉后即可将每 50mL 装一小袋，冷藏保存即可。

开店秘技

◎ 咸猪肉在烘烤时要注意火候，若火力过大，猪肉虽然烤熟，但猪皮未必熟透，口感因而会很硬，所以要用中小火慢烤，猪肉熟度才会刚好。
◎ 售卖时每条咸猪肉需附上 1 袋蘸酱，蘸酱最多可冷藏保存 14 天。

日式糖醋鱼

分量：20 包（8 条 / 包）
建议售价：24 元 / 包
材料成本：10 元 / 包
销售毛利：14 元 / 包

真空包抽空气时间：8 秒	
保存温度	冷藏 4℃
配送温度	冷藏 3℃
保存时间	7 天

材　料

柳叶鱼………… **3000g**

调味料

白砂糖………… **2000g**
盐　……………… **100g**
白醋…………… **3000mL**

食用方法 不宜加热，开封后可直接食用。

做　法

1. 将柳叶鱼放在室温下，完全解冻后洗净并沥干，备用。
2. 将调味料全部放入汤锅里，开中火拌煮至糖、盐完全溶化后马上关火，放凉即成糖醋汁，备用。
3. 大铁锅里加入 1500mL 色拉油，用中火加热至 200℃后先关火，立即放入柳叶鱼，再开大火炸约 3 分钟，用漏勺小心翻面后续炸约 3 分钟，待鱼呈干扁酥脆状时捞出沥干油分，放入备好的糖醋汁内，移入冰箱冷藏腌泡 4 ～ 6 小时使其入味后取出。每 8 条为一份，装入真空袋中，密封后立即冷藏保存。

开店秘技

◎糖醋汁切记不可煮滚，糖、盐一溶化即可关火，否则醋的香味会挥发掉。
◎炸鱼时，油温一定要到 200℃，才能把鱼炸至干扁酥脆。由于量比较大，需分 5 次油炸，若一次放入太多鱼，会使油温快速下降，就不容易炸成干扁酥脆状。
◎炸鱼时要使鱼身美观，不破损，切记不可用锅铲搅拌鱼，要等鱼炸至完全干扁酥脆（约 2 分钟呈现金黄色）才可以翻面。炸好后也要小心捞起，以免破损。
◎糖醋汁可以重复使用 3 ～ 4 次，但每次浸泡完鱼后需过滤一遍，才可放入冰箱冷藏保存。
◎日式糖醋鱼因为是冷食，所以油炸时要用干净的色拉油。如果用回锅油，炸鱼冷却后会有异味。

东坡肉

分量：20 包（2 块 / 包）
建议售价：48 元 / 包
材料成本：22 元 / 包
销售毛利：26 元 / 包

食用前，不拆封连真空袋一起放入蒸笼内，以大火蒸约 20 分钟后小心取出，开封倒入大汤碗或深盘中，即可食用。

真空包抽空气时间：10 秒		
保存温度	冷藏 4℃	冷冻 -18℃
配送温度	冷藏 3℃	冷冻 -18℃
保存时间	7 天	14 天

材　料

A 五花肉 ········· 4800g
　干碱草 ········· 40 条
B 桂皮 ············ 10g
　甘草 ············ 5g
　八角 ············ 10g
　草果 ············ 15g
C 洋葱 ············ 1 个
　老姜 ············ 50g
　葱 ················ 200g

调味料

A 公卖局红标米酒 600mL
B 金味王酱油 ··· 1600mL
　公卖局黄酒 ··· 600mL
　冰糖 ············ 600g
　味素 ············ 20g
　盐 ················ 20g
　热开水 ········· 9000mL
　焦糖色素 ······ 2 小匙

做　法

1. 材料 C 洗净后，将洋葱切除头尾后去外皮，切成厚约 1cm 的大片；将老姜拍碎；将葱切除根部，再切成 3 段，备用。
2. 将洋葱片、葱段放入干净炒锅里，以中小火干煎至略微焦黄即可取出，备用。
3. 将材料 B 装入棉布袋绑紧成卤包，备用。
4. 将五花肉洗净，切成边长约 5cm 的方块（约 40 块），放入滚水中，用中火煮约 30 分钟后捞出，冲凉洗净，再用干碱草将每块五花肉绑成“田”字形。
5. 将绑好干碱草的五花肉块皮朝下排入平底锅里，淋上米酒，开中火把米酒烧干后取出，立即放入冰水中浸泡约 30 分钟使肉质紧缩，沥干水分备用。
6. 准备大汤锅，先放入材料 C 及卤包，再将五花肉块整齐地排入锅里，接着加入黄酒、酱油及冰糖，开中火煮滚后续煮 5 分钟，使肉块均匀上色。再加入其余的调味料 B，再度煮滚时盖上锅盖，转中小火焖煮 2 小时，即可关火，待完全放凉（约 12 小时）后取出。每 2 块肉为一份，装入真空袋中，舀入适量卤汁，密封后立即冷藏保存。

开店秘技

◎ 五花肉块先绑上干碱草，可防止肉变松散；排入汤锅前先放入材料 C 垫底，可防止粘锅。
◎ 为了使东坡肉吃起来清爽美味，在卤制过程中，每隔 30 分钟需捞除卤汁表面的浮油一次。
◎ 若喜欢较浓厚的酒味，也可用绍兴酒来替代黄酒。

卤香菇花生面筋

分量：10 包 (500g/ 包)
建议售价：16 元 / 包
材料成本：6 元 / 包
销售毛利：10 元 / 包

材 料

面筋…………… 1200g
市售卤花生…… 600g
干香菇………… 80g
嫩姜…………… 60g
水……………… 2000mL

调味料

A 酱油 ………… 200g
细砂糖 ……… 48g
盐 …………… 20g
味精 ………… 4小匙
B 香油 ………… 1小匙

做 法

1. 倒入半锅水，开大火煮沸后，放入面筋汆烫1分钟至松软，取出放在塑料箩筐中沥干水分(约3分钟)，备用。
2. 重新倒入半锅水，等煮沸后放入市售卤花生汆烫1分钟，捞出冲凉，备用。
3. 将嫩姜去皮切丝；将干香菇浸泡水中30分钟，取出去蒂后洗净，切成约2cm大小，备用。
4. 起锅放入姜丝、香菇，以中小火爆香约30秒后，先加入调味料A拌匀，再加入少量水、面筋、卤花生后续煮2分钟，淋入香油即可盛出。
5. 待完全放凉(约3小时)后，每500g为一份，放入真空袋中密封，立即冷冻保存。

食用方法 不宜加热，解冻后可直接食用。

真空包抽空气时间：8秒		
保存温度	冷藏4℃	冷冻 - 18℃
配送温度	冷藏3℃	冷冻 - 18℃
保存时间	5天	14天

开店秘技

◎ 此道卤味是纯素食，因此素食者可安心食用。
◎ 材料中的嫩姜，能使产品风味较佳，但如果不是在姜的盛产期购买的，那么一定要去除姜外皮，这样制作出来的面筋才能较爽口。

炸酱

分量：10包(600g/包)
建议售价：30元/包
材料成本：13元/包
销售毛利：17元/包

材 料

后腿绞肉………… 6000g
姜末………………… 50g
小豆干丁………… 4500g
洋葱………………… 3000g
花生油……………… 1200g
红葱头末………… 50g

调味料

水…………………… 8000mL
甜面酱……………… 3000g
豆瓣酱……………… 700g
辣豆瓣酱………… 200g
冰糖………………… 200g
味素………………… 100g
焦糖色素………… 50g

食用方法 食用前，不拆封连同真空袋一起放入蒸笼内以大火蒸20分钟，小心取出，开封后倒入大汤碗中，淋在面条上即成为炸酱面。

真空包抽空气时间：10秒		
保存温度	冷藏4℃	冷冻-18℃
配送温度	冷藏3℃	冷冻-18℃
保存时间	7天	30天

做 法

1. 将小豆干丁洗净；将洋葱去皮切小丁片；将所有调味料拌匀，备用。
2. 先热锅，再放入花生油烧热，转中火，放入姜末、洋葱丁片、红葱头末炒香(约2分钟)，放入小豆干丁、绞肉拌炒至散开(约5分钟)。
3. 加入全部调味料拌炒均匀后，煮约5分钟至酱汁呈现浓稠状即可。
4. 待完全放凉(约3小时)后，每600g为一份，放入真空袋中密封，立即冷冻保存即可。

开店秘技

◎建议一碗炸酱面的材料组合为：生面条 160g，小黄瓜丝 25g，葱花 5g，炸酱 100g。
◎如果想使炸酱酱料更丰富，可再加入毛豆仁，但须注意会影响到保存期限。

著作权合同登记号：豫著许可备字 -2015-A-00000179
本书经由厦门凌零图书策划有限公司代理，经邦联文化事业有限公司正式授权中原农民出版社有限公司出版中文简体字版本。

图书在版编目（CIP）数据

小本卤味赚大钱 / 柚子著. —郑州：中原农民出版社，2015.12（2024.6 重印）
ISBN 978-7-5542-1331-5

Ⅰ. ①小… Ⅱ. ①柚… Ⅲ. ①卤制 – 菜谱 Ⅳ. ① TS972.121

中国版本图书馆 CIP 数据核字 (2015) 第 254638 号

出版：中原出版传媒集团 中原农民出版社
地址：郑州市郑东新区祥盛街 27 号 7 层　　**邮编：**450016
电话：0371-65788013
印刷：河南新达彩印有限公司

成品尺寸：210mm × 280mm　　**印张：**12
字数：260 千字
版次：2016 年 6 月第 1 版　　**印次：**2024 年 6 月第 6 次印刷

书号：ISBN 978-7-5542-1331-5　　**定价：**58.00 元